符号：黑色
文字：黑色
底色：橙红色

图 3-1　爆炸品的安全标志

（从左至右依次为第 1.1～第 1.3 项，第 1.4 项，第 1.5 项，第 1.6 项）

底色：正红色　　　　　　底色：绿色　　　　　　底色：白色
图形：火焰（黑色或白色）　图形：气瓶（黑色或白色）　图形：骷髅头和交叉骨形（黑色）
文字：黑色或白色　　　　文字：黑色或白色　　　　文字：黑色

图 3-2　气体的安全标志

（从左往右依次为第 2.1 项、第 2.2 项、第 2.3 项）

底色：红
图形：黑
文字：黑

图 3-3　易燃液体的安全标志

底色：红白相间的垂直宽条　底色：上白下红　　　　底色：蓝色
图形：火焰（黑色）　　　　图形：火焰（黑色）　　图形：火焰（黑色或白色）
文字：黑色　　　　　　　　文字：黑色　　　　　　文字：黑色或白色

图 3-4　易燃固体、易于自燃的物质和遇水放出易燃气体物质的安全标志

（从左往右依次为第 4.1 项、第 4.2 项、第 4.3 项）

底色：柠檬黄色　　　　　　　　　　　底色：上面红色，下面柠檬黄色
图形：从圆圈中冒出的火焰（黑色）　　图形：冒出的火焰（黑色或白色）
文字：黑色　　　　　　　　　　　　　文字：黑色

图 3-5　氧化性物质和有机过氧化物的安全标志

（从左往右依次为第 5.1 项、第 5.2 项）

底色：白色　　　　　　　　　　　　　底色：白色
图形：骷髅头和交叉骨形（黑色）　　　图形：交叉的环（黑色）
文字：黑色　　　　　　　　　　　　　文字：黑色

图 3-6　毒性物质与感染性物质的安全标志

（左为毒性物质，右为感染性物质）

底色：白色　　　　　　　　底色：上黄下白　　　　　　底色：上黄下白
图形：扇叶（黑色）　　　　图形：扇叶（黑色）　　　　图形：扇叶（黑色）
文字：黑色（带一条红色竖条）　文字：黑色（带两条红色竖条）　文字：黑色（带三条红色竖条）

图 3-7　放射性物质的安全标志

（从左至右依次为一级、二级、三级放射性物质）

高·等·职·业·教·育·教·材

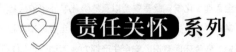
责任关怀 系列

化学品安全管理

宋 伟 曹洪印 编

化学工业出版社
·北京·

内容简介

《化学品安全管理》通过介绍"责任关怀"体系产品安全监管准则及其实践、化学品相关的国际公约和法律法规、危险化学品基础知识、化学品的危害、危险化学品重大危险源安全管理、化学实验室安全以及危险化学品事故应急处置等内容,旨在帮助化工专业人才掌握"责任关怀"理念下的化学品安全管理知识和技能,培养化工专业人才的社会责任感、绿色环保意识、安全生产能力、劳动保护能力等职业素养,促进化工专业人才安全、健康、可持续发展的理念形成。本书每一章都配有拓展阅读材料、思考题及课后习题,能够帮助读者更全面、系统地学习本书的知识。

本书可作为高等职业院校安全类专业师生教学用书。

图书在版编目(CIP)数据

化学品安全管理 / 宋伟,曹洪印编. —北京:化学工业出版社,2022.8(2024.8重印)
ISBN 978-7-122-42145-6

Ⅰ.①化… Ⅱ.①宋… ②曹… Ⅲ.①化工产品-安全管理 Ⅳ.①TQ086.5

中国版本图书馆 CIP 数据核字(2022)第 164146 号

责任编辑:王海燕 窦 臻
责任校对:刘曦阳
装帧设计:王晓宇

出版发行:化学工业出版社
　　　　(北京市东城区青年湖南街13号 邮政编码100011)
印　装:河北延风印务有限公司
787mm×1092mm 1/16 印张13¾ 彩插1 字数336千字
2024年8月北京第1版第3次印刷

购书咨询:010-64518888
售后服务:010-64518899
网　　址:http://www.cip.com.cn
凡购买本书,如有缺损质量问题,本社销售中心负责调换。

定　价:39.90元　　　　　　　　　　　　版权所有　违者必究

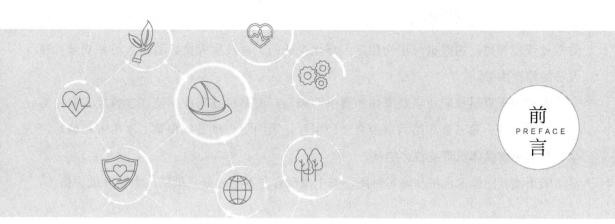

前言 PREFACE

责任关怀理念由国际化学品制造商协会（AICM）倡导并在全球范围内推行，旨在构建社会对化工行业的信任，持续提高健康、安全和环保水平。2002 年，由国际化学品制造商协会（AICM）和中国石油和化学工业联合会（CPCIF）签署联合备忘录联合推广"责任关怀"（Responsible Care）体系。2011 年中华人民共和国工业和信息化部发布化工行业《责任关怀实施准则》（HG/T 4814—2011），要求企业积极实施"社区认知和紧急响应、工艺安全、职业健康安全、产品安全监管、储运安全、污染防治"六大准则，国内规模以上化工企业、园区相继加入责任关怀实施体系，对从业人员的社会责任感、绿色环保意识、安全生产能力、工艺控制能力、劳动保护能力等职业素养提出更高要求。如何系统性地开展具有责任关怀理念的绿色化工人才培养，为化工行业可持续健康发展提供人才支撑，是当前化工职业教育中面临的重大问题。作为"责任关怀"体系六大准则之一的产品安全监管准则，主要致力于企业做好化学品安全管理，最大程度地避免和减少化学品带来的危害。中国作为全球最大的化学品生产销售市场，实施"责任关怀"体系的产品安全监管准则是化工行业安全发展、绿色发展的重要途径。

在考虑"责任关怀"体系和最新的化学品安全法规标准的基础上，结合高等职业教育人才培养模式，"以能力培养"为导向，组织编写了本书。本书主要介绍"责任关怀"体系产品安全监管准则及其践行实施、化学品相关的国际公约和法律法规、危险化学品基础知识、化学品的危害、危险化学品重大危险源安全管理、化学实验室安全及危险化学品事故应急处置等内容，旨在培养化工专业人才的社会责任感、绿色环保意识、安全生产能力、劳动保护能力等职业素养。

本书系统性、针对性强，内容选取上注重理论与实践相结合，可作为高职高专安全技术与管理、化工安全技术、应急救援技术、职业健康安全技术、消防救援技术等专业的专业课程教材，同时也可作为化工、环保企业的工程技术人员、科研人员和安全管理人员的培训用书。

本书由南京科技职业学院宋伟和曹洪印编写，南京科技职业学院许宁教授主审。第一章、第二章、第三章和第六章由曹洪印编写，第四章、第五章和第七章由宋伟编写，全书最后由曹洪印负责统稿、定稿。

限于编者的学术水平和编写时间，书中难免存在不当之处，敬请广大读者批评指正。

编者
2022年3月

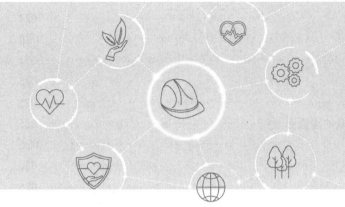

目录 CONTENTS

第一章 绪 论 ·· 001

　第一节 "责任关怀"产品安全监管准则概述 ······················· 001
　　一、"责任关怀"产品安全监管准则简介 ························· 001
　　二、基本概念和术语 ·· 002
　　三、"责任关怀"产品安全监管准则的基本内容 ·············· 003
　第二节 危险化学品安全国际公约 ··· 005
　　一、危险化学品安全国际公约简介 ·································· 005
　　二、《作业场所安全使用化学品公约》 ···························· 005
　第三节 我国危险化学品的安全管理 ····································· 007
　　一、危险化学品的概念 ··· 007
　　二、危险化学品安全管理的重要性 ·································· 008
　　三、我国危险化学品安全管理机构及职责 ······················· 009
　　四、《危险化学品安全管理条例》提出的全面管理体系 ··· 010
　　五、危险化学品安全管理相关法律法规 ························· 011
　本章小结 ··· 013
　【拓展阅读】《危险化学品安全管理条例》剖析 ················ 013
　思考题 ·· 018
　拓展练习题 ··· 019

第二章 基于"责任关怀"的产品安全实践 ························ 022

　第一节 产品安全基础管理 ·· 022
　　一、领导作用与职责 ·· 022
　　二、合规性管理 ·· 023
　　三、相关方管理 ·· 023

四、绩效管理 ·· 024
第二节　与相关方的沟通 ·· 024
　　一、与制造承包商的沟通 ·· 024
　　二、与供应商的沟通 ·· 025
　　三、与分销商和配送商的沟通 ·· 025
　　四、与顾客和其他直接产品受众的沟通 ··· 025
第三节　产品安全监管相关培训 ··· 026
　　一、培训的重要性和必要性 ··· 026
　　二、培训的对象 ·· 026
　　三、培训的内容 ·· 026
　　四、培训的要求 ·· 027
第四节　产品安全监管的核心工作 ·· 027
　　一、产品安全风险管理 ··· 027
　　二、产品安全风险管理的阶段要求 ·· 031
　　三、分阶段实施产品全生命周期安全管理 ··· 032
第五节　产品安全监管准则实施案例 ··· 036
　　一、万华化学实施案例 ··· 037
　　二、华峰集团实施案例 ··· 037
　　三、塞拉尼斯公司实施案例 ··· 038
本章小结 ·· 039
【拓展阅读】江苏响水"3·21"特别重大爆炸事故案例 ································ 039
思考题 ··· 042
拓展练习题 ··· 042

第三章　危险化学品安全基础知识 ··· 044

第一节　危险化学品的分类及辨识 ·· 044
　　一、《化学品分类和危险性公示　通则》分类标准 ···································· 044
　　二、《危险货物分类和品名编号》的分类标准 ··· 065
　　三、危险化学品的辨识方法 ··· 076
　　四、危险化学品的标志 ··· 078
第二节　化学品安全技术说明书与安全标签 ·· 079
　　一、化学品安全技术说明书 ··· 080
　　二、危险化学品安全标签 ·· 088
第三节　常见危险化学品安全信息的获取渠道 ··· 092
　　一、国外危险化学品安全相关网站 ·· 092
　　二、国内危险化学品安全相关网站 ·· 093
本章小结 ·· 094
【拓展阅读】江苏某药业有限公司"3·7"爆炸事故案例 ······························· 094
思考题 ··· 096

拓展练习题 …………………………………………………………………… 097

第四章　化学品的危害 …………………………………………………………… 099

第一节　化学品的理化危害 …………………………………………………… 099
　　一、燃烧与爆炸的概念 ………………………………………………………… 099
　　二、火灾与爆炸的危害 ………………………………………………………… 105

第二节　化学品的健康危害 …………………………………………………… 106
　　一、毒物的概念 ………………………………………………………………… 106
　　二、毒物进入人体的途径 ……………………………………………………… 107
　　三、毒物对人体的危害 ………………………………………………………… 108
　　四、毒物的职业危害因素 ……………………………………………………… 110

第三节　化学品的环境危害 …………………………………………………… 112
　　一、毒物进入环境的途径 ……………………………………………………… 112
　　二、毒物对环境的危害 ………………………………………………………… 112

第四节　化学品危害预防与控制的基本原则 ………………………………… 114
　　一、化学品的操作控制 ………………………………………………………… 114
　　二、化学品的管理控制 ………………………………………………………… 119
　　三、劳动者的权利与义务 ……………………………………………………… 122

　　本章小结 ………………………………………………………………………… 124
　　【拓展阅读】天津港"8·12"特别重大火灾爆炸事故案例 ………………… 124
　　思考题 …………………………………………………………………………… 127
　　拓展练习题 ……………………………………………………………………… 127

第五章　危险化学品重大危险源安全管理 ……………………………………… 130

第一节　重大危险源辨识与分级 ……………………………………………… 130
　　一、重大危险源的辨识 ………………………………………………………… 130
　　二、重大危险源的分级 ………………………………………………………… 135
　　三、重大危险源辨识与分级实例 ……………………………………………… 137

第二节　重大危险源安全管理 ………………………………………………… 139
　　一、重大危险源的安全评估 …………………………………………………… 139
　　二、重大危险源的安全管理 …………………………………………………… 139

　　本章小结 ………………………………………………………………………… 141
　　【拓展阅读】河北张家口"11·28"重大爆燃事故案例 …………………… 141
　　思考题 …………………………………………………………………………… 143
　　拓展练习题 ……………………………………………………………………… 143

第六章　化学实验室安全 ………………………………………………………… 146

第一节　化学实验室安全概述 ………………………………………………… 146
　　一、化学实验室的特点 ………………………………………………………… 146

二、化学实验室安全的重要性……………………………………………………………146
　　三、化学实验室安全操作常识……………………………………………………………147
　　四、危险化学品实验安全操作注意事项…………………………………………………151
　　五、离开化学实验室的注意事项…………………………………………………………153
　第二节　化学实验室安全规范化管理…………………………………………………………153
　　一、化学实验室规范要求…………………………………………………………………153
　　二、实验室的布局和安全设施……………………………………………………………154
　　三、化学实验室人员的安全防护…………………………………………………………155
　　四、化学实验室事故预防及处理…………………………………………………………156
　　五、化学实验室事故逃生与心肺复苏术…………………………………………………158
　　六、化学实验室常见事故举例……………………………………………………………160
　本章小结………………………………………………………………………………………163
　【拓展阅读】[企业实验室事故案例]忙下班忘关电源导致砂浴锅过热起火事故………163
　　　　　　　[高校实验室事故案例]某大学"12·26"实验室爆炸事故………………163
　思考题…………………………………………………………………………………………165
　拓展练习题……………………………………………………………………………………165

第七章　危险化学品事故应急处置……………………………………………………………168

　第一节　危险化学品应急处置通用要求………………………………………………………168
　　一、危险化学品应急救援的基本任务……………………………………………………168
　　二、危险化学品应急处置的基本程序……………………………………………………168
　第二节　危险化学品应急处置要点……………………………………………………………172
　　一、爆炸品事故处置………………………………………………………………………172
　　二、压缩气体和液化气体事故处置………………………………………………………173
　　三、易燃液体事故处置……………………………………………………………………174
　　四、易燃固体、自燃物品事故处置………………………………………………………175
　　五、遇湿易燃物品事故处置………………………………………………………………175
　　六、氧化剂和有机过氧化物事故处置……………………………………………………176
　　七、毒害品事故处置………………………………………………………………………177
　　八、腐蚀品事故处置………………………………………………………………………178
　第三节　典型危险化学品事故应急处置………………………………………………………178
　　一、液氯事故应急处置……………………………………………………………………178
　　二、液氨事故应急处置……………………………………………………………………180
　　三、氢气事故应急处置……………………………………………………………………181
　　四、苯事故应急处置………………………………………………………………………182
　　五、丙烯事故应急处置……………………………………………………………………183
　　六、丙酮事故应急处置……………………………………………………………………183
　　七、汽油事故应急处置……………………………………………………………………184
　　八、硫化氢事故应急处置…………………………………………………………………185

本章小结 ··· 187
【拓展阅读】宁波某日用品有限公司"9·29"重大火灾事故案例·············· 187
思考题 ··· 189
拓展练习题 ·· 189

附录　常见化学品的理化性质及其安全操作注意事项························ 191
参考文献 ··· 210

第一章 绪 论

源头风险管控是实现本质安全的重要因素，作为生产领域的原料和产品，化学品的安全一直备受关注。从源头上对化学品进行安全管理，可预防和减少危险化学品事故，保障人民群众生命财产安全，保护环境。责任关怀是企业关爱员工、关爱社会、履行社会责任、树立良好形象的新发展理念，在化学品的生产和使用过程中实施责任关怀，是不断提升石油化工行业安全环保和职业健康水平，促进行业可持续发展的自觉行动，践行责任关怀体现了企业对持续改善安全环保水平的责任与担当。

希望通过本书的学习，可以帮助化工专业人才掌握"责任关怀"理念下的化学品安全管理知识和技能，培养化工专业人才的社会责任、绿色环保意识，以及安全生产、劳动保护能力等职业素养。

第一节 "责任关怀"产品安全监管准则概述

一、"责任关怀"产品安全监管准则简介

产品安全监管准则旨在帮助实施责任关怀的化工企业将产品安全监管纳入其商业管理实践当中。产品安全监管准则通过管理实践以指导企业提高其在健康、安全及环保（HSE）方面的绩效。这些管理实践的共同目标就是不断减少风险，并帮助成员企业开发安全的产品，使得正确使用时能够对产品的安全充满信心。推行产品安全监管准则的目的是规范化工企业推行"责任关怀"而实施的产品安全监督管理，使HSE成为企业产品生命周期（包括设计、研发、生产、经营、储运、使用、回收处置）中不可分割的一部分，保证企业在与产品相关的HSE各个环节上将人员伤害、财产损失、环境污染各方面造成的伤害、损失和污染降至最低程度。该准则适用于产品生命周期的所有阶段。产品生命周期中所涉及的每一个人和企业都有承担起有效管理人身健康和环境风险的责任。各个企业应采取独立和合理的判断，将准则应用于其产品、客户与业务之中。

产品安全监管是化工行业发展的一个必然结果。在产品监管的发展历程中，曾经有过不同的提法，如产品安全、产品整合、产品责任等。加强产品安全监管的主要内容包括：关于

顾客如何正确使用产品的互动和对话，产品的回收利用和处理。这是一个关于健康、安全、环境的全面整合。同时考虑了顾客操作的各个方面，从设计和最初生产到配送、销售以及最终的处理。

产品安全监管贯穿于设计、研发、小试和中试、工业化生产和储存、运输和配送、销售和使用、回收处理等过程。在化学品生命周期的所有阶段（如图1-1所示）中，优先考虑健康、安全和环境等问题。这主要要求每个化学品的生产企业有一个正式的管理系统以确保对整个产品周期内潜在的健康、安全和环境风险进行正确识别和管理。

图1-1　化学品生命周期的各个阶段

二、基本概念和术语

1. 化工产品

化工产品是指化工企业通过生产活动，对各种原材料进行一系列的加工后而生产出的成品。常见的化工产品主要包括化学肥料、农药、高分子化合物、涂料及无机颜料、染料及有机颜料、信息用化学品、化学试剂、食品和饲料添加剂、合成药品、日用化学品、胶黏剂、橡胶制品、催化剂及化学助剂、火工产品、煤炭化学产品、林产化学品等十几大类。

2. 产品生命周期

产品生命周期的观念，是把一个产品的整个历史比作人的生命周期，要经历出生、成长、成熟、老化、死亡等阶段。就产品而言，也就是要经历一个开发、引进、成长、成熟、衰退的阶段。

① 产品开发期：从开发产品的设想到产品制造成功的时期。此期间该产品销售额为零，公司投资不断增加。

② 引进期：产品新上市，销售缓慢。由于引进产品的费用太高，初期通常利润偏低或为负数，但此时没有或只有极少的竞争者。

③ 成长期：产品经过一段时间的销售已有相当知名度，销售快速增长，利润也显著增加。但由于市场及利润增长较快，容易吸引更多的竞争者。

④ 成熟期：此时市场成长趋势减缓或饱和，产品已被大多数潜在购买者所接受，利润在

达到顶点后逐渐走下坡路。此时市场竞争激烈，公司为保持产品地位需投入大量的营销费用。

⑤ 衰退期：这期间产品销售量显著衰退，利润也大幅度滑落。优胜劣汰，市场竞争者也越来越少。

3. 产品风险特征

产品风险特征有以下三方面内容：
① 产品危险性类别划分；
② 产品的危险特性；
③ 产品的危害性。

将这三方面结合起来便可得出产品的综合风险特征。根据风险特征，采取相应行动与安全措施，以确保产品操作的安全。化学物质本身内在的危害信息被编入化学品安全技术说明书（MSDS）与产品安全标签，随产品的包装提供给所有的用户。

4. 合同制造商

合同制造商是指由合同形式固定下来的长期供给企业所需的原料的制造厂（公司）。

三、"责任关怀"产品安全监管准则的基本内容

许多化工产品在其生命周期中的各个环节，都具有一定的毒性和危害性，只有采取先进的技术手段、严密的组织措施和严格的控制措施，进行规范化管理，才能实现产品的安全。

产品安全监管准则由目的、范围和管理要素三部分构成。其中，管理要素由9个一级要素和15个二级要素构成。9个一级要素分别是：领导与承诺、法律法规、风险管理、沟通、培训与教育、合同制造商、供应商、分销商与客户、检查与绩效考核。

1. 领导与承诺

（1）领导　企业的最高管理者是企业产品安全监管工作的第一责任人，应明确提出加强产品安全监管的承诺，通过提供适当资源（例如时间、财务与人力资源），支持与维护产品安全监管计划并持续改进。企业应制定相关方针、标准和产品安全监管计划及管理制度，确保满足法规要求以及产品安全监管的更高要求，并及时与相关方沟通交流。

（2）职责　企业应配备相应的工作人员负责产品安全监管。其职责和权限应包括：组织识别和评价产品风险；制定并实施产品安全监管措施；制定产品安全监管应急措施；建立有效的产品安全监管制度并持续改进。

2. 法律法规

（1）法律法规　企业应建立识别、获取和更新适用的产品安全监管法律法规、标准及其他要求的制度，明确责任部门及获取渠道、方式和时机，并对从业人员进行宣传和培训。

（2）符合性评价　企业应根据相关的产品监管法律法规、标准和其他要求定期进行符合性评价，及时取消不适用的文件。

3. 风险管理

（1）产品风险特征　企业应根据健康安全及环境信息对新产品和现有产品可预见的风险

特征加以描述；建立定期评估危害因素和暴露状况的体系；与公众分享其产品风险特征的确定过程；并公开已确定的产品风险特征。

（2）产品危害因素和暴露状况识别　企业应制定相关体系，对产品存在的危害因素和暴露状况进行识别、记录和管理。这些识别应涉及产品生命周期的全过程。同时，依据产品的变化，必要时进行产品危害因素和暴露状况的再识别。

（3）产品危害因素和暴露状况评价　企业应对已识别的产品危害因素和暴露状况做出评价。评价应对产品可能的危害因素和暴露状况做出分析并确定其风险，以便采取相应措施。

（4）应急响应　企业应建立产品危害应急响应系统，制定响应措施，消除或减少产品危害。

4．沟通

企业应获取并及时更新有关现有产品和新产品的健康安全及环境危害信息以及此类产品在生命周期中可预见的风险信息。企业应建立与产品使用者及相关方就产品危害性进行沟通的程序。

产品均应附有《化学品安全技术说明书》及安全标签。此类文件应满足适用的法律法规。当出现新的危害信息或法律法规发生变化时，企业应及时审核并修改此类文件。

5．培训与教育

企业应建立产品安全培训制度，制定培训计划，根据不同岗位为员工提供有关产品安全的教育与培训。培训对象应特别包括产品的分销商以及与客户接触的员工。通过培训提高相关人员对产品使用与处理的安全意识，提高企业的产品安全监管水平。各企业应鼓励员工报告产品的新用途、产品的滥用情况及其他负面效应的信息，以改进产品风险管理。

6．合同制造商

企业应根据健康安全及环保要求选择合适的合同制造商，并提供适用于产品和流程的风险信息和指导方针，以保证对产品进行安全监管。对于达不到要求的合同制造商，应与其通力合作，帮助其提高健康安全及环境管理水平，并对其绩效进行定期审核。

7．供应商

企业应要求供应商提供相关产品及制造过程的 HSE 信息和指导方针，并以此作为选择供应商的重要依据。企业还应对供应商的绩效进行定期审核。

8．分销商与客户

企业应为分销商及客户提供健康安全及环保信息，针对产品风险，提供相应指导，使产品得以正确使用、处理、回收和处置。当企业发现产品使用不当时，应与分销商和客户合作，采取措施予以改善。如改善情况不明显，企业应采取进一步措施，直至终止产品的销售。企业应提供产品安全监管支持，并针对产品风险定期审核分销商绩效。

9．检查与绩效考核

企业应对可能具有的产品风险进行例行监控和检查并形成报告。建立绩效考核制度，定期对本准则实施情况进行综合考核，纠正存在的问题，不断提高绩效。

第二节 危险化学品安全国际公约

一、危险化学品安全国际公约简介

世界各国都十分重视危险化学品安全管理工作。联合国所属机构以及国际劳工组织对危险化学品的管理也提出了有关约定和建议。

美国、日本和欧盟等国家、组织对化学品的管理制定了有关的法规和监控体系。如美国与化学品有关的法规就有16部之多，对化学品从原料产出、应用到废弃物处理实行全过程的监控管理，特别是在环境无害化方面做了许多规定。

国际劳工组织于1990年6月通过《作业场所安全使用化学品公约》（简称《170号公约》）和《作业场所安全使用化学品建议书》（简称《177号建议书》），1993年又通过了《关于防止重大事故公约及其建议书》。

为了规范和指导国际间危险货物的生产和运输，联合国危险货物运输专家委员会每两年修订并出版一次《联合国危险货物运输规章范本》，同时配套出版《试验和标准手册》。

在1992年联合国环境与发展大会上通过的《21世纪议程》的第19章关于有毒化学物质的安全使用中，明确提出了开展国际合作努力实现化学品无害化管理的任务。

二、《作业场所安全使用化学品公约》

中国是国际劳工组织成员国，于1994年10月经全国人大八届十次会议批准，承认并实施《170号公约》和《177号建议书》。《170号公约》就化学品的危险性鉴别与分类登记注册、加贴安全标签、向用户提供《化学品安全技术说明书》以及企业的责任和义务、工人的权利和义务、操作控制、接触、化学品转移、出口、废弃物处置等问题做出了基本的规定：要求各成员国建立化学事故控制措施，建立相应制度，有效地预防和控制化学品危害。

《170号公约》的宗旨是要求政府主管部门、雇主组织、工人组织，共同协商努力，采取措施，保护员工免受化学品危害的影响，以利于保护公众和环境。其重要性体现在：

① 保证对所有的化学品做出评价以确定其危害性；

② 为雇主提供一定机制，以从供货者处得到关于作业中使用的化学品的资料，使他们能够有效地实施保护工人免受化学品危害的计划；

③ 为工人提供关于其作业场所的化学品及其适当防护措施的资料，以使他们能有效地参与保护计划；

④ 制定关于此类计划的原则，以保证化学品的安全使用。

该公约分七部分共二十七条，第一部分为范围和定义；第二部分为总则；第三部分为分类和有关措施；第四部分为雇主的责任；第五部分为工人的义务；第六部分为工人及其代表的权利；第七部分为出口国的责任。该公约的主要内容概述如下。

1. 作业场所

所谓作业场所，指化学品生产、搬运、储存、运输、废弃、设备维护的所有场所。

《作业场所安全使用化学品公约》还指出政府主管部门的责任，主要有：

① 与雇主组织和工人组织协商，制定政策并定期检查；

② 当发现问题时有权禁止或限制使用某种化学品；

③ 建立适当的制度或专门标准，确定化学品的危险特性、评价分类，提出"标识"或"标签"的要求；

④ 制定化学品安全技术说明书（MSDS）编制标准。

2. 供货人的责任

① 化学品供货人，无论是制造商、进口商或批发商，均应保证做好以下几方面工作。

a. 对生产和经销的化学品在充分了解其特性并对现有资料进行查询的基础上，进行危险性分类和危险性评估；

b. 对生产和经销的化学品进行标识以表明其特性；

c. 对生产和经销的化学品加贴标签；

d. 为生产和经销的危险化学品编制安全技术说明书并提供给用户。

② 危险化学品的供货人应保证一旦有了新的安全卫生资料，应根据国家法规和标准修订化学品标签和安全技术说明，并及时提供给用户。

③ 提供还未分类的化学品的供货人，应查询现有资料，依据其特性对该化学品进行识别、评价，以确定是否为危险化学品。

3. 雇主的责任

① 对化学品进行分类；

② 对化学品进行标识或加贴标签，使用前采取安全措施；

③ 提供安全使用说明书，在作业现场编制"使用须知"（周知卡）；

④ 保证工人接触化学品的程度符合主管部门的规定；

⑤ 评估工人接触程度，并有监测记录（健康监护）；

⑥ 采取措施将危险、危害降到最低程度；

⑦ 当措施达不到要求时，免费提供个体防护用具；

⑧ 提供急救设施；

⑨ 制定应急处理预案；

⑩ 处置废物应依照法律、法规；

⑪ 对工人进行培训并提供资料、作业须知等；

⑫ 与工人及其代表合作。

4. 工人的义务

① 与雇主密切合作，遵章守纪；

② 采取合理步骤对可能产生的危害加以消除或降低。

5. 工人的权利

① 有权了解化学品的特性、危害性、预防措施和培训程序；
② 当有充分理由判断安全与健康受到威胁时，可以脱离危险区，并不接受不公正待遇。

6. 出口国的责任

当本国由于安全和卫生方面的原因，对某种化学品部分或全部禁止使用时，应及时将事实和原因通报给进口国。

第三节　我国危险化学品的安全管理

化学品在工业、农业、国防、科技等领域得到了广泛的应用，且已渗透人类生活的方方面面。在众多的化学品中，已列入危险货物品名编号的有近 3000 种，这些危险化学品具有易燃性、易爆性、强氧化性、腐蚀性、毒害性，其中有些品种属剧毒化学品。中国作为一个化学品生产、销售和使用大国，对化学品的正确分类和在生产、运输、使用各环节中准确应用化学品标记具有重要作用，这也将进一步促进我国化学品进出口贸易发展和对外交往，防止和减少化学品对人类的伤害和对环境的破坏。危险化学品生产的发展、品种的增加、经营的扩大，迫切要求加强对危险化学品的安全管理工作。

联合国环境与发展会议（UNCED）和政府间化学品安全论坛（IFCS）于 1992 年通过决议，建议各国应展开国际间化学品分类与标记协调工作，以降低化学品对人体与环境造成的危险，以及减少化学品跨国贸易的成本。为此，由国际劳工组织、经济合作发展组织（OECD）与联合国危险物品运输专家委员会（UNCETDG）共同研拟出《全球化学品统一分类和标签制度》（GHS），经过多年的协调努力，由上述三个国际组织所共同完成的 GHS 系统文件由联合国于 2003 年通过并正式公告。中国作为联合国安理会常任理事国及危险货物运输和全球化学品统一分类与标签制度专家委员会的正式成员国，有权利和义务按照国际规范履行自己的职责，特别是加入世界贸易组织（WTO）后，在化学品管理方面应积极与国际接轨。中国政府，特别是质检系统一直在跟踪、研究 GHS，并就实施 GHS 做了大量的准备工作。

一、危险化学品的概念

化学品是指单一化学元素或由各种元素组成的纯净物或混合物，无论是天然的还是合成的，都属于化学品。

危险化学品，是指具有毒害、腐蚀、爆炸、燃烧、助燃等性质，对人体、设施、环境具有危害的剧毒化学品和其他化学品。

21 世纪以来，在市场需求的拉动下，我国化工产业得到了快速发展，化学品特别是危险化学品逐渐进入普通民众的视野，部分民众因此产生了恐慌心理。其实，危险化学品早已广泛应用在我们生活的方方面面，实践表明，只要规范生产和使用，危险和风险是可防控的。

二、危险化学品安全管理的重要性

1. 石油石化行业的高速发展需要加强对危险化学品的安全管理

一方面，与世界各国一样，石油、石化行业在我国国民经济发展中有着十分重要的地位。随着我国经济快速、持续的发展，大型石化企业、原油、成品油库遍布全国大中城市，一些主要化工产品的产量已位居世界前列。另一方面，由于石油、石化行业是危险化学品集中的行业，它的原料、辅料、产品、副产品及中间产品等多属于危险化学品，而且在生产、储存、使用、运输中，存在着有一定火灾爆炸危险性的高温、高压、低温、低压等过程，更增加了发生火灾爆炸事故的可能性。从政府对重大危险源普查情况来看，城市重大危险源绝大多数在石化行业，而且重大危险源的数量呈增长趋势。因此，从预防重大事故的角度而言，加强对存有危险化学品的作业场所和设施设备的安全性及对生产、储存、使用、经营、运输危险化学品和处置废弃危险化学品过程的安全监督与管理就显得更为重要。

2. 与国际接轨的需要应加强对危险化学品的安全管理

据美国化学文摘登录，全世界已有的化学品多达700多万种，其中已作为商品上市的有10万余种，经常使用的有7万多种，每年全世界新出现的化学品有1000多种。这些化学品中有相当一部分为危险化学品。为此，发达国家已经制定了较为完善的危险化学品管理的法律法规，对危险化学品实施全生命周期的管理。为消除或减少危险化学品对人类尤其是劳动者的危害，1990年6月举行的国际劳工组织第七十七届会议通过了《作业场所安全使用化学品公约》。我国加入WTO后，基于某些国际法律、法规、规则的约束，对危险化学品安全管理提出了很多新要求。1994年第八届全国人大常委会第10次会议批准了《作业场所安全使用化学品公约》，并于2002年1月由国务院第52次常务会议通过并公布了《危险化学品安全管理条例》。2011年2月16日国务院第144次常务会议修订通过《危险化学品安全管理条例》，自2011年12月1日起正式施行。

3. 中国GHS实施的情况

《全球化学品统一分类和标签制度》（GHS）是由联合国出版的作为指导各国控制化学品危害与保护人类和环境的统一分类制度文件。封面为紫色，又称为紫皮书。各个国家可以采取"积木式"方法，选择性实施符合本国实际情况的GHS危险种类和类别。

在2002年12月召开的联合国危险货物运输和全球化学品统一分类及标签制度专家委员会首次会议上，通过了第一版GHS文件。2003年7月，联合国正式出版第一版。联合国危险货物运输和全球化学品统一分类和标签制度专家委员会每年召开两次会议讨论GHS的相关内容，每隔两年发布修订的GHS文件。

1992年联合国召开的环境与发展大会（UNCED）通过了《21世纪议程》文件，文件第19章关于有毒化学品环境无害化管理中确认了将《统一全球化学品分类和标签制度》列为需要完成的六项化学品国际安全行动计划之一。《21世纪议程》中建议："如果可行的话，到2000年应当提供全球化学品统一分类和与之配套的标签制度，包括化学品安全技术说明书和易理解的图形符号"。这一建议目前已经得到实施。

2002年9月4日，联合国在南非约翰内斯堡召开的可持续发展全球首脑会议上通过的《行动计划》文件中提出，鼓励各国尽早执行新的《全球化学品统一分类和标签制度》，以期让该制度从 2008 年起能够全面运转。2002 年底，我国成为联合国危险货物运输和全球化学品统一分类和标签制度专家委员会下设全球化学品统一分类和标签制度专家分委员会的正式成员。

2011 年联合国经济和社会理事会 25 号决议指出，要求 GHS 专家小组委员会秘书处邀请尚未采取必要步骤执行 GHS 的各国政府尽快通过适当的国内程序或立法执行该制度。

经 2011 年 2 月 16 日国务院第 144 次常务会议修订通过，自 2011 年 12 月 1 日起施行的《危险化学品安全管理条例》明确了在危险化学品的生产、储存、使用、经营、运输过程中实施安全监督管理的相关部门的职责，修订后的条例对危险化学品按照 GHS 进行了重新定义，并在分类、标签和化学品安全技术说明书（MSDS）等方面作出了规定，使 GHS 的实施具有法律依据。

2013 年 4 月，中华人民共和国工业和信息化部正式出版《中国实施 GHS 手册》，2013 年以后的《危险化学品名录》中均按照 GHS 对危险化学品进行分类。

中国 GHS 相关国标：

GB 13690—2009《化学品分类和危险性公示　通则》

GB 6944—2012《危险货物分类和品名编号》

GB 30000.2~30000.29—2013《化学品分类和标签规范》

GB/T 24774—2009《化学品分类和危险性象形图标识　通则》

GB 15258—2009《化学品安全标签编写规定》

GB/T 22234—2008《基于 GHS 的化学品标签规范》

GB/T 16483—2008《化学品安全技术说明书　内容和顺序》

GB/T 17519—2013《化学品安全技术说明书　编写指南》

GB 190—2009《危险货物包装标志》

中国正逐步建立、完善 GHS 国家协调机制，修订相关法律法规、标准。鉴于以往实施的法规不完善、实际操作有难度，根据《全球化学品统一分类和标签制度》修订的中国危险化学品分类和标签管理体系，无论从数据深度上还是风险管理上，都将在现有基础上有较大的进步。实施 GHS，不仅有利于保护我国国民健康和环境的可持续发展，而且有利于促进化学品进出口贸易和信息传递。

三、我国危险化学品安全管理机构及职责

我国政府历来十分重视化学品（尤其是危险化学品）的安全管理工作，设立专门机构对行业的安全生产工作进行管理。2001 年，国家安全生产监督管理局（现称国家安全生产监督管理总局）成立后，将原化学工业部和劳动部有关危险化学品的安全监督管理职责划入国家安全生产监督管理局，同时承担了原由卫生部承担的作业场所职业卫生监督检查职责。为进一步加大对危险化学品的安全管理力度，在 2003 年机构调整中，国家安全生产监督管理局专门设立危险化学品安全监督管理司，具体负责有关危险化学品的安全监督管理工作。危险化学品安全监督管理司综合监督管理危险化学品安全生产工作，主要包括：依法负责危险化学品生产和储存企业的设立、改建和扩建的安全审查，危险化学品包装物和容器专业生产企业的安全审查，定点、危险化学品经营许可证的发放，国内危险化学品登记工作以及监督检查，烟花爆竹生产经营单位的安全生产监督管理；依法监督检查化工（含石油化工）、医药和烟

花爆竹行业生产经营单位贯彻执行安全生产法律、法规情况及其安全生产条件、设备设施安全和作业场所职业卫生情况；组织查处不具备安全生产基本条件的生产经营单位；组织相关的大型建设项目安全设施的设计审查和竣工验收；指导和监督相关的安全评估工作，参与调查处理相关的特别重大事故，并监督事故查处的落实情况，指导协调或参与相关的事故应急救援工作。

四、《危险化学品安全管理条例》提出的全面管理体系

为加强对危险化学品的安全管理，2002年3月15我国颁布实施了《危险化学品安全管理条例》（以下简称《条例》）。《条例》明确了对危险化学品从生产、储存、经营、运输、使用和废弃处置6个环节进行全过程监督管理，同时进一步明确了国家10部门的监督管理职责。2011年12月1日，新修订的《危险化学品安全管理条例》正式施行，修订后的条例共8章102条，总结原条例实施以来危险化学品安全管理的实践经验，针对危险化学品安全管理中的新情况、新问题，对危险化学品生产、储存、经营、运输、使用等环节的安全管理制度和措施做了全面的补充、修改和完善。新《条例》针对使用危险化学品从事生产的企业发生事故较多、可用于制造爆炸物品的危险化学品公共安全问题较为突出等薄弱环节，增设了有关使用安全的制度和措施。明确了危险化学品安全管理的范围、责任和要求，各有关部门职责分工更清晰，监管措施可操作性更强，与违法行为设定的法律责任及行为的性质和危害程度更相适应，更有利于加大危险化学品安全监管力度。新修订的《条例》在内容上做出了重大调整和补充，进一步明确了危险化学品单位的主体责任，对负责危险化学品安全监督管理的部门的职责予以明确和细化，加大了对危险化学品非法违法行为的处罚力度，主要包括以下几个方面。

1. 完善了危险化学品的定义和目录发布制度

《条例》根据联合国的全球危险化学品统一分类和标签制度（GHS）的要求，按照化学品的危害特性确定危险化学品的种类及目录，修订后的《条例》更加科学明确，与国际接轨。同时，明确了危险化学品目录的发布要求。

2. 新设了危险化学品使用安全许可制度

针对使用危险化学品从事生产的企业事故多发的情况，为从源头上进一步强化使用危险化学品的安全管理，《条例》确立了危险化学品安全使用许可制度，规定使用特定种类危险化学品从事生产且使用量达到规定数量的化工企业，应当取得危险化学品安全使用许可证。该证由设区的市级安全监管部门负责审核发放。

3. 完善了危险化学品经营许可制度

《条例》将原由省、市两级安全监管部门负责的经营许可调整为由市、县两级安全监管部门负责，下放了许可权限，降低了管理相对人申办危险化学品经营许可的成本，体现了安全监管部门保障和服务经济社会发展，为管理相对人提供便民、高效服务的理念。

4. 完善了生产、储存危险化学品单位的安全评价制度

《条例》规定生产、储存危险化学品的企业，应当委托具备国家规定资质条件的机构对本

企业的安全生产条件每3年进行一次安全评价，提出安全评价报告，与《安全生产许可证条例》相衔接。

5. 完善了危险化学品的内河运输规定

原《条例》规定禁止利用内河以及其他封闭水域等航运渠道运输剧毒化学品、国务院交通部门规定禁止运输的其他危险化学品。考虑到长江等内河运输危险化学品的实际问题，新修订的《条例》做出适当调整，并做出了相应的严格管理规定。

6. 健全完善了危险化学品的登记和鉴定制度

新修订的《条例》规定国家实行危险化学品登记制度，为危险化学品安全管理以及危险化学品事故预防和应急救援提供技术、信息支持。危险化学品生产企业、进口企业，应当向国务院安全监管部门负责危险化学品登记的机构办理危险化学品登记。同时规定，化学品的危险特性尚未确定的，由国务院安全监管部门、国务院环境保护主管部门、国务院卫生主管部门分别负责组织对该化学品的物理危险性、环境危害性、毒理特性进行鉴定。

7. 加大了非法违法行为处罚力度

《条例》在行政处罚上做出较大幅度的调整，重点加大了经济处罚的力度，同时，与《安全生产许可证条例》《生产安全事故报告和调查处理条例》等法律法规进行衔接。

8. 健全完善了危险化学品建设项目"三同时"制度以及与有关法律、行政法规的衔接

《条例》规定新建、改建、扩建生产、储存危险化学品的建设项目，必须由安全监管部门进行安全条件审查。同时，与《中华人民共和国港口法》《安全生产许可证条例》《工业产品许可证条例》进行了衔接。

五、危险化学品安全管理相关法律法规

① 《中华人民共和国安全生产法》（主席令第88号，2021年9月1日起施行）；
② 《中华人民共和国固体废物污染环境防治法》（主席令第43号，2020年9月1日起施行）；
③ 《危险化学品安全管理条例》（国务院令第591号，2011年12月1日起施行）；
④ 《安全生产许可证条例》（国务院令653号，2014年7月29日起实施）；
⑤ 《易制毒化学品管理条例》（国务院令第703号，2018年9月18日起施行）；
⑥ 《中华人民共和国内河交通安全管理条例》（国务院令第709号，2019年3月2日起实施）；
⑦ 《使用有毒物品作业场所劳动保护条例》（国务院令第352号，2002年5月12日）；
⑧ 《作业场所安全使用化学品公约》（1994年10月22日经第八届全国人民代表大会常务委员会第十次会议审议通过）；
⑨ 《国务院关于特大安全事故行政责任追究的规定》（国务院令第302号，2001年4月21日颁布施行）；

⑩《农药管理条例》（国务院令第752号，2022年5月1日起实施）；

⑪《中华人民共和国道路运输条例》（国务院令第752号，2022年5月1日起实施）；

⑫《危险化学品安全使用许可证实施办法》（原国家安全生产监督管理总局令第89号，2017年3月6日起施行）；

⑬《危险化学品经营许可证管理办法》（原国家安全生产监督管理总局令第55号，2012年9月1日起施行）；

⑭《危险化学品登记管理办法》（原国家安全生产监督管理总局令第53号，2012年8月1日起施行）；

⑮《危险化学品建设项目安全监督管理办法》（原国家安全生产监督管理总局令第79号，2015年7月1日起施行）；

⑯《危险化学品输送管道安全管理规定》（原国家安全生产监督管理总局令第43号，2012年3月1日起施行）；

⑰《危险化学品重大危险源监督管理暂行规定》（原国家安全生产监督管理总局令第79号，2015年7月1日起施行）；

⑱《危险化学品生产企业安全生产许可证实施办法》（原国家安全生产监督管理总局令第89号，2017年3月6日起施行）；

⑲《建设项目安全设施"三同时"监督管理暂行办法》（原国家安全生产监督管理总局令第77号，2015年4月2日起施行）；

⑳《特种作业人员安全技术培训考核管理规定》（原国家安全生产监督管理总局令第80号，2015年7月1日起施行）；

㉑《化学品物理危险性鉴定与分类管理办法》（原国家安全生产监督管理总局令第60号，2013年9月1日起施行）；

㉒《危险化学品目录》（2015版）；

㉓《道路危险货物运输管理规定》（交通运输部令2016年第36号，2016年4月11日起实施）；

㉔《港口危险货物安全管理规定》（交通运输部令2012年第9号，2013年2月1日起实施）；

㉕《仓库防火安全管理规则》（公安部令第6号，1990年4月10日）；

㉖《危险化学品包装物、容器定点生产管理办法》（国家经济贸易委员会令第37号，2002年11月15日起施行）；

㉗《爆炸危险场所安全规定》（劳部发[1995]56号，1995年1月22日起施行）；

㉘《铁路安全管理条例》（国务院639号令，2014年1月1日起实施）；

㉙《工作场所安全使用化学品规定》（劳部发[1996] 423号，1997年1月1日）；

㉚《铁路危险货物运输管理规则》（铁运[2008]174号）；

㉛《危险化学品重大危险源辨识》（GB 18218—2018）；

㉜《化学品安全标签编写规定》（GB 15258—2009）；

㉝《易燃易爆性商品储存养护技术条件》（GB 17914—2013）；

㉞《腐蚀性商品储存养护技术条件》（GB 17915—2013）；

㉟《毒害性商品储存养护技术条件》（GB 17916—2013）；

㊱《危险货物包装标志》（GB 190—2009）；

㊲《危险货物运输包装通用技术条件》（GB 12463—2009）；

㊳《建筑设计防火规范（2018 年版）》（GB 50016—2014）；
㊴《危险货物品名表》（GB 12268—2012）；
㊵《危险货物分类和品名编号》（GB 6944—2012）；
㊶《化学品安全技术说明书　内容和项目顺序》（GB/T 16483—2008）；
㊷《化学品安全技术说明书编写指南》（GB/T 17519—2013）；
㊸《化学品分类和危险性公示　通则》（GB 13690—2009）；
㊹《常用化学危险品贮存通则》（GB 15603—1995）；
㊺《汽车加油加气加氢站技术标准》（GB 50156—2021）；
㊻《安全评价通则》（AQ 8001—2007）；
㊼《生产经营单位安全生产事故应急预案编制导则》（GB/T 29639—2020）；
㊽《放射性物品安全运输规程》（GB 11806—2019）；
㊾《职业性接触毒物危害程度分级》（GBZ 230—2010）；
㊿《危险化学品经营企业安全技术基本要求》（GB 18265—2019）；
(51)《国家危险废物名录（2021 版）》；
(52)《危险化学品单位应急救援物资配备要求》（GB 30077—2013）。

本章小结

本章第一节主要介绍了产品安全监管准则中的相关术语、此准则推行的目的、适用范围和准则的基本内容。“产品监管”是责任关怀计划中的重要组成部分，它有别于计划中“工艺导向”的、仅限于公司内部的管理体系，它是“产品导向”的，而且因其“外延性”而涉及产品链的整个生命周期。对我国化工及相关企业而言，“产品安全监管”是一种具有革新意义的管理理念和模式，并有着十分重要的现实意义；第二节介绍了《作业场所安全使用化学品公约》（简称《170 号公约》）就化学品的危险性鉴别与分类登记注册、加贴安全标签、向用户提供安全技术说明书以及企业的责任和义务、工人的权利和义务、操作控制、接训、化学品转移、出口、废弃物处置等问题做出的基本的规定；第三节主要介绍了危险化学品的概念、危险化学品安全管理的重要性、我国危险化学品安全管理机构及职责、《危险化学品安全管理条例》提出的全面管理体系以及我国颁布的与危险化学品安全管理相关的现行法律法规和标准规范。

拓展阅读

《危险化学品安全管理条例》剖析

《危险化学品安全管理条例》（以下简称《条例》）突出四项备案制度（企业责任）、六项名单公告制度（政府责任）、七项其他法律规章（企业责任、政府责任）、十五项审查、审批制度（企业责任、政府责任）。

1. 四项备案制度（企业责任）

备案制度是指依照法定程序报送有关机关备案，对符合法定条件的，有关机关应当予以登记的法律性要求。为了保障《条例》在实施过程中能合法有效地对危险化学品进行安全管理，预防和减少危险化学品事故，针对危险化学品安全管理的实际情况，结合危险化学品生产、储存、经营、运输过程中所存在的危险特性和风险程度，《条例》共确立了四项备案制度。

（1）安全评价报告以及整改方案的落实情况备案（县级安全监管部门或港口行政部门）。

《条例》第二十二条规定：生产、储存危险化学品的企业，应当将安全评价报告以及整改方案的落实情况报所在地县级人民政府安全生产监督管理部门备案。在港区内储存危险化学品的企业，应当将安全评价报告以及整改方案的落实情况报港口行政管理部门备案。

（2）储存剧毒化学品以及储存数量构成重大危险源的其他危险化学品的备案（县级安全监管部门或港口行政部门、公安机关）。

《条例》第二十五条规定：对剧毒化学品以及储存数量构成重大危险源的其他危险化学品，储存单位应当将其储存数量、储存地点以及管理人员的情况，报所在地县级人民政府安全生产监督管理部门（在港区内储存的，报港口行政管理部门）和公安机关备案。

（3）剧毒化学品、易制爆危险化学品销售情况备案（县级公安机关）。

《条例》第四十一条规定：剧毒化学品、易制爆危险化学品的销售企业、购买单位应当在销售、购买后5日内，将所销售、购买的剧毒化学品、易制爆危险化学品的品种、数量以及流向信息报所在地县级人民政府公安机关备案，并输入计算机系统。

（4）危险化学品事故应急预案（市级安全监管部门）。

《条例》第七十条规定：危险化学品单位应当将其危险化学品事故应急预案报所在地设区的市级人民政府安全生产监督管理部门备案。

2. 六项名单公告制度（政府责任）

为了贯彻国家相关政策，进一步突出重点、强化监管，需要对监管对象确定范围，以便落实责任，更好地实施危险化学品的安全监管工作。在《条例》中共提出了6项名单公告制度，其中有1项属于引用。

（1）危险化学品目录（国务院安全生产监督管理部门会同国务院工业和信息化、公安、环境保护、卫生、质量监督检验检疫、交通运输、铁路、民用航空、农业主管部门确定）。

《条例》第三条规定：危险化学品目录，由国务院安全生产监督管理部门会同国务院工业和信息化、公安、环境保护、卫生、质量监督检验检疫、交通运输、铁路、民用航空、农业主管部门，根据化学品危险特性的鉴别和分类标准确定、公布，并适时调整。

（2）实施重点环境管理的危险化学品（环境保护主管部门确定）。

《条例》第六条（四）规定：环境保护主管部门负责废弃危险化学品处置的监督管理，组织危险化学品的环境危害性鉴定和环境风险程度评估，确定实施重点环境管理的危险化学品，负责危险化学品环境管理登记和新化学物质环境管理登记；依照职责分工调查相关危险化学品环境污染事故和生态破坏事件，负责危险化学品事故现场的应急环境监测。

（3）易制爆危险化学品（国务院公安部门规定）。

《条例》第二十三条规定：生产、储存剧毒化学品或者国务院公安部门规定的可用于制造爆炸物品的危险化学品（以下简称易制爆危险化学品）的单位，应当如实记录其生产、储存的剧毒化学品，易制爆危险化学品的数量、流向，并采取必要的安全防范措施，防止剧毒化学品、易制爆危险化学品丢失或者被盗；发现剧毒化学品、易制爆危险化学品丢失或者被盗的，应当立即向当地公安机关报告。

（4）危险化学品使用量的数量标准（国务院安全生产监督管理部门会同国务院公安部门、农业主管部门确定）。

《条例》第二十九条规定：使用危险化学品从事生产并且使用量达到规定数量的化工企业（属于危险化学品生产企业的除外，下同），应当依照本《条例》的规定取得危险化学品安全使用许可证。

前款规定的危险化学品使用量的数量标准，由国务院安全生产监督管理部门会同国务院公安部门、农业主管部门确定并公布。

（5）禁止通过内河运输的剧毒化学品以及其他危险化学品（国务院交通运输主管部门会同国务院环境保护主管部门、工业和信息化主管部门、安全生产监督管理部门规定）。

《条例》第五十四条规定：禁止通过内河运输的剧毒化学品以及其他危险化学品的范围，由国务院交通运输主管部门会同国务院环境保护主管部门、工业和信息化主管部门、安全生产监督管理部门，根据危险化学品的危险特性、危险化学品对人体和水环境的危害程度以及消除危害后果的难易程度等因素规定并公布。

（6）列入国家实行生产许可证制度的工业产品目录的危险化学品（国务院工业产品生产许可证主管部门会同国务院有关部门制定）。

《条例》第十四条规定：生产列入国家实行生产许可证制度的工业产品目录的危险化学品的企业，应当依照《中华人民共和国工业产品生产许可证管理条例》的规定，取得工业产品生产许可证。

3．七项其他法律规章（企业责任、政府责任）

为了更好地与相关法律法规适应，同时也避免法规条文的臃肿，在《条例》中共涉及七项已经发布的法律法规，相对于国务院令第 344 号来说全部为新增内容。更体现了法规制定的关联性、完整性。

（1）《中华人民共和国港口法》，2018 年 12 月第三次修正，自 2018 年 12 月 29 日起施行。

《条例》第三十三条规定：依照《中华人民共和国港口法》的规定取得港口经营许可证的港口经营人，在港区内从事危险化学品仓储经营，不需要取得危险化学品经营许可。

《条例》第九十二条规定：未向港口行政管理部门报告并经其同意，在港口内进行危险化学品的装卸、过驳作业的，依照《中华人民共和国港口法》的规定进行处罚。

（2）《中华人民共和国邮政法》，2015 年 4 月第二次修正，自 2015 年 4 月 24 日起施行。

《条例》第八十七条规定：邮政企业、快递企业收寄危险化学品的，依照《中华人民共和国邮政法》的规定处罚。

（3）《中华人民共和国工业产品生产许可证管理条例》（中华人民共和国国务院令第 440 号），自 2005 年 9 月 1 日起施行。

《条例》第十四条规定：生产列入国家实行生产许可证制度的工业产品目录的危险化学品的企业，应当依照《中华人民共和国工业产品生产许可证管理条例》的规定，取得工业产品生产许可证。

《条例》第十八条规定：生产列入国家实行生产许可证制度的工业产品目录的危险化学品

包装物、容器的企业，应当依照《中华人民共和国工业产品生产许可证管理条例》的规定，取得工业产品生产许可证；其生产的危险化学品包装物、容器经国务院质量监督检验检疫部门认定的检验机构检验合格，方可出厂销售。

（4）《安全生产许可证条例》，2014年7月第二次修订，自2014年7月29日起正式施行。

《条例》第十四条规定：危险化学品生产企业进行生产前，应当依照《安全生产许可证条例》的规定，取得危险化学品安全生产许可证。

（5）《中华人民共和国内河交通安全管理条例》，2019年3月第三次修订。

《条例》第九十二条规定：有下列情形之一的，依照《中华人民共和国内河交通安全管理条例》的规定处罚：①通过内河运输危险化学品的水路运输企业未制定运输船舶危险化学品事故应急救援预案，或者未为运输船舶配备充足、有效的应急救援器材和设备的；②通过内河运输危险化学品的船舶的所有人或者经营人未取得船舶污染损害责任保险证书或者财务担保证明的；③船舶载运危险化学品进出内河港口，未将有关事项事先报告海事管理机构并经其同意的；④载运危险化学品的船舶在内河航行、装卸或者停泊，未悬挂专用的警示标志，或者未按照规定显示专用信号，或者未按照规定申请引航的。

（6）《企业事业单位内部治安保卫条例》（中华人民共和国国务院令第421号），自2004年12月1日起施行。

《条例》第七十八条规定：生产、储存剧毒化学品、易制爆危险化学品的单位未设置治安保卫机构、配备专职治安保卫人员的，依照《企业事业单位内部治安保卫条例》的规定处罚。

（7）《生产安全事故报告和调查处理条例》（中华人民共和国国务院令第493号），自2007年6月1日起施行。

《条例》第九十四条规定：危险化学品单位发生危险化学品事故，其主要负责人不立即组织救援或者不立即向有关部门报告的，依照《生产安全事故报告和调查处理条例》的规定处罚。

4．十五项审查、审批制度（企业责任、政府责任）

（1）危险化学品生产企业的安全生产许可制度。

《条例》第十四条规定：危险化学品生产企业进行生产前，应当依照《安全生产许可证条例》的规定，取得危险化学品安全生产许可证。

（2）危险化学品安全使用许可制度。

《条例》第二十九条规定：使用危险化学品从事生产并且使用量达到规定数量的化工企业（属于危险化学品生产企业的除外，下同），应当依照本条例的规定取得危险化学品安全使用许可证。

（3）危险化学品经营许可制度。

《条例》第三十三条规定：国家对危险化学品经营（包括仓储经营，下同）实行许可制度。未经许可，任何单位和个人不得经营危险化学品。

（4）危险化学品禁止与限制制度。

《条例》第五条规定：任何单位和个人不得生产、经营、使用国家禁止生产、经营使用的危险化学品。

国家对危险化学品的使用有限制性规定的，任何单位和个人不得违反限制性规定使用危险化学品。

《条例》第四十条规定：禁止向个人销售剧毒化学品（属于剧毒化学品的农药除外）和易制爆危险化学品。

《条例》第四十九条规定：未经公安机关批准，运输危险化学品的车辆不得进入危险化学品运输车辆限制通行的区域。危险化学品运输车辆限制通行的区域由县级人民政府公安机关划定，并设置明显的标志。

《条例》第五十四条规定：禁止通过内河封闭水域运输剧毒化学品以及国家规定禁止通过内河运输的其他危险化学品。

前款规定以外的内河水域，禁止运输国家规定禁止通过内河运输的剧毒化学品以及其他危险化学品。

《条例》第五十八条规定：通过内河运输危险化学品，危险化学品包装物的材质、型式、强度以及包装方法应当符合水路运输危险化学品包装规范的要求。国务院交通运输主管部门对单船运输的危险化学品数量有限制性规定的，承运人应当按照规定安排运输数量。

（5）建设项目安全条件审查与论证制度。

《条例》第十二条规定：新建、改建、扩建生产、储存危险化学品的建设项目（以下简称建设项目），应当由安全生产监督管理部门进行安全条件审查。

建设单位应当对建设项目进行安全条件论证，委托具备国家规定的资质条件的机构对建设项目进行安全评价，并将安全条件论证和安全评价的情况报告报建设项目所在地设区的市级以上人民政府安全生产监督管理部门；安全生产监督管理部门应当自收到报告之日起45日内做出审查决定，并书面通知建设单位。

（6）作业场所和安全设施、设备安全警示制度。

《条例》第二十条规定：生产、储存危险化学品的单位，应当在其作业场所和安全设施、设备上设置明显的安全警示标志。

（7）人员培训考核与持证上岗制度。

《条例》第四条规定：危险化学品单位应当具备法律、行政法规规定和国家标准、行业标准要求的安全条件，建立、健全安全管理规章制度和岗位安全责任制度，对从业人员进行安全教育、法制教育和岗位技术培训。从业人员应当接受教育和培训，考核合格后上岗作业；对有资格要求的岗位，应当配备依法取得相应资格的人员。

（8）剧毒化学品、易制爆危险化学品准购、准运制度。

《条例》第三十八条规定：依法取得危险化学品安全生产许可证、危险化学品安全使用许可证、危险化学品经营许可证的企业，凭相应的许可证件购买剧毒化学品、易制爆危险化学品。民用爆炸物品生产企业凭民用爆炸物品生产许可证购买易制爆危险化学品。

前款规定以外的单位购买剧毒化学品的，应当向所在地县级人民政府公安机关申请取得剧毒化学品购买许可证；购买易制爆危险化学品的，应当持本单位出具的合法用途说明。

《条例》第三十九条规定：剧毒化学品购买许可证管理办法由国务院公安部门制定。

《条例》第五十条规定：通过道路运输剧毒化学品的，托运人应当向运输始发地或者目的地县级人民政府公安机关申请剧毒化学品道路运输通行证。剧毒化学品道路运输通行证管理办法由国务院公安部门制定。

（9）从事危险化学品运输企业的资质认定制度。

《条例》第四十三条规定：从事危险化学品道路运输、水路运输的，应当分别依照有关道路运输、水路运输的法律、行政法规的规定，取得危险货物道路运输许可、危险货物水路运输许可，并向工商行政管理部门办理登记手续。

（10）危险化学品登记制度。

《条例》第六十六条规定：国家实行危险化学品登记制度，为危险化学品安全管理以及危险化学品事故预防和应急救援提供技术信息支持。

（11）危险化学品和新化学物质环境管理登记。

《条例》第九十八条规定：危险化学品环境管理登记和新化学物质环境管理登记，依照有关环境保护的法律、行政法规、规章的规定执行。

（12）危险化学品环境释放信息报告制度。

《条例》第十六条规定：生产实施重点环境管理的危险化学品的企业，应当按照国务院环境保护主管部门的规定，将该危险化学品向环境中释放等相关信息向环境保护主管部门报告。环境保护主管部门可以根据情况采取相应的环境风险控制措施。

（13）化学品危险性鉴定制度。

《条例》第一百条规定：化学品的危险特性尚未确定的，由国务院安全生产监督管理部门、国务院环境保护主管部门、国务院卫生主管部门分别负责组织对该化学品的物理危险性、环境危害性、毒理特性进行鉴定。根据鉴定结果，需要调整危险化学品目录的，依照本条例第三条第二款的规定办理。

（14）危险化学品事故应急救援管理制度。

《条例》第七十三条规定：有关危险化学品单位应当为危险化学品事故应急救援提供技术指导和必要的协助。

（15）法律责任追究制度。

《条例》第七章中第七十五条、第七十六条、第七十七条、第七十九条、第八十条、第八十二条、第八十六条、第八十七条、第八十八条、第九十三条、第九十五条、第九十六条，共有12条提到了相关法律责任追究问题，针对此需要制定相关"法律责任追究"方面的规章文件，以保障条例充分合理地实施与运用。

> 请思考：在危险化学品生产、储存、运输、使用等过程中，如果遇到某些专项安全法规的规定与《危险化学品管理条例》的要求不一致的情况应该如何处理？

 思考题

1. 责任关怀产品安全监管准则实施的目的是什么？
2. 产品的全生命周期包括哪些阶段？
3. 产品的风险特征包括哪几个方面的内容？
4. 《作业场所安全使用化学品公约》的宗旨是什么？其重要性在哪些方面得到体现？
5. 《作业场所安全使用化学品公约》规定了哪些责任、义务与权力，其主要内容是什么？
6. 《危险化学品安全管理条例》提出的全面管理体系包含哪些内容？

拓展练习题

一、选择题

1. 《危险化学品安全管理条例》立法目的是加强对危险化学品的安全管理，保护环境，保障（　　）。
   A．企业发展　　　　　　B．人民生命财产安全　　　C．产品质量

2. 国家对危险化学品的生产经营实行许可证制度，对危险化学品的运输实行（　　）。
   A．审批制度　　　　　　B．资质认定制度　　　　　C．登记备案制度

3. 国家对危险化学品实行登记制度，并为危险化学品安全管理、事故预防和应急救援提供（　　）。
   A．热情服务　　　　　　B．安全保障　　　　　　　C．技术信息

4. 任何单位和个人不得邮寄或在邮件内夹带（　　）。
   A．烟花爆竹　　　　　　B．危险化学品　　　　　　C．民爆物品

5. 危险化学品生产企业不得向未取得危险化学品经营许可证的单位或个人销售（　　）。
   A．农药　　　　　　　　B．化肥　　　　　　　　　C．危险化学品

6. 危险化学品必须储存在专用仓库、专用场地或专用储存室内，其方式、方法与储存数量必须符合（　　），并由专人管理。
   A．企业标准　　　　　　B．地方规定　　　　　　　C．国家标准

7. 任何单位和个人不得生产、经营、使用国家明令禁止的（　　）。
   A．烟花爆竹　　　　　　B．危险化学品　　　　　　C．鸦片

8. 危险化学品单位从事危险化学品活动的人员，必须接受有关法律、法规、规章和安全知识、专业技术、职业卫生防护和应急救援知识的培训，并经（　　），方可上岗作业。
   A．领导推荐　　　　　　B．考核合格　　　　　　　C．报名竞争

9. 通过公路运输危险化学品，运输车辆必须遵守（　　）规定的行车时间和路线。
   A．公安部门　　　　　　B．交通部门　　　　　　　C．安全监督部门

10. 通过公路运输剧毒化学品的，托运人应当向目的地的县级人民政府（　　）申请办理剧毒化学品公路运输通行证。
    A．公安部门　　　　　　B．交通部门　　　　　　　C．安全监督部门

11. 国家对危险化学品的运输实行（　　）制度。
    A．资质认定　　　　　　B．准运　　　　　　　　　C．审批

12. 《危险化学品安全管理条例》规定，申请设立剧毒化学品生产、储存企业和其他危险化学品生产、储存企业，申请人应凭省、自治区、直辖市人民政府安监部门（　　）向工商行政管理部门办理登记注册手续。
    A．批准书　　　　　　　B．通知书　　　　　　　　C．批准文件

13. 《危险化学品安全管理条例》规定，进口危险化学品的经营、储存、运输、使用和处置进口废弃危险化学品，（　　）本条例的规定执行。
    A．参照　　　　　　　　B．不参照　　　　　　　　C．依照

14. 《危险化学品安全管理条例》规定，危险化学品单位发生危险化学品事故，未按照本

条例的规定立即组织救援,造成严重后果的,对负有责任的主管人员和其他直接责任人员依照刑法关于国有公司、企业工作人员(　　)或者其他罪的规定,依法追究刑事责任。

  A．渎职罪   B．失职罪   C．玩忽职守罪

15.《危险化学品安全管理条例》规定,未取得危险化学品(　　),擅自从事危险化学品公路、水路运输的企业,由交通部门依据职责对其进行处罚。

  A．经营许可证   B．生产许可证   C．运输企业资质

16.《危险化学品安全管理条例》规定,危险化学品单位未根据危险化学品的种类、特性,在车间、库房等作业场所设置相应的监测、通风等安全设施、设备的,由(　　)或者公安部门依据职权责令立即或者限期改正。

  A．质检部门   B．安监部门   C．环保部门

17.《危险化学品安全管理条例》规定,危险化学品(　　)必须为危险化学品事故应急救援提供技术指导和必要的协助。

  A．生产企业   B．经营企业   C．运输企业

18.《危险化学品安全管理条例》规定,通过公路运输剧毒化学品的,托运人应当向目的地的县级人民政府公安部门申请办理剧毒化学品(　　)。

  A．交通运输许可证   B．公路运输通行证   C．安全运输通行证

19.《危险化学品安全管理条例》规定,(　　)应当对专业生产企业生产的槽罐以及其他容器的产品质量进行定期或者不定期的检查。

  A．质检部门   B．行业管理部门   C．安监部门

20.《危险化学品安全管理条例》规定,国家对危险化学品的运输实行(　　)制度。

  A．资格认可   B．资质认定   C．资格认定

21.《危险化学品安全管理条例》规定,生产、科研、医疗等单位经常使用剧毒化学品的,应当向设区的市级人民政府(　　)部门申请领取购买凭证,凭购买凭证购买。

  A．行业主管   B．安监   C．公安

22.生产和使用危险化学品的单位转产、停产、停业或者解散的,应当采取有效措施,处置危险化学品的生产或者存储设备、库存产品及生产原料,不得留有(　　)。

  A．重大危险源   B．事故隐患   C．事故危险

23.《危险化学品安全管理条例》规定,剧毒化学品以及储存数量构成重大危险源的其他危险化学品必须在专用仓库内单独存放,实行双人收发、(　　)保管制度。

  A．一人   B．三人   C．双人

24.《危险化学品安全管理条例》规定,生产、储存和使用危险化学品的单位,应当在生产、储存和使用场所设置(　　)装置。

  A．通风、防爆   B．通讯、报警   C．通风、报警

25.《危险化学品安全管理条例》规定,危险化学品生产企业销售其生产的危险化学品时,应当提供与危险化学品完全一致的化学品安全技术说明书,并在包装上加贴或者拴挂与包装内危险化学品完全一致的化学品(　　)。

  A．安全标签   B．运输标签   C．安全标志

二、判断题

1.危险化学品的生产、储存、使用单位,应当在生产、储存和使用场所设置通讯、报警装置,并保证在任何情况下处于正常适用状态。(　　)

2．危险化学品性质或消防方法相互抵触，以及配装号或类项不同的危险化学品不能装在同一车、船内运输。（　　）

3．储存剧毒化学品以及重大危险源的其他危险化学品的单位，应当将储存剧毒化学品以及重大危险源的其他危险化学品的数量、地点以及管理人员的情况，报公安部门和负责危险化学品安全监督管理综合工作的部门备案。（　　）

4．大中型危险化学品仓库应选址在远离市区和居民区的当地主导风向的上风方向和河流下游的区域。（　　）

5．建设项目未经安全许可的，不得建设或者投入生产（使用）。（　　）

6．新建的生产单位应在投产前办理危险化学品登记手续。（　　）

7．危险化学品生产经营单位申请安全生产（经营）许可证时，应自主选择具有资质的安全评价机构，对本单位的安全生产条件进行安全评价。（　　）

8．剧毒化学品经营企业应当每天核对剧毒化学品的销售情况；发现被盗、丢失、误售等情况时，必须立即向当地安监部门报告。（　　）

9．运输危险化学品途中需要停车住宿或者遇有无法正常运输的情况时，应当向当地公安部门报告。（　　）

10．危险化学品生产单位销售本单位生产的危险化学品，不再办理经营许可证。（　　）

11．危险化学品生产经营场所的建筑物内可以设置员工集体宿舍。（　　）

12．任何单位和个人都可以邮寄危险化学品。（　　）

13．危险化学品专用仓库，应当符合国家标准对安全、消防的要求，设置明显标志。（　　）

14．危险化学品专用仓库的存储设备和安全设施应当定期检测。（　　）

15．危险化学品生产单位必须向用户提供化学事故应急咨询服务，为化学事故应急救援提供技术指导和必要的协助。（　　）

16．新建的生产单位可在投产后办理危险化学品登记手续。（　　）

17．剧毒化学品生产企业、经营企业不得向个人或者无购买凭证、准购证的单位销售剧毒化学品。（　　）

18．个人不得购买农药、灭鼠药、灭虫药以外的剧毒化学品。（　　）

19．危险化学品生产企业不可以向未取得危险化学品经营许可证的单位或个人销售危险化学品。（　　）

20．危险化学品生产企业发现其生产的危险化学品有新的危险特性时，应立即公告，并及时修订安全技术说明书和安全标签。（　　）

第二章 基于"责任关怀"的产品安全实践

第一节 产品安全基础管理

一、领导作用与职责

（1）企业的最高管理者是企业产品安全监管工作的第一责任人，应保证对产品安全监管的目标、组织机构、职责权限、制度、能力、意识教育等进行策划和实施形成文件化的承诺。

（2）企业应制定相关方针、标准和产品安全监管计划及管理制度，确保满足法规要求以及产品安全监管的更高要求，并及时与相关方沟通交流。

（3）企业的主要负责人应通过提供适当资源（例如时间、财务与人力资源），支持与维护产品安全监管计划。

（4）企业主要负责人应推动企业建立良好的产品安全监管文化，提高企业整体产品安全监管水平，并推动各级管理层在产品安全绩效方面的持续改进。

（5）企业应建立产品安全监管体系，明确领导层、各级管理人员、操作人员、劳务派遣人员、承包商等在企业生产经营活动中应承担的产品安全监管职责。

（6）企业应设置产品安全部门或配备产品安全管理人员，其应履行下列职责包括但不限于：

① 根据企业的战略愿景和业务范围，识别适用的化学品安全相关法律法规，按照法律法规的具体要求建立公司的化学品法规合规性评估流程并确保公司经营过程中产品法规的合规性。

② 负责建立化学品安全管理制度。根据化学品风险管理的原则，按照化学品风险采用分级管理策略，制定基于风险等级的产品安全管理流程和措施。

③ 负责化学品全生命周期所有相关阶段的合规管理；负责供应商、分销商、下游用户、消费者等的化学品安全培训和使用指导。

④ 负责建立企业的化学品档案，进行化学品危害识别、风险评估，编制化学品安全技术说明书和安全标签，完成化学品登记等。

⑤ 制定危害信息传递管理流程，保证从业人员和应急人员能够容易获取相关信息。

⑥ 制订全员产品安全培训计划，并组织实施培训。
⑦ 组织检查产品安全监管工作开展情况及其绩效评定。
（7）企业从业人员应该通过以下多种方式参与产品安全相关的活动：
① 产品安全相关文件的编制和讨论。
② 产品危害因素识别、暴露评估和控制措施的讨论。
③ 产品安全隐患识别及汇报。
④ 安全事故应急演练。
⑤ 产品安全事件、事故汇报和整改。
⑥ 产品安全文化建设。

二、合规性管理

（1）企业应建立识别、获取和更新适用的产品安全监管法律法规、标准及其他要求的制度，明确责任部门及获取渠道、方式和时机，并对从业人员进行宣传和培训。

（2）企业应及时收集汇总与产品相关的现行法律、法规、部门规章、规范和标准。收集的途径可包括：政府监管部门网站、行业协会、专业论坛、行业主管部门网站、第三方法规数据库、咨询机构等。

（3）企业应对生产经营的产品、中间产品、原料等化学品建立合规性档案，定期进行合规性回顾，根据回顾的结果制订合规计划，并协调其他职能部门采取相应的管理措施。

（4）企业应对产品安全相关的法律法规、标准和其他要求进行逐条识别，定期完成符合性评价，明确相关管理要求，并及时取消不适用的文件。

（5）企业应根据合规性评估的结果，制定并实施合规响应方案。包括但不限于：
① 取得相应行政许可、登记、备案等。
② 将合规要求纳入企业相关的安全管理制度和规程。
③ 建立禁限用化学品清单，将相关管控要求融入原料采购、产品研发和生产等过程中。
④ 停止或限制销售。
企业应定期检查和评价合规响应方案的适用性和符合性，持续提高合规性绩效。

三、相关方管理

（1）企业应将供应商、分销商、承包商、合同制造商、下游用户、社区公众等纳入相关方管理。

（2）企业应要求供应商提供原材料的化学品安全技术说明书，并以此作为选择供应商的重要依据。

（3）企业应当提供产品危害信息以及风险管理的指导，帮助相关方正确地生产、使用、储存、运输、处置相关化学品。

（4）企业应定期审核相关方的产品安全管理绩效，帮助其持续改善。如其拒不改善，企业可中止与其进行的业务与合作。

（5）企业应收集产品的负面效应信息，及时对产品的非预期使用进行调查。如有必要，进行产品召回。

（6）企业可定期邀请相关方参加企业的公众会议或活动，沟通相关的产品风险和控制措施。

四、绩效管理

（1）企业应建立产品安全管理的检查与绩效考评长效机制，建立绩效考核制度，定期对产品安全管理的落实情况进行检查评估和考核并形成报告，纠正存在的问题，不断提高绩效。

（2）企业应对检查评估过程中发现的问题及时进行整改，对潜在风险进行原因分析，制定可行的整改措施，并对整改结果进行验证。

（3）企业应围绕产品安全管理实施细则要求，结合责任关怀其他实施要求或者其他管理体系要求，每年至少进行一次管理评审，实现持续改进。

第二节　与相关方的沟通

企业与产品的相关方，如制造商、供应商、分销商与客户进行沟通，将产品的危害信息及时提供给他们，并能获取原料的风险信息。所有的产品都应附有化学品安全技术说明书和安全标签。对相关方的产品安全监管绩效进行定期审核，达不到要求的，要帮助和指导其提高健康安全及环保的管理水平，从而达到产品安全监管准则的各项要求。

一、与制造承包商的沟通

在商业和经营管理中，企业应当优先选择与那些在合同执行中为 HSE 采取合适措施的制造承包商；或与制造承包商一起合作，与他们分享经验并帮助他们实施措施。提供适用于相关产品和工艺风险的信息和指导，以实现正确操作、使用、回收和处置。定期对制造承包商产品安全监管的绩效进行审查，目的是鼓励在商业合作中，与 HSE 管理体系比较健全的制造承包商合作。

企业有责任对每一家制造承包商的能力进行评估，并通过足够的指导培养其正确地操作（包括储存）、使用和处置产品，以弥补企业在专业上的不足。如果制造承包商不愿意执行合理的产品安全管理措施，那么企业应当认真考虑是否需要中止与该承包商正进行的业务或合作。然而，当企业承诺与制造承包商一起合作，帮助其改善健康、安全和环保表现时，应该在规定时间内，敦促制造承包商改进并且达到 HSE 的标准。

对某家企业产品的参与和审查水平将根据产品风险大小的不同而不同。"与之合作"可以包括提供详细的产品健康、安全和环保信息，在产品操作技术、节约资源及废弃物管理上提供技术支持，需要实地走访制造承包商的工厂。这些行动将根据制造承包商及业务的不同而有所区分。由于企业需要进行更多的管理，与分销商和客户相比较，企业与制造承包商的合作应当更加密切。应对所有的制造承包商进行定期的绩效考核。

二、与供应商的沟通

企业采购原料时，应当要求原料供应商提供其产品的化学品安全技术说明书和 HSE 指南。这些信息通常可以从企业的产品安全数据表里得到。应把供应商对 HSE 原则的遵循情况作为采购的决策因素之一。

通过与原料供应商的沟通，企业可以把产品安全监管的做法延伸至供应商。只要适用，HSE 要素就应成为采购环节（包括产品交换）不可缺少的组成部分。对于有些企业，这便意味着企业内部的采购、制造、安全、环保及消防等职能部门需密切合作，以确认原料供应商可以为环境保护做出更大的贡献。有的企业则倾向于把 HSE 方面的考虑作为供应商资质审查的一部分，或者把它们作为签订合同的要素之一。供应商应编制 HSE 方案及目标。

三、与分销商和配送商的沟通

分销是产品得以配送到最终用户的重要步骤和环节。企业应为分销商或配送商提供其分销或配送产品的 HSE 信息。根据产品风险，选择与分销商或配送商共同合作，并定期对配送商进行评估，确保产品能够得以正确操作、使用、回收和处置，并向下游用户传达合适的信息。如果企业发现分销商或配送商的做法欠妥当，应与其一起努力，进行整改。如整改情况不明显，企业应采取进一步措施，必要时需要终止业务关系。这样做的目的是鼓励分销商或配送商对企业的产品能执行正确的健康、安全和环保做法。这种沟通可以和产品配送准则结合实施。配送准则重点讨论配送商的入库和储存方面的做法。产品安全监管准则的重点在于与配送商合作，帮助他们在其作业的其他方面实现合适的管理。如循环、操作、储存、使用、处置、浪费的最小化管理，以及向下游用户传达信息。与顾客和其他直接产品接受方一样，如果有人不愿意执行那些有利于减小风险，进而实现产品安全监管的健康、安全和环保目标的措施，企业可以中止与其的业务关系。与分销商或配送商的合作程度根据产品风险的不同而不同。产品的风险大小也决定配送准则所规定的定期绩效审查的频率。

分销商或配送商涉及的岗位很广，从原始产品的包装到重新配方形成一个拥有新的 HSE 特征的新产品。"合适信息的传递"确认：当期望分销商/配送商准确传递 HSE 信息时，分销商或配送商所做的产品变更意味着原产品的信息不再适用。此时，配送商需要发布并向产品用户提供更新的产品健康、安全和环保信息。

四、与顾客和其他直接产品受众的沟通

企业或者分销商及配送商，都应当向直接产品受众提供 HSE 信息。根据产品风险，与其进行合作，确保产品得以正确使用、处理、回收和处置，并向下游用户传达合适的信息。当发现产品受众的做法欠妥当时，应与其一起努力，纠正不正确的做法。如改善情况不明显，应采取进一步措施，直至终止产品销售。目的是鼓励顾客使用产品时建立起健康、安全和环保的做法。当产品风险较大时，除了重点向顾客提供信息，还可以提供其他技术支持和协助。如果这些努力均没有效果，企业可以采取进一步的措施。可能的措施包括由企业自行判断，不向顾客出售特定产品。

根据产品风险的不同，参与管理的程序也不同。工作可能包括对先前提供的 HSE 和

环境信息进行强化、增加培训等。至少双方应分享能提高健康、安全和环保所积累的知识和经验。

第三节　产品安全监管相关培训

一、培训的重要性和必要性

产品安全监管中一项很重要的工作就是对企业内部员工进行培训和教育，使企业的员工能够充分了解与产品监管有关的信息，正确认识到企业产品和预期的应用。通过培训可提高相关人员对产品使用与处理的安全意识，进而提高企业的产品安全监管水平。

通过与产品有关的安全培训可以使接触产品的研发人员、生产一线的员工、管理人员、分销商以及客户充分了解产品的危害性和预防及应急处理措施，接受与产品有关的安全培训，掌握相关的知识对参与产品全生命周期人员的身体健康和人身安全都是非常重要的。对于企业来说，开展与产品有关的安全培训可以体现企业对人的健康和安全的关怀，在降低了企业安全风险的同时，也树立了良好的企业社会形象。从长期效益来看，企业开展与产品有关的安全培训是非常必要的。

二、培训的对象

首先，企业要确保所有与产品相关的员工都进行必要的培训和教育，帮助他们理解产品（或包装）的危害，如何正确使用、操作、重新使用，循环利用和处置产品及相关的程序。培训对象除与产品有关的员工之外，还应特别包括产品的分销商以及与客户接触的员工，使他们都具有安全意识。他们能正确使用、处理和处置产品非常重要。

其次，企业要确保能及时收集到任何可能改变现有风险管理措施和方案的新信息，并准确反映到产品风险特征描述或者产品的风险表征中。企业应当建立相关制度，并鼓励员工及时报告和反馈产品新用途、产品误用或负面影响的信息，以便这些宝贵的信息能够在产品风险特征描述或产品风险表征中得以利用。

三、培训的内容

对员工的培训和教育可以根据工作岗位的不同要求，从产品安全监管所涉及的产品的正确使用、产品的回收、循环利用和处置以及已知的产品应用进行教育和培训。

1. 对研发实验人员的培训

对于从事研发工作的实验室工作人员，应重点培训化学品的危险特性、防控措施、工艺反应过程风险、实验安全操作规程、个体安全防护措施、应急处置措施、紧急逃生等内容。

2. 对生产操作岗位人员的培训

对于生产岗位人员应重点培训工艺参数、反应条件、物料危险特性、防火、防爆、防毒、防尘措施、设备安全操作规程、岗位安全操作规程、应急处置措施、个体安全防护措施、工艺异常现象判断和故障处理及紧急逃生等内容。

3. 对物料仓储岗位人员的培训

对于仓储岗位人员应重点培训物料危险特性、防火、防爆、防毒、防尘措施、物料输送、储存设备安全操作规程、岗位安全操作规程、物料泄漏应急处置措施、个体安全防护措施、紧急逃生等内容。

4. 对物料运输和配送岗位人员的培训

对于运输和配送岗位人员应重点培训物料危险特性、防火、防爆、防毒措施、物料运输安全注意事项、物料泄漏应急处置措施、个体安全防护措施、紧急逃生、报警等内容。

5. 对产品销售和使用人员的培训

对于产品销售和使用人员应重点培训物料危险特性、防火、防爆、防毒措施、使用安全注意事项、应急处置措施、个体安全防护措施、紧急逃生、报警等内容。

6. 对产品废弃回收处置相关人员的培训

对于产品废弃回收处置人员应重点培训产品安全技术说明书中关于产品废弃回收处置要求和安全注意事项、个体安全防护措施等内容。

四、培训的要求

对员工的培训和教育不能流于形式，应当根据部门或者岗位不同对培训和教育的内容进行调整。例如，营销人员应当了解、知道顾客将如何使用产品。必须对产品的危害、可预见的暴露、适合的应用及产品正确的操作程序有所了解。对员工的产品安全培训应有详细的计划、规范的监管和严格的考核。

第四节 产品安全监管的核心工作

一、产品安全风险管理

我国对于化学品的管理正在从以化学品危害为基础的管理方式向基于化学品风险程度的管理方式转化。化学品的风险实际上是由两个因素决定的，即化学品固有的危害和化学品可预见的暴露程度。综合化学品的危害和可能的暴露程度，从而可以了解化学品的风险，并进一步对风险进行管理。产品安全的风险管理主要包括以下3项内容。

1. 产品信息的收集

HSE 信息是产品安全风险管理的基础，企业应当建立、健全并保存所有产品在健康、安全和环境危害以及可预见的产品暴露方面的信息。这种产品安全、健康和环保信息的收集并非一次性的工作。随着对产品认识的加深，企业应持续收集产品更新的相关信息，并对产品 HSE 信息进行审查，以确定其准确性、最新性和完整性。此类信息的来源可能包括出版的或未出版的企业内部关于健康、安全和环境影响以及暴露的报告。一般来说，信息的类型可能涵盖对动物或人类的毒性、生物毒性、暴露信息、对环境的影响以及产品本身的化学或物理属性。在许多情况下，暴露信息不一定能直接得到，但是可以从产品使用信息进行估计。产品在研发、制造、运输、储存、包装和处置阶段的操作、使用和预计的暴露信息可通过许多的途径获得。其中包括对顾客和其他产品接受方的调查、技术审查，以及销售人员的观察报告。

（1）化学品的危害信息　危害评估主要考虑对健康安全环保及剂量响应关系存在潜在不利影响方面的信息，这些信息有助于理解产品对人体健康或环境可能带来的危险。危害信息可以包括以下内容。

① 材料的物理特性，包括状态（气态、液态、固态等）。
② 可能影响潜在暴露的其他特性，如蒸气压力、颗粒大小或密度。
③ 化学性质，如反应能力、易燃性、稳定性、是否易爆、腐蚀性以及是否可能分解。
④ 生态行为特性、潜在的生态影响及材料的毒性。

可以将产品与类似物质进行比较，获得补充信息。对于新产品，或信息不足的产品，可能需要进行测试。从产品轨迹评审其潜在的接触方式，是确定是否需要测试的最好方法。

化学品危害信息来源包括（不限于）：毒性试验、阅读临床案例、流行病研究、生态毒性试验、供应商提供危害信息。如果预计可能再次发生或慢性暴露，可能有必要进行补充研究，对影响进行评估。例如，靶器官的亚慢性毒性，致癌性，致敏性，生殖发育毒性。是否需要补充研究，以及补充研究的优先顺序根据不同情况确定。

（2）典型的危害评估问题　不同产品及潜在暴露的危险评估也应不同。以下问题有助于将通用原则变成对每种产品或产品系列的评估。

① 物理危险可以从以下几方面考虑。
a. 评估易燃性、易爆性、反应能力和不相容性。
b. 评估对暴露的影响（如刺激性、腐蚀性）。

② 人体健康危险可以从以下几方面考虑。
a. 对哺乳动物的毒性（急性毒性、对眼睛和皮肤的刺激性、致敏性、亚慢性、慢性、致癌性、致畸性、生育能力、诱变、神经毒性等）。
b. 人体暴露路径（例如消化、呼吸、皮肤等）。
c. 人体暴露于产品可能的靶器官（例如肺、肾、肝脏、皮肤、眼睛等）。
d. 有没有人体资料（例如毒性、健康评估、流行病学等）。
e. 对于产品的影响有没有法规或其他分类方法。

③ 资源优化可以从以下几方面考虑。
a. 生产效率如何？
b. 顾客的使用效率如何？

c. 如何处理产品包装?

④ 产品特性可以从以下几方面考虑。

a. 是否已经描述了产品特性、物理性质与化学性质?

b. 是否已经识别了所有重要成分或杂质?

c. 描述产品特性所用的信息依据是不是能代表商业产品的样品?

(3) 化学品潜在的暴露　暴露评估考虑的是潜在的人体暴露与环境暴露的量度、频度、持续时间和暴露途径。还考虑潜在暴露人群的类型、规模和构成。描述潜在暴露特征的重要因素，包括包装条件、运输条件、储存条件、使用条件、再使用条件和处置条件。要认识材料构成的风险，必须了解该材料怎样与人类或环境接触以及何时开始接触。暴露评估的作用如下。

① 通过完成暴露评估来鉴定由于产品使用、处理运输或销毁而致的可接受的人体或环境暴露水平。

② 通过完成暴露评估来鉴定由于产品使用、处理运输或销毁而致的潜在的人体或环境暴露水平。

③ 评估现有的风险管理措施，以判定由于这些措施是否能够将识别出来的暴露或危害减小或消除。

④ 对潜在的超出可接受水平的暴露的可能性进行比较。

如果新产品或新用途的背景资料或供审查用的历史数据很少，则难以进行暴露评估。但是，可对使用方式相类似的产品或由相似化学材料（结构相似）制成的产品进行审查并将其用于暴露评估。

一般来说，暴露评估从识别暴露的可能途径开始，对产品的全部用途进行追踪分析的说明是很有用的。包括对员工、合同制造商、供应商、销售商及顾客的暴露可能性评估。人体暴露可在产品全过程的多个点上发生，并可通过多种途径发生。工人可在研究与开发活动中暴露，还可在制造、运输、处理及销毁时暴露。

用户可在使用过程中暴露。化学品泄漏可发生于产品全过程的任何环节，并可使任何数量的生物发生暴露。人体暴露有可能通过空气、食物、水或土壤在内的任何渠道发生。

(4) 暴露评估的典型问题　人体暴露的可能性问题包括下列几方面：

① 使用者为工业用户，还是消费者？还是二者都是？

② 产品全过程是什么？

③ 用户所使用的产品的量一般有多大？

④ 如何使用产品？（是将其仅仅用作通过化学反应转变为其他物质的中间品，还是"游离"于顾客或工业用途？）

⑤ 潜在的暴露途径是什么？

⑥ 其使用和销毁中是否引起人体暴露或向环境排放化合物或副产物？

⑦ 员工暴露的可能性有哪些（一般工作条件下）？

⑧ 要考虑到加热或装涂过程中释放的烟气或气体（如加热高分子材料或喷漆）。

⑨ 销售及顾客联络反馈系统是否对暴露境况都保持警惕？

(5) 环境暴露的可能性问题　包括以下各方面：

① 产品全过程是什么？

② 就正常操作和数量而言，在运输和储存过程中环境暴露的可能因素有哪些？

③ 用户使用或处理产品时是否有排放物产生？
④ 将排放物排放到何处？是排入水中（溪流、现场废水处理设施、现场外处理系统或其他）？还是排入大气（长时排放或短时排放）？是送进掩埋场还是送进规定的废物处理设施？
⑤ 产品是否需要污染治理和处理设备？是否需要废物处理设备？
⑥ 产品是否需要排放许可证？
⑦ 自上次审查以来，产品有没有发生过无意泄漏、溢出或排放？
⑧ 有无关于产品排放而致的环境影响方面的指控或报告？
⑨ 有无因疏忽而造成泄漏？
⑩ 信息的收集是一个持续的过程。危害或暴露信息，以及使用或使用条件信息可以随时间变化，企业需要对信息和管理实践进行定期评审，以保证风险管理是最新的，并得到完全实施。

2. 产品风险表征

通过收集到的产品健康、安全、环保和预计的暴露信息，对现有产品和新产品的风险进行正确的表征，从而建立起定期或不定期的产品风险评估制度。目的如下：

第一，将收集到的产品的信息整理形成一份完整的产品风险表征描述的文件，风险表征描述既可以是定量的，也可以是定性的。

第二，建立起一套含有定期和触发产品风险评估的机制。例如，每当收集到新的产品应用方面的信息，或者根据企业的实际情况确定重新评估产品风险的周期。

产品风险表征可以是单个产品逐一进行风险特征描述，也可以是一组或族，根据其类似的用途、组成成分或物理化学属性进行风险特征描述。即使是同产品或产品组，其确定的产品风险也可能因为产品的用途或暴露情况不同而不同。

3. 产品风险特征分析

定期对产品进行风险评估十分必要，但间隔多少时间为宜，则根据产品和应用而定。不同的产品重新进行风险评估的时限可能各不相同。引发重新评估的原因也有可能各不相同。例如，包括新认识到的重要的产品危害，或收集到新的暴露数据，产品开发出全新的用途或新了解到的误用和滥用产品的信息时，当产品销售量大幅增加或者产品即将进入一个全新市场时，都需要考虑重新评估产品的风险。

风险特征分析可以为制定正确的风险管理措施和方案提供信息。它涉及对人和环境造成不利影响的可能性做出评价。这种不利影响可发生于产品全过程的任何阶段。它将来自危害评估、暴露评估及现有的风险管理措施等信息进行综合考虑和评估。

通过风险特征分析过程，使企业管理者能够识别产品全过程中的危害条件或暴露条件，这些条件也许会成为风险管理活动的关键点。风险特征分析考虑的是暴露浓度或持续时间超过某种特定化学品被认可的浓度或持续时间条件下的境况。

（1）评估当前风险管理措施　对当前风险管理措施进行的审查从鉴定已有的措施开始，这些措施有助于保护人体健康及环境免受一种或一组产品的危害。还应当对基于风险管理工具、材料安全数据表和标签及其分销配送系统进行审查。此外，还应对专门的警告说明、制造质量管理、包装物处理、运输或销售规范进行审查，这样做的目的在于降低风险。因此，审查人员要知道并领会当前风险管理活动的内容。

风险管理应该随产品的用途、顾客及分销方式而定。大多数情况下，最有效的风险管理措施是产品的安全数据表和安全标签,其目的是将产品的危害告知员工和使用者,并提供避免过度暴露的方法。管理同类产品风险的方法不止有一种。另一种方法也可进行风险管理,那就是给产品分销商提供装卸技术方面的单独的指导或培训。这种指导或培训是针对易燃性危害的风险。

新研发的产品的风险管理最初常包括有限的分销和认真检查这两项措施,以避免暴露,直到测定出产品危害性为止。随着产品进一步商业化及其危害得到更明确的认识,可采用适当的用于更广泛销售和使用的风险管理方法。总之,这些活动都用于限制暴露或减小危害。

对于现有产品,企业往往着眼于产品本身,以评估现有质量管理或质量保证计划能否足以控制产品对健康、安全和环境的影响。此外,还对市场上已知的用法和使用条件进行审查。其他具体的风险管理活动的作用是说明公众关心的问题或具体的法规要求。

经过这些审查之后,企业将有一套风险特征分析,对健康或环境不利影响的性质、程度及可能性有所认识。这种认识将暴露和危害评估结果及各自的不确定性结合起来。当风险已被特征化并为人们所了解之后,必须对当前风险管理活动进行评估,以判定当前管理活动能否足以避免过度暴露,并防止对人或环境的不利影响。其目的是确定控制风险所必需的附加措施。

(2)附加风险管理活动 风险管理工作的类型和力度随产品潜在风险的性质和水平而定。可考虑用于化学品的风险管理的选择项包括产品全过程中一系列活动:产品设计与制造、运输及装卸、销售活动。

应将具体的风险管理活动及其选择原理形成文件,以备将来参考和审查。

4. 产品安全风险管理制度

企业根据产品的风险,应当建立起识别、记录(文件化的)和管理产品健康、安全和环境风险的管理措施和制度。

化学品生产和使用的相关风险可由以下途径进行管理和控制:企业收集关于此产品的基本信息,对产品的风险进行表征,然后制定出一系列的风险管理措施和方案。这些风险管理措施和方案是对产品相关技术、道德、社会和业务事宜进行综合权衡得出的结果。所制定的风险管理措施和方案包括:提供产品安全数据表和产品安全标签,重新配方产品或再包装、从市场召回产品。

企业应建立和记录开发关键阶段评审和评价产品和工艺设计的流程。此评审可通过由适当人员、部门专家和商务代表组成的小组完成。该小组应该研究与产品生命周期每个阶段有关的安全、健康和环保方面的问题,并寻找出解决这些问题的措施和方案。然后评估每项措施或方案的优点,以及它所产生的任何新问题和关注点。这是一个连续过程,随着产品在生命周期的不同阶段,要求的信息和评估的详细程度会逐步提高。通过重复评估,目标是得到一套完整的可以综合平衡产品性能、优点、危害和风险的管理措施和方案。

如果产品投入市场,那么风险管理措施和方案应当包括能监测产品使用的程序,并且报告有关新用途、滥用或有害影响的信息。这些信息将引发风险重新评价,以及产品或者流程的潜在设计的改变。

二、产品安全风险管理的阶段要求

产品安全监管过程中,首先应将产品危害因素和暴露状况全部识别出来,并对其进行评价。根据评价结果采取相应的措施进行监控。企业应建立产品危害应急响应系统，制定响应措施，保证产品危害能降至最低程度。抓住这一关键要素，产品的危害就能得以控制。对化学品安全监管的要求可以分为4个阶段，这4个阶段的工作可遵循持续改进的PDCA循环模式（图2-1）来开展。

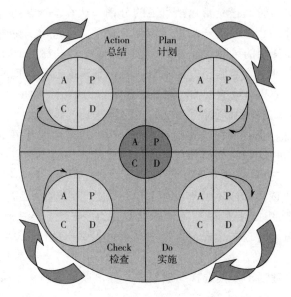

图2-1 产品安全监管的PDCA循环模式图

1. 计划阶段的要求

企业应按其产品的风险特征，并按其根源和现状进行具体的识别和描述。要求对环境因素和危险源及其暴露状况进行评价。将评价结果进行内、外部的沟通与交流。

2. 实施阶段的要求

企业应按其产品的风险特征，并按其根源和现状进行具体的识别和描述。定期对环境因素和危险源进行检查与评估并对暴露状况进行评价。将评价结果纳入内、外部的沟通与交流内容。

3. 检查与总结改进阶段的要求

企业应按其产品的风险特征，并按其根源和现状不断进行识别和描述。对环境因素和危险源及其暴露状况进行检查评价。将评价结果进行内、外部的沟通与交流。

在此阶段要进一步完善、改进控制措施并纳入相关程序中。企业应建立并保持产品危害应急预案并对预案进行培训，定期进行演练等。

三、分阶段实施产品全生命周期安全管理

1. 产品研发阶段的安全管理

（1）建立新产品研发流程制度，确保产品安全管理从业人员能参与到研发流程中。

（2）在新产品研发阶段，针对新产品中包含的所有化学物质成分，全面收集其可用的、相关的危险特性以及潜在的暴露信息，并根据已掌握的信息对产品进行风险评估。通过评估，用文件形式明确产品性状以及产品在其生命周期每一个阶段可能具有的对健康、安全、环境的危害性，并提出相关的防范措施。从事此项评估工作的人员必须具备相应的知识与技能，评估结果也必须有文字记载。

（3）根据风险评估的结果，以及相关应用领域法律法规的具体规定，决定产品能够合理安全使用的下游应用领域，以及不适用的应用领域。

（4）在研究开发装置的场所制订并实施有效的HSE计划，针对试验品的性质、规模、装置活动的频度确认危险性，防范措施应特别注意保护在试验以及测试时可能暴露于试验品危害中的人员与环境。

① 试验开始前须按HSE计划对相关人员进行培训。
② 计划与实施步骤应根据实际情况适时修订。
③ 所有这些活动应作记载并有高级管理人员签字。

（5）将产品的危害信息、暴露信息、风险评估和预防控制措施等数据文件进行内部存档，并建立制度定期进行回顾。

（6）对现有产品的调整等项目，例如产品配方调整、供应商变更等，建立变更管理流程，充分考虑这些变更对产品HSE方面造成的影响，鼓励产品安全管理从业人员知晓并参与。

（7）产品的HSE方面的信息将作为重要内容在新产品研发和现有产品调整过程中被充分考虑，并在决策过程中起到重要作用。

（8）根据国家相关标准和规范，编制新产品的化学品安全技术说明书（即MSDS）和安全标签。涉及出口的产品，按照目的国的法规要求编制MSDS和安全标签。对测试样品要妥当包装、加贴标签，并附上临时性MSDS。对包装、加贴标签的步骤与要求以及样品的提供与召回，应有管理文件加以规范。临时性MSDS应参照有关规定进行编写。样品的运输应严格遵守国家的相关法规（分为道路、铁路、水运等）。应正式指定责任人承担样品测试过程中HSE监管责任，并在其"岗位职责"中加以明确。

（9）对现有产品的化学品安全技术说明书和安全标签定期进行审核，以满足最新标准和规范的要求。

（10）遵守国家、地方、行业在法律、法规、标准、规范等方面的规定和要求，做好合规工作，并充分考虑行业或公司内部的自愿性承诺，以及客户的特殊要求。

（11）鼓励开发对健康、安全和环境友好的新产品；提倡有利于回收再利用的产品设计和包装设计。

2. 产品采购的安全管理

（1）应建立化学品采购流程。注意在提交新化学物质采购单之前，检查其已经符合《新化学物质环境管理办法》的要求。

（2）要求供应商提供其掌握的原料的HSE信息，并将此环节纳入采购管理制度。

（3）向供应商索要完整的、最新版本的化学品安全技术说明书和安全标签，对其规范性和完整性进行检查，并将此环节纳入采购标准流程。

（4）将供应商在HSE方面的管控能力作为合格供应商的评价指标之一。

（5）可以采用问卷或其他方式，向供应商询问购买的原料的法律法规合规情况、遵循的生产标准或者产品标准，必要时向供应商索要相关的证书或证明等文件。

（6）建立档案管理系统，如实记录原料的所有相关信息。

（7）将供应商变更、原料信息变更纳入企业变更管理体系中。当发生供应商变更时，要索取新的化学品安全技术说明书和安全标签，必要时对原料及产品进行相关的风险再评估。

（8）基于法律法规、下游客户或者市场上的任何变化，及时评估其对原材料的采购产生的影响。

3. 产品生产阶段的安全管理

（1）对每一种产品，均要制订一份相关HSE方面综合性的、不断更新的产品信息单。产品信息除了品名、化学和物理性能、毒理学数据、生态和环境特性暴露极限、健康安全与环境建议之外，还应包括该产品价值链中所有其他物质以及它们关于HSE的数据。上述信息应不断更新和完善。

（2）对生产从业人员（包括承包商）进行培训，使其了解生产过程中所涉及的化学品的危险和暴露风险等级、现有的控制措施和预防措施以及应急处理措施。

（3）鼓励生产从业人员报告生产过程中的原料或产品对人体健康和环境安全方面的不良效应，以便及时改进风险管理措施。

（4）选择合同制造商时充分考虑其在HSE方面的管控能力，并向其提供适用于产品和流程的风险管控信息和指导意见；定期对其进行审核。

（5）将产品相关的变化纳入变更管理，例如原辅材料变化、工艺条件变化导致中间产品的变化、产品物理化学性质变化、新化学物质的引入等。

（6）遵守相关原料和产品在安全生产、使用方面的法律法规的规定，办理相关许可或备案手续。

（7）根据原料和产品的HSE信息，合理设计生产工艺，采用适合的工程防护措施，提供相应的劳动防护用品。

（8）所有已包装产品必须贴有标签，标签的编制要符合规定的程序，内容应包括相关的健康安全与环境风险的信息以及为防止风险的发生而采取必要措施的建议。标签上除了文字信息，还可采用象形图。标签上的联系电话要由受过良好训练的工作人员（人工）接听，他应能作出反应并提供有关产品处置的帮助。

（9）要识别产品价值链中的其他"成员"，建立适当的沟通渠道形成"信息链"。沟通内容除了各方对于产品的HSE风险管理情况之外，还应包括有关法规和国际上的要求。有相应的规定确保这些信息能够定期得以复评与更新。

（10）对每一种需运输或配送的危险物品都建有运输应急卡，其内容和格式应符合国家的相关法规，并根据情况及时更新。运输应急卡应提供给该产品价值链中所有的运输点或配送点。

4. 产品销售阶段的安全管理

（1）要建立一个体系确保与产品有关的HSE信息切实传递至客户中使用和处理该产品的个人以及任何下游用户。公司人员和客户共同努力，正确使用、处置、回收和废弃产品，并充分利用包装材料。

（2）对外设立24小时应急咨询服务固定电话，或者委托化学品应急响应中心作为应急代理,并向委托机构提供化学品安全技术说明书,定期进行测试以保证运作正常。

(3) 遵守国家和地方对产品销售环节的相关法律法规的规定,办理相关的产品登记、注册或备案,获取相应的资质,向政府部门提交相关的年度报告和备案信息。

(4) 追踪国家和地方对相关产品 HSE 的最新规定,及时更新内部管控文件,并对法规符合性进行再评估,及时做出合规响应。

(5) 针对不合规情形进行调查和记录,定期回顾以便不断改进管理措施。

(6) 根据法律法规的具体规定,将配套的化学品安全技术说明书、安全标签、必要的化学品 HSE 信息传递给运输、仓储、分销、下游用户、废弃处置等相关方。

(7) 对企业内部的销售人员以及客服人员进行培训,让其了解所销售产品的 HSE 信息,适用和不适用的应用领域和风险管控要求。

(8) 对分销商的相关人员进行培训,让其了解产品的 HSE 信息,适用和不适用的应用领域等信息,使产品得以正确使用、处理、回收和处置。

(9) 指出分销商在传递信息方面的责任,并督促其将产品 HSE 等信息完整全面地传递给下游用户。

(10) 要求分销商对所有新的应用领域、使用不当或发生的任何不良反应,及时反馈给生产企业。

(11) 将分销商在 HSE 方面的管理能力、管理流程、应急响应的能力等作为评价合格分销商的指标之一,并进行定期回顾和再评估。

(12) 根据国家或地方的具体规定,建立企业内部相应的应急响应体系,制定合理的应急响应措施。

(13) 市场和销售人员,包括销售机构的人员,应接受关于产品安全管理的初始培训和定期的复习性培训,要用文件规定他们在向所有相关人士介绍产品安全管理信息方面的职责。

(14) 市场与销售人员应定期访问客户,并尽可能观察在客户的场所对产品的实际使用与处理情况,将观察结果进行汇总、分析,必要时提出改进建议。

(15) 针对客户 HSE 方面的投诉以及在客户场所发生的涉及公司产品的 HSE 事故或事件,应有一个有效的体系进行调查、记录、分析和提出纠正措施,要有明确的责任人。

(16) 关于公司产品的包装,应该制订一项计划,既要满足法规对包装的要求,又要尽量减少难以安全方式处置的包装材料的使用。要掌握对包装材料适宜的处置技术,并为客户在其场所安全处置包装物提供信息、培训等帮助。

(17) 在产品广告和市场推销环节应坚持科学态度,确保不作出无技术支撑的或不符合法规、政策要求的承诺和保证。有关的产品广告/推销资料应有专人负责审查,并有相应文件规定其职责。

5. 产品储运阶段的安全管理

(1) 托运人应将产品 HSE 以及应急处理措施等信息告知承运人,并提供化学品安全技术说明书。

(2) 按照国家危险货物的分类标准,结合运输方式,正确地进行对产品危险货物分类。

(3) 根据法规要求、产品形态和特性、使用状况和运输条件,选用合理的包装形式和运输工具;危险化学品粘贴或拴挂安全标签;对于危险货物,在外包装上加贴正确的危险货物运输标志标记。

（4）遵守国内和国际运输规章，例如海运、空运。

（5）遵守国内或地方法律法规的相关运输规定和要求，例如道路运输、铁路运输、内河运输等。

（6）根据产品特性和储存需求，结合法律法规的规定，选择安全可靠的储存场所，并将产品 HSE 以及应急处理措施等相关信息告知储存场所负责人和工作人员。

（7）根据法律法规要求，对有特殊管理要求的产品，应该检查相关的运输和储存企业是否已经办理相关的手续、许可，或取得相应的资质。

（8）将运输方式的改变，产品包装的改变等情形纳入变更管理，鼓励产品安全管理从业人员知晓并参与。

6. 产品使用阶段的安全管理

（1）对下游用户进行培训，告知其产品的 HSE 信息，以及风险管理措施，合理的应用领域、不适合的应用领域以及未评估的应用领域，确保产品的安全使用。

（2）针对使用不当或者出现的任何不良反应，要求用户及时反馈，并与用户合作，采取措施予以改善，如改善情况不明显，考虑是否终止产品的销售。

（3）针对新的应用领域，要求用户及时告知生产销售企业，在相关的风险评估结果可接受的情况下才能允许销售。

（4）与下游用户之间建立及时有效的事故响应机制，对事故处理提供必要的协助。

（5）告知用户产品在法律法规符合性方面的信息，必要时提供产品的证书或证明等文件。

（6）对有特殊管理要求的产品，须告知并督促使用企业办理相关的手续、许可或取得相应的资质。

7. 产品废弃处置阶段的安全管理

（1）了解国家和地方对于废弃物处置与回收、产品循环利用等相关方面的法律法规的规定。

（2）了解当地从事废弃物处理回收的公司以及他们的处理能力和范围，必要时针对具体待处理产品情况进行咨询。

（3）将废弃后的产品交由有资质、有处理能力的企业进行处置。

（4）将产品的 HSE 信息告知废弃物处理企业，以避免在处理的过程中对周围人和环境造成负面影响。

（5）评估使用过的或未使用的产品及其包装循环再利用的可能性。

（6）鼓励将产品交由有资质、有能力的企业进行回收再利用，而不是直接废弃掉。

第五节　产品安全监管准则实施案例

本节主要介绍了一些优秀的化工企业实施"责任关怀"的案例，并通过案例介绍进一步明确产品安全监管的重要性和必要性。

一、万华化学实施案例

作为国内最早一批积极主动践行责任关怀体系的大型民营企业之一，万华化学集团股份有限公司（以下简称万华化学）多年来一直坚持以务实创新、追求卓越为原则，以为员工创造机会、为股东创造财富、为客户创造效益、为社会创造价值为使命，通过不断努力，得到了行业及社会的认可和肯定。

在万华化学集团，产品监管代表了企业恪守责任关怀的承诺，在产品生命周期的每一阶段进行积极评估，从原材料的采购到制造和使用，乃至最终处置。这包括与万华化学的客户、供应商以及供应链上的其他人进行非常密切地合作以确保他们了解与产品相关的 HSE 信息。

为适应万华化学业务在海外市场的不断拓展，确保产品在国内外销售符合当地化学品管理法规要求，最大限度地减小因违规风险对业务造成的损失，万华化学对所有销售的产品都进行合规性评估并严格按照各国法规执行。

万华化学在满足客户对产品 HSE 要求的情况下积极响应客户的 HSE 需求，包括配合客户完成合规性调查，配合客户审计及为客户提供 HSE 支持等。

随着万华化学海外业务的增加，万华化学对产品 MSDS 和标签的管理也面临新的压力，2016 年万华化学引进先进的 CHEMWATCH 软件，该软件能确保 MSDS 和标签符合不同国家的法规要求。

2016 年开始在万华化学码头推广船舶全封闭取样作业要求，全封闭取样可以隔绝取样人员与货物的直接接触，大大减少货物对取样人员的身体伤害，可以减少环境危害气体的排放，减少由于可燃气体在甲板区域的积聚。目前，船舶全封闭取样作业率已经达到了 90% 以上，提高了作业的安全标准，消除了安全隐患。

二、华峰集团实施案例

华峰集团是我国知名的大型民营企业之一，华峰集团在集团层面设立了企业社会责任工作委员会，由各公司负责人担任委员，负责其所在公司的社会责任管理工作。集团社会责任工作主管部门设在集团 HSE 部，负责统筹全集团的社会责任工作，指导、协调和推进各公司社会责任工作的管理和实践。各公司也分别设立了社会责任工作分委会，负责社会责任工作的开展。

华峰集团将"为客户创造价值，为员工谋求发展，为社会承担责任"写入企业核心价值体系，建立起"以人为本，安全至上，环保优先"的 HSE 核心理念，以"全员参与，预防为主，强基控源，持续改进"为集团 HSE 基本方针，形成了以"我的区域我负责，相邻边界我管理"为核心的 HSE 十大文化理念，以高于国家法律法规要求的标准统领企业安全环保管理工作。如今，随着责任关怀理念在企业生产经营中的积极实践，华峰集团责任关怀理念已全面融入企业价值体系，其精神实质、价值内涵已逐步得到创新和丰富，成为企业一笔宝贵的精神财富和无形资产，为企业持续发展注入精神动力。

安全是华峰集团的"高压线"。"全方位、全天候、全员式"是华峰集团安全工作的一大特点。2018 年 1 月，集团成立 HSE 管理部门，旨在建立以统一华峰 HSE 运行体系要素、不断提升安全生产管理水平为目标，以开展风险辨识和分级管理、HSE 审计与全员参与的隐患排查治理、细化事故隐患管理、加强应急响应管理、制定完善安全生产管理制度、强化安全生产管理考核为控制手段的，具有华峰集团特色的 HSE 管理体系。

华峰集团历来把 HSE 教育作为员工入职培训的第一堂课，建立了自上而下的培训体系。不断创新 HSE 培训方法，丰富 HSE 培训形式，开展别具特色的安全事故警示教育、月度安全知识竞赛活动和安全隐患分析会，并积极开展"铁腕整治百日大行动"、"我要安全"签名活动和"千日零事故"竞赛活动等。通过培训教育，全面强化员工安全环保意识，规范安全操作行为。对安全运行的车间班组予以全员奖励，逐渐形成了"人人都是安全员，人人都是监督者"的全员参与氛围。

华峰集团公司的产品安全行动方针："从源头把关、强化过程控制、注重人员素质"。按照公司制度规定，严格把关生产产品所用的所有原辅料，确保生产用料质量稳定。通过周考核、月考核、工艺飘红记录、工艺数据记录等检查、考核的方法加强对工艺过程的控制，实现产品质量的稳定可控。重视员工自身技能、专业水平、管理水平等方面的综合素质，通过技能比试、定期培训、一岗多能等活动进行培训和提升，全员、全过程、全方位培训，包括承运商，了解产品基本安全信息及应急处理，以人员素质的提升进一步确保产品质量的稳定与可控。

三、塞拉尼斯公司实施案例

塞拉尼斯（Celanese）公司是化工行业的领先者，其产品与人们的生活息息相关。公司产品主要用于消费者及工业应用领域，其生产设施位于北美洲、欧洲和亚洲。塞拉尼斯是全球领先的乙酰基产品制造商，生产醋酸、醋酸乙烯单体（VAM）、共聚甲醛产品（POM）；同时也是全球领先的高性能工程塑料生产商，产品能满足客户的高技术要求，广泛用于消费品和工业品。塞拉尼斯是生产乙酰基产品链中的基础化学品如醋酸和 VAM 的成本最低的生产商之一，这归功于其规模经济、高效运营和专有的生产技术。

塞拉尼斯采用产品监管风险管理流程（PSRM）进行风险评估。在产品监管风险管理（PSRM）流程中，将流程纳入风险评估技术，确保塞拉尼斯的产品以及涉及化学品的研究、生产、贮存、运输、操作、使用或处置的所有流程不会给员工、客户、承包商、消费者或其他人造成任何不合理风险。

PSRM 流程评估有关下列各项的环境、健康和安全风险：
① 新产品；
② 现有产品；
③ 现有产品推广到新应用；
④ 新工艺和现有工艺的变更；
⑤ 运输或产品包装的新方法。

在 PSRM 流程中，产品监管人员与跨职能的团队一起协作，其成员在组织中担任各种重要的角色，以确保公司符合所有适用的法规和相关生产、操作与最终用途的健康和安全标准。必要时会寻求第三方的专业意见。建议的变动由整个团队进行审查，任何特定的项目必须采用内部的审批权限矩阵图来决定是否继续进行。对于较高风险的项目或者复杂的风险规避计划，该规定使得其决策权逐步升级至组织中更高的管理层。最后记录最终的决定并保存文档，作为产品在其生命周期及其后 30 年内的相关证明。PSRM 流程的最终目标是保证产品在其生产、贮存、运输、操作、最终用途或处置过程中不会对任何员工、客户、承包商、消费者以及其他人或从整体上对环境造成任何不能管控的风险。

作为产品设计、生产、销售、经销、使用、回收和处置过程中不可分割的一部分，塞拉尼斯执行的管理系统促进了健康、安全和环境保护。

塞拉尼斯也将产品参与到行业共享的特定测试计划中，例如经济合作与发展组织（OECD）进行的强制性"筛选信息数据集"（SIDS）计划，"高产量（HPV）化学品挑战计划"和美国环境保护署（EPA）主张的"儿童化学品评估计划"。

> **本章小结**
>
> 本章第一节主要介绍了化学品安全基础管理的相关要求；第二节主要介绍了与化学品相关方进行沟通的内容和要求；第三节主要介绍了产品安全监管相关培训的重要性及其培训对象、内容和要求；第四节主要从产品风险管理、产品安全风险管理的阶段要求、分阶段实施产品全生命周期安全管理三个方面介绍了产品安全监管准则实施的核心工作；第五节主要介绍了企业实施产品安全监管准则的优秀案例。通过实例的展示，可以帮助学习者深入学习和掌握相关的知识点。

 拓展阅读

江苏响水"3·21"特别重大爆炸事故案例

一、事故概况

2019年3月21日14时48分许，位于江苏省盐城市响水县生态化工园区的天嘉宜化工有限公司（下称天嘉宜公司）发生特别重大爆炸事故，造成78人死亡、76人重伤，640人住院治疗，直接经济损失超19.86亿元。经国务院事故调查组反复现场勘验、检测鉴定、调查取证、调阅资料、人员问询、模拟实验和专家论证，最终认定江苏响水天嘉宜化工有限公司"3·21"特别重大爆炸事故是一起长期违法贮存危险废物导致自燃进而引发爆炸的特别重大生产安全责任事故。

二、事故原因分析

事故调查组通过深入调查和综合分析认定，事故直接原因是：天嘉宜公司旧固废库内长期违法贮存的硝化废料持续积热升温导致自燃，燃烧引发硝化废料爆炸。起火位置为天嘉宜公司旧固废库中部偏北堆放硝化废料部位。经对天嘉宜公司硝化废料取样进行燃烧实验表明硝化废料在产生明火之前有白烟出现，燃烧过程中伴有固体颗粒燃烧物溅射，同时产生大量白色和黑色的烟雾，火焰呈黄红色。经与事故现场监控视频比对，事故初始阶段燃烧特征与硝化废料的燃烧特征相吻合，认定最初起火物质为旧固废库内堆放的硝化废料。事故调查组认定贮存在旧固废库内的硝化废料属于固体废物，经委托专业机构鉴定属于危险废物。事故调查组通过调查逐一排除了其他起火原因，认定为硝化废料分解自燃起火。

经对样品进行热安全性分析，硝化废料具有自分解特性，分解时释放热量，且分解速率随温度升高而加快。实验数据表明，绝热条件下，硝化废料的贮存时间越长，越容易发生自燃。天嘉宜公司旧固废库内贮存的硝化废料，最长贮存时间超过七年。在堆垛紧密、通风不良的情况下，长期堆积的硝化废料内部因热量累积，温度不断升高，当上升至自燃温度时发生自燃，火势迅速蔓延至整个堆垛，堆垛表面快速燃烧，内部温度快速升高，硝化废料剧烈分解发生爆炸，同时殉爆库房内的所有硝化废料，共计约 600 吨袋（1 吨袋可装约 1 吨货物）。

事故调查组同时认定，天嘉宜公司无视国家环境保护和安全生产法律法规，刻意瞒报、违法贮存、违法处置硝化废料，安全环保管理混乱，日常检查弄虚作假，固废仓库等工程未批先建。相关环评、安评等中介服务机构严重违法违规，出具虚假失实评价报告。

三、企业存在的主要问题

天嘉宜公司无视国家环境保护和安全生产法律法规，长期违法违规贮存、处置硝化废料，企业管理混乱，是事故发生的主要原因。

1. 刻意瞒报硝化废料

违反《中华人民共和国环境影响评价法》第二十四条，擅自改变硝化车间废水处置工艺，通过加装冷却釜冷凝析出废水中的硝化废料，未按规定重新报批环境影响评价文件，也未在项目验收时据实提供情况；违反《中华人民共和国固体废物污染环境防治法》第三十二条，在明知硝化废料具有燃烧、爆炸、毒性等危险特性情况下，始终未向环保（生态环境）部门申报登记，甚至通过在旧固废库内硝化废料堆垛前摆放"硝化半成品"牌子、在硝化废料吨袋上贴"硝化粗品"标签的方式刻意隐瞒欺骗。据天嘉宜公司法定代表人陶在明、总经理张勤岳（企业实际控制人）、负责环保的副总经理杨钢等供述，硝化废料在 2018 年 10 月复产之前不贴"硝化粗品"标签，复产后为应付环保检查，张勤岳和杨钢要求贴上"硝化粗品"标签，在旧固废库硝化废料堆垛前摆放"硝化半成品"牌子，"其实还是公司产生的危险废物"。

2. 长期违法贮存硝化废料

天嘉宜公司苯二胺项目硝化工段投产以来，没有按照《国家危险废物名录》《危险废物鉴别标准》（GB 5085.1~GB 5085.6）对硝化废料进行鉴别、认定，没有按危险废物要求进行管理，而是将大量的硝化废料长期存放于不具备贮存条件的煤棚、固废仓库等场所，超时贮存问题严重，最长贮存时间甚至超过 7 年，严重违反《中华人民共和国安全生产法》（下称《安全生产法》）第三十六条、《中华人民共和国固体废物污染环境防治法》第五十八条、原环保部和原卫生部联合下发的《关于进一步加强危险废物和医疗废物监管工作的意见》关于贮存危险废物不得超过一年的有关规定。

3. 违法处置固体废物

违反《中华人民共和国环境保护法》第四十二条第四款。《中华人民共和国固体废物污染环境防治法》第五十八条和《中华人民共和国环境影响评价法》第二十七条，多次违法掩埋、转移固体废物，偷排含硝化废料的废水。2014 年以来，8 次因违法处置固体废物被响水县环保局累计罚款 95 万元。其中：2014 年 10 月因违法将固体废物埋入厂区内 5 处地点，受到行政处罚；2016 年 7 月因将危险废物贮存在其他公司仓库造成环境污染，再次受到行政处罚。曾因非法偷运、偷埋危险废物 124.18 吨，被追究刑事责任。

4. 固废和废液焚烧项目长期违法运行

违反《中华人民共和国环境保护法》第四十一条有关"三同时"的规定、《建设项目竣工环境保护验收管理办法》第十条。2016 年 8 月，固废和废液焚烧项目建成投入使用，未按响水县环保局对该项目环评批复核定的范围,以调试、试生产名义长期违法焚烧硝化废料,每个月焚烧 25 天以上。至事故发生时固废和废液焚烧项目仍未通过响水县环保局验收。

5. 安全生产严重违法违规

在实际控制人犯罪判刑不具备担任主要负责人法定资质的情况下,让硝化车间主任挂名法定代表人,严重不诚信。违反《安全生产法》第二十四条、第二十五条,实际负责人未经考核合格,技术团队仅了解硝化废料着火、爆炸的危险特性,对大量硝化废料长期贮存引发爆炸的严重后果认知不够,不具备相应管理能力。安全生产管理混乱,在 2017 年因安全生产违法违规,3 次受到响水县原安监局行政处罚。违反《安全生产法》第四十三条,公司内部安全检查弄虚作假,未实际检查就提前填写检查结果,3 月 21 日下午爆炸事故已经发生,但重大危险源日常检查表中显示当晚 7 时 30 分检查结果为正常。

6. 违法未批先建问题突出

违反《中华人民共和国城乡规划法》第四十条、《中华人民共和国建筑法》第七条。2010年至 2017 年,在未取得规划许可、施工许可的情况下,擅自在厂区内开工建设包括固废仓库在内的 6 批工程。

四、主要事故防范措施建议

1. 把防控化解危险化学品安全风险作为大事来抓

切实把防控化解危险化学品系统性的重大安全风险摆在更加突出的位置,坚持底线思维和红线意识,牢固树立新发展理念,紧紧围绕经济高质量发展要求,大力推进绿色发展、安全发展,聚焦危险化学品安全的基础性、源头性、瓶颈性问题,以更严格的措施强化综合治理、精确治理。建议按照《化工园区安全风险排查治理导则(试行)》和《危险化学品企业安全风险隐患排查治理导则》组织全面开展安全风险评估和隐患排查,切实把所有风险隐患逐一查清查实,实行红橙黄蓝分级分类管控和"一园一策""一企一策"治理整顿,扶持做强一批、整改提升一批、淘汰退出一批,整体提升安全水平。

2. 强化危险废物监管

应急管理部门要切实承担危险化学品综合监督管理兜底责任,生态环境部门要依法对废弃危险化学品等危险废物的收集、贮存、处置等进行监督管理。应急管理和生态环境部门要建立监管协作和联合执法工作机制,密切协调配合,实现信息及时、充分、有效共享,形成工作合力,共同做好危险化学品安全监管各项工作。全面开展危险废物排查,对属性不明的固体废物进行鉴别鉴定,重点整治化工园区、化工企业、危险化学品单位等可能存在的违规堆存、随意倾倒、私自填埋危险废物等问题,确保危险废物的贮存、运输、处置安全。

3. 强化企业主体责任落实

各地区特别是江苏省要提高危险化学品企业准入门槛,严格主要负责人资质和能力考核,切实落实法定代表人、实际控制人的安全生产第一责任人的责任,企业主要负责人必须在岗履责,明确专业管理技术团队能力和安全环保业绩要求,达不到标准的坚决不准办厂办企。加强风险辨识,严格落实隐患排查治理制度和安全环保"三同时"制度。大力推进安全生产标准化建设,依靠科技进步提升企业本质安全水平。推动危险化学品重点市建设化工职业院校,加强专业人才培养。新招从业人员必须具有高中以上学历或具有化工职业技能教育背景,经培训合格后方能上岗。

4. 加快修订相关法律法规和标准

建议相关部门抓紧梳理现行安全生产法律法规，推进依法治理。加快修改刑法有关条款，将生产经营过程中极易导致重大生产安全事故的主观故意违法行为列入刑法调整范围；推进制定化学品安全法，修订安全生产法、安全生产许可证条例，提高处罚标准，强化法治措施。整合化工、石化安全生产标准，建立健全危险化学品安全生产标准体系。加快制定废弃危险化学品等危险废物贮存安全技术和环境保护标准、化工过程安全管理导则和精细化工反应安全风险评估等技术规范，强制实施。

5. 提升危险化学品安全监管能力

应急管理部门要通过指导协调、监督检查、巡查考核等方式，推动有关部门严格落实危险化学品各环节安全生产监管责任。加强专业监管力量建设，健全省、市、县三级安全生产执法体系，在危险化学品重点县建立危险化学品安全专职执法队伍；开发区、工业园区等功能区设置或派驻安全生产和环保执法队伍。通过公务员聘任制方式选聘专业人才，提高具有安全生产相关专业学历和实践经验的执法人员比例。明确并严格限定高危事项审批权限，防止监管执法放松失控。建议整合有效资源，改革完善国家危险化学品安全生产监督管理体制，强化国家危险化学品安全研究支撑。研究建立危险化学品全生命周期监管信息共享平台，综合利用电子标签、大数据、人工智能等高新技术，对危险化学品各环节进行全过程信息化管理和监控，实现来源可循、去向可溯、状态可控。统筹加强国家综合性消防救援队伍和危险化学品专业救援力量建设。

> 通过这个案例，请对照责任关怀产品安全监管准则的要求，分析此案例在"产品监管"的哪些要素方面存在问题？

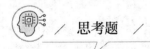

1. 产品生产阶段的安全监管内容有哪些？
2. 市场销售阶段的"产品监管"内容有哪些？
3. 实施"产品监管"的重点是什么？
4. 选取一个国内近期发生过的危险化学品事故案例，分析其在产品的哪个阶段存在问题，并通过查阅相关的法律法规、标准规范，指出其违反了哪些规定？

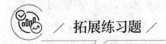

企业生产的化学品应按照国家标准要求，编制化学品安全技术说明书和化学品安全标签，如果属于危险化学品，还需根据国家要求进行危险化学品登记，建立化学品档案。我国于2006年发布了《化学品分类和标签规范》（GB 30000—2013）等国家标准，之后又陆续发布了《化

学品安全技术说明书 内容和项目顺序》（GB/T 16483—2008）、《化学品安全技术说明书编写指南》（GB/T 17519—2013）、《化学品安全标签编写规定》（GB 15258—2009）等国家标准。请参考上述国标，选取一种典型化学品，编写一则化学品安全技术说明书。

第三章 危险化学品安全基础知识

第一节 危险化学品的分类及辨识

危险化学品目前常见并用途较广的有数千种，其性质各不相同，每一种危险化学品往往具有多种危险性，但是在多种危险性中，必有一种主要的即对人类危害最大的危险性。因此在对危险化学品分类时，掌握"择重归类"的原则，即根据该化学品的主要危险性来进行分类。

目前，我国对危险化学品的分类主要有两种：一是根据《化学品分类和危险性公示 通则》（GB 13690—2009）标准分类，这种分类与联合国《全球化学品统一分类和标签制度》（GHS）相接轨，对我国化学品进出口贸易发展和对外交往有促进作用；二是根据《危险货物分类和品名编号》（GB 6944—2012）标准分类，这种分类适用我国危险货物的运输、储存、生产、经营、使用和处置。

一、《化学品分类和危险性公示 通则》分类标准

此分类分别从理化危险、健康危险和环境危险三方面进行 28 种分类。

（一）理化危险

1. 爆炸物

（1）定义 爆炸物质（或混合物），一种固态或液态物质（或物质的混合物），其本身能够通过化学反应产生气体，而产生气体的温度、压力和速度能对周围环境造成破坏。其中也包括发火物质，即使它们不放出气体。

发火物质（或发火混合物）是这样一种物质或物质的混合物，通过非爆炸自持放热化学反应，产生热、光、声、气体、烟等效应，或产生所有这些组合的效应。

爆炸性物品是含有一种或多种爆炸性物质或混合物的物品。

烟火物品是含有一种或多种烟火物质或混合物的物品。

爆炸物种类包括：①爆炸性物质和混合物；②爆炸性物品，但不包括下述装置，其所含爆炸性物质或混合物由于其数量或特性，在意外或偶然点燃或引爆后，不会由于迸射、发火、冒烟、发热或巨响而在装置外部产生任何影响；在①和②中未提及的为产生实际爆炸或烟火

效应而制造的物质、混合物和物品。

（2）爆炸物的分类　根据《化学品分类和标签规范　第 2 部分　爆炸物》（GB 30000.2—2013）规定，未被划为不稳定爆炸物的本类物质、混合物和物品，根据它们所表现的危险类型划入下列 6 项：

① 1.1 项：有整体爆炸危险的物质、混合物和物品（整体爆炸是指瞬间影响到几乎全部存在质量的爆炸）。

② 1.2 项：有迸射危险但无爆炸危险的物质、混合物和物品。

③ 1.3 项：有燃烧危险和轻微爆炸危险或轻微迸射危险，或同时兼有这两种危险，但没有整体爆炸危险的物质、混合物和物品。

④ 1.4 项：不呈现重大危险的物质、混合物和物品。在点燃或引爆时仅产生小危险的物质、混合物和物品。其影响范围主要限于包件，射出的碎片预计不大，射程也不远。外部火烧不会引起包件几乎全部内装物的瞬间爆炸。

⑤ 1.5 项：有整体爆炸危险的非常不敏感的物质或混合物：这些物品和混合物有整体爆炸危险，但非常不敏感以致在正常情况下引发或由燃烧转为爆炸的可能性非常小。

⑥ 1.6 项：没有整体爆炸危险的极其不敏感的物品：这些物品只含有极其不敏感的物质或混合物，而且其意外引爆或传播的概率微乎其微。

（3）爆炸品的主要特性

① 爆炸性是一切爆炸品的主要特征。这类物品都具有化学不稳定性，在一定外界因素的作用下，会进行猛烈的化学反应，主要有以下特点：

a. 猛烈的爆炸性。当受到高热摩擦、撞击、震动等外来因素的作用或与其他性质相抵触的物质接触，就会发生剧烈的化学反应，产生大量的气体和高热，引起爆炸。爆炸性物质如储存量大，爆炸时威力更大。这类物质主要有三硝基甲苯（TNT）、苦味酸（三硝基苯酚）、硝酸铵（NH_4NO_3）、叠氮化物（RN_3）、雷汞[$Hg(ONC)_2$]及其他超过三个硝基的有机化合物等。

b. 化学反应速度极快。一般以万分之一秒的时间完成化学反应，因为爆炸能量在极短时间内放出，因此具有巨大的破坏力。爆炸时产生大量的热是爆炸品破坏力的主要来源。爆炸产生大量气体，导致高压，形成的冲击波对周围建筑物有很大的破坏性。

② 对撞击、摩擦、温度等非常敏感。任何一种爆炸品的爆炸都需要外界供给它一定的能量，即起爆能。某一爆炸品所需的最小起爆能，即为该爆炸品的敏感度。敏感度是确定爆炸品爆炸危险性的一个非常重要的标志，敏感度越高，则爆炸危险性越大。

③ 有的爆炸品还有一定的毒性。例如，三硝基甲苯（TNT）、硝化甘油（又称硝酸甘油）、雷汞[$Hg(ONC)_2$]等都具有一定的毒性。

④ 与酸、碱、盐、金属发生反应。有些爆炸品与某些化学品如酸、碱、盐发生化学反应，反应的生成物是更容易爆炸的化学品。如：苦味酸遇某些碳酸盐能反应生成更易爆炸的苦味酸盐；苦味酸受铜、铁等金属撞击，立即发生爆炸。

由于爆炸品具有以上特性，因此在储运中要避免摩擦、撞击、颠簸、震荡，严禁与氧化剂、酸、碱、盐类、金属粉末和钢材料器具等混储混运。

2. 易燃气体

（1）定义

① 易燃气体：指在 20℃和 101.3kPa 标准压力下，与空气有易燃范围的气体。

② 化学性质不稳定的气体：指在即使没有空气或氧气的条件下也能起爆炸反应的易燃气体。易燃气体包括化学性质不稳定的气体。

（2）易燃气体的分类　易燃气体可分为 2 类，如表 3-1 所示。易燃气体极易燃烧，与空气混合能形成爆炸性混合物，如氢气、甲烷、乙炔等，常见易燃气体的燃爆特性见表 3-2。

表 3-1　易燃气体的分类

类别	分类标准
1	在 20℃ 和标准大气压 101.3kPa 时的气体： ① 在与空气的混合物中按体积占 13% 或更少时可被点燃的气体； ② 不论易燃下限如何，与空气混合，可燃范围至少为 12 个百分点的气体
2	在 20℃ 和标准大气压 101.3kPa 时，除类别 1 中的气体之外，与空气混合时有易燃范围的气体

注：1. 在法规规定时，氨和甲基溴视为特例。
2. 对于气溶胶的分类可参见 GB 30000.4—2013《化学品分类和标签规范　第 4 部分：气溶胶》。

表 3-2　常见易燃气体的燃爆特性

名称	特征	密度/（g/L）或相对密度	自燃点/℃	爆炸极限/%
氢气	无色，无味，非常轻，与氯气混合遇光即爆炸	0.0899（0℃）	560	4.1~75
磷化氢	无色，有蒜臭味，微溶于水，能自燃，极毒	1.529（0℃）	100	2.12~15.3
硫化氢	无色，有臭鸡蛋味，有毒，与铁生成硫化亚铁，能自燃	1.539（0℃）	260	4~44
甲烷	无色，无味，与空气混合遇火发生爆炸，与氯气混合遇光能爆炸	0.415②（-164℃）	540	5.3~15
乙烷	无色，无臭	0.446②（0℃）	500~522	3.1~15
丙烷		0.5852②（-44.5℃）	446	2.3~9.5
丁烷	无色	0.599①（0℃）	405	1.5~8.5
乙烯	无色，有特殊甜味及臭味，与氯气混合受日光作用能爆炸	0.610①（0℃）	490	2.75~34
丙烯	无色	0.5810（0℃）	455	2~11
丁烯	无色，遇酸、碱、氧化物可能爆炸，与空气混合易爆炸	0.68①（0℃）	465	1.7~9
氯乙烯	无色，似氯仿香味，有甜味，有麻醉性	0.9195②（-15℃）	472	4~33
焦炉气	无色，主要成分为一氧化碳、氢气、甲烷等，有毒	<空气	640	5.6~30.4
乙炔	无色，有臭味，加压加热起聚合加成反应，与氯气混合遇光即爆炸	1.173（0℃）	335	2.53~82
一氧化碳	无色，无臭，极毒	1.25（0℃）	610	12.5~79.5
氯甲烷	无色，有麻醉性	0.918T（20℃）	632	8.2~19.7
氯乙烷	无色，微溶于水，燃烧时发绿色火焰，会形成光气，易液化	0.9214（0℃）	518.9	3.8~15.4
环氧乙烷	无色，易燃，有毒，溶于水	0.8710（20℃）	429	3~80
石油气	无色，有特臭，成分有丙烯、丁烷等气体		350~480	1.1~11.3
天然气	无色，有味，主要成分是甲烷及其他碳氢化合物	<空气	570~600	5.0~16
水煤气	无色，主要成分为一氧化碳、氢气，有毒	<空气	550~600	6.9~69.5
发生炉煤气	无色，主要成分为一氧化碳、氢气、甲烷、二氧化碳等，有毒	<空气	700	20.7~73.7
煤气	无色，有特臭，主要成分是一氧化碳、甲烷、氢气，有毒	<空气	648.9	4.5~40
甲胺	无色气体或液体，有氨味，溶于水、乙醇，易燃，有毒	0.662①（20℃）	430	4.95~20.75

① 相对于空气的密度。② 相对于水的密度。

3. 气溶胶

（1）定义　气溶胶是指喷射罐（任何不可重新灌装的容器，该容器由金属、玻璃或塑料制成）内装强制压缩、液化或溶解的气体（包含或不包含液体、膏剂或粉末），并配有释放装置以使内装物喷射出来，在气体中形成悬浮的固态微粒、液态微粒、泡沫、膏剂或粉末，或者以液态或气态形式出现。

（2）气溶胶的分类

① 如果气溶胶含有任何按 GHS 分类原则分类为易燃的成分时，该气溶胶应考虑分类为易燃物，即含易燃液体、易燃气体、易燃固体物质的气溶胶为易燃气溶胶，这里易燃成分不包括自燃、自热物质或遇水反应物质，因为这些成分从不用作气溶胶内装物。

② 易燃气溶胶根据其成分、化学燃烧热，以及酌情根据泡沫试验（用于泡沫烟雾剂）、点火距离试验和封闭空间试验（用于喷雾气溶胶）的结果分为三个类别，即极易燃气溶胶、易燃气溶胶和不易燃气溶胶。易燃气溶胶具有易燃液体、易燃气体、易燃固体物质所具有的特性。

4. 氧化性气体

（1）定义　氧化性气体是指一般提供氧气，比空气更能导致或促进其他物质燃烧的任何气体。

（2）氧化性气体的分类标准　氧化性气体根据表 3-3 归类为单一类别。

表 3-3　氧化性气体的分类

类别	分类标准
1	一般通过提供氧气，比空气更能引起或促使其他物质燃烧的任何气体

5. 压力下气体

（1）定义　指 20℃下，在压力等于或大于 200kPa（表压）下装入储存器的气体，加压气体包括压缩气体、液化气体和冷冻液化气体等。

（2）压力下气体的分类　压力下气体根据表 3-4 分为 4 类，即压缩气体、液化气体、冷冻液化气体和溶解气体。

表 3-4　加压气体的分类

类别	分类标准
压缩气体	在压力下包装时，-50℃是完全气态的气体，包括所有临界温度不大于-50℃的气体
液化气体	在压力下包装时，温度高于-50℃时部分是液体的气体，它分为： ① 高压液化气，临界温度为-50~65℃之间的气体； ② 低压液化气，临界温度高于 65℃的气体
冷冻液化气体	包装时由于其低温而部分成为液体的气体
溶解气体	在压力下包装时溶解在液相溶剂中的气体

注：临界温度是指高于此温度无论压缩程度如何纯气体都不能被液化的温度。

（3）气体的主要特性

① 可压缩性。一定量的气体在温度不变时，所加的压力越大其体积就会变得越小，若继续加压气体会压缩成液态。气体通常以压缩或液化状态储于钢瓶中，不同的气体液化时所需的压力、温度亦不同。临界温度高于常温的气体，用单纯的压缩方法会使其液化，如氯气、氨气、二氧化硫等。而临界温度低于常温的气体，就必须在加压的同时使温度降至临界温度以下才能使其液化，如氮气、氧气、一氧化碳等。这类气体难以液化，在常温下，无论加多大压力仍是以气态形式存在，因此人们将此类气体又称为永久性气体。其难以压缩和液化的程度与气体的分子间引力、结构、分子热运动能量有关。

② 膨胀性。气体在光照或受热后，温度升高，分子间的热运动加剧，体积增大，若在一定密闭容器内，气体受热的温度越高，其膨胀后形成的压力越大。一般压缩气体和液化气体都盛装在密闭的容器内，如果受高温、日晒，气体极易膨胀产生很大的压力。当压力超过容器的耐压强度时就会导致爆炸事故。

6. 易燃液体

（1）定义　易燃液体指闪点不大于93℃的液体。这类液体极易挥发成气体，遇明火即燃烧。可燃液体以闪点作为评定液体火灾危险性的主要根据，闪点越低，燃爆危险性越大。

（2）易燃液体的分类　易燃液体根据表3-5，分为4类。

表 3-5　易燃液体的分类

类别	分类标准	类别	分类标准
1	闪点<23℃和初沸点≤35℃	3	23℃≤闪点≤60℃
2	闪点<23℃和初沸点>35℃	4	60℃<闪点≤93℃

注：闪点高于35℃的液体如果在联合国《关于危险货物运输的建议书　试验和标准手册》的L.2持续燃烧性试验中得到否定结果时，对于运输可看作为非易燃液体。

（3）易燃液体的特性

① 高度易燃性。易燃液体的主要特性是具有高度易燃性，遇火、受热以及和氧化剂接触时都有发生燃烧的危险，其危险性的大小与液体的闪点、自燃点有关，闪点和自燃点越低，发生着火燃烧的危险越大。

② 易爆性。由于易燃液体的沸点低，挥发出来的蒸气与空气混合后，浓度易达到爆炸极限，遇火源往往发生爆炸。

③ 高度流动扩散性。易燃液体的黏度一般都很小，不仅本身极易流动，还因渗透、浸润及毛细现象等作用，即使容器只有极细微裂纹，易燃液体也会渗出容器壁外。泄漏后很容易蒸发，形成的易燃蒸气比空气重，能在坑洼地带积聚，从而增加了燃烧爆炸的危险性。

④ 易积聚电荷性。部分易燃液体，如苯、甲苯、汽油等，电阻率都很大，很容易积聚静电而产生静电火花，造成火灾事故。

⑤ 受热膨胀性。易燃液体的膨胀系数比较大，受热后体积容易膨胀，同时其蒸气压亦随之升高，从而使密封容器中内部压力增大，造成"鼓桶"，甚至爆裂。在容器爆裂时会产生火花而引起燃烧爆炸。因此，易燃液体应避热存放；灌装时，容器内应留有5%以上的空隙。

⑥ 毒性。大多数易燃液体及其蒸气均有不同程度的毒性，因此在操作过程中，应做好劳

动保护工作。

7. 易燃固体

（1）定义　易燃固体指容易燃烧或通过摩擦可能引燃或助燃的固体，易燃固体可为粉状、颗粒状或糊状物质，它们在与燃烧着的火柴等火源短暂接触即可点燃、火焰蔓延迅速的情况下，都非常危险。

易燃固体因着火点低，如受热、遇火星、受撞击、摩擦或氧化剂作用等能引起急剧的燃烧或爆炸，同时放出大量毒害气体。如赤磷、硫黄、萘、硝化纤维素等。

（2）易燃固体的分类　易燃固体根据表 3-6 可分为 2 类。

表 3-6　易燃固体的分类

类别	分类标准
1	燃烧速率试验 （1）除金属粉末以外的物质或混合物 ① 潮湿区不能阻挡火焰 ② 燃烧时间<45s 或燃烧速率>2.2mm/s （2）金属粉末燃烧时间≤5min
2	燃烧速率试验 （1）除金属粉末以外的物质或混合物 ① 潮湿区能阻挡火焰至少 4min ② 燃烧时间<45s 或燃烧速率>2.2mm/s （2）金属粉末燃烧时间不少于 50min

注：对于固体物质或混合物的分类试验，该试验应按提供的物质或混合物进行。例如，如果对于供应或运输目的，同种化学品其提交的形态不同于试验时的形态，而且被认为可能实际上不同于分类试验时的性能时，则该物质还必须以新形态进行试验。

（3）易燃固体特性

① 易燃固体的主要特性是容易被氧化，受热易分解或升华，遇明火常会引起强烈、连续的燃烧。

② 与氧化剂、酸类等接触，反应剧烈而发生燃烧爆炸。

③ 对摩擦、撞击、震动也很敏感。

④ 许多易燃固体有毒，或燃烧产物有毒和腐蚀性。

8. 自反应物质或混合物

（1）定义　自反应物质或混合物是即使没有氧气（空气）也容易发生激烈放热分解的热不稳定液态或固态物质、混合物。不包括根据 GHS 分类为爆炸物、有机过氧化物或氧化物质的物质和混合物。

自反应物质或混合物如果在实验室试验中，其组分容易起爆、迅速爆燃或在封闭条件下加热时显示剧烈效应，应视为具有爆炸性质。

（2）自反应物质或混合物的分类

① 除下列情况外，任何自反应物质或混合物都应按本类方法进行分类：

a. 按照 GB 30000.2—2013 分类为爆炸物；

b. 按照 GB 30000.14—2013 或 GB 30000.15—2013 分类为氧化性液体或氧化性固体；

c. 按照 GB 30000.16—2013 分类为有机过氧化物;
d. 分解反应热小于 300J/g;
e. 50kg 包装自加速分解温度（SADT）高于 75℃。

② 自反应物质和混合物按下列原则分为"A～G 型"7 个类型:

A 型：任何自反应物质或混合物，如在运输包件中可能起爆或迅速爆燃，则定为 A 型自反应物质。

B 型：具有爆炸性的任何自反应物质或混合物，如在运输包件中不会起爆或迅速爆燃，但在该包件中可能发生热爆炸，则定为 B 型自反应物质。

C 型：具有爆炸性的任何自反应物质或混合物，如在运输包件中不可能起爆、迅速爆燃或发生热爆炸，则定为 C 型自反应物质。

D 型：任何自反应物质或混合物，在实验室中试验时发生如下情况：则定为 D 型自反应物质。
a. 部分起爆，不迅速爆燃，在封闭条件下加热时不呈现任何剧烈效应；
b. 根本不起爆，缓慢爆燃，在封闭条件下加热时不呈现任何剧烈效应；
c. 根本不起爆或爆燃，在封闭条件下加热时呈现中等效应。

E 型：任何自反应物质或混合物，在实验室中试验时，既绝不起爆也绝不爆燃，在封闭条件下加热时呈现微弱效应或无效应，则定为 E 型自反应物质。

F 型：任何自反应物质或混合物，在实验室中试验时，既绝不在空化状态下起爆也绝不爆燃，在封闭条件下加热时只呈现微弱效应或无效应，而且爆炸力弱或无爆炸力，则定为 F 型自反应物质。

G 型：任何自反应物质或混合物，在实验室中试验时，既绝不在空化状态下起爆也绝不爆燃，在封闭条件下加热时显示无效应，而且无任何爆炸力，则定为 G 型自反应物质。但该物质或混合物必须是热稳定的（50kg 包件的自加速分解温度为 60～75℃），对于液体混合物，所用脱敏稀释剂的沸点不低于 150℃。如果混合物不是热稳定的，或所用脱敏稀释剂的沸点低于 150℃，则定为 F 型自反应物质。

有机物质中自反应特性的原子团如表 3-7 所示。

表 3-7 有机物质中自反应特性的原子团

结构特征	举例	结构特征	举例
相互作用的原子团	氨基腈类，卤苯胺类，氧化酸的有机盐类	紧绷的环	环氧化物，氮丙啶类
S=O	磺酰卤类，磺酰氰类，磺酰脲类	不饱和	链烯类，氰酸盐
P—O	亚磷酸盐		

9. 自燃液体

（1）定义 自燃液体指即使数量很小也能在与空气接触后 5min 内着火的液体。

（2）自燃液体的分类 自燃液体根据表 3-8 归类为单一类别。

表 3-8 自燃液体的分类

类别	分类标准
1	液体加至惰性载体上并暴露于空气中 5min 内燃烧，或与空气接触 5min 内着火或炭化滤纸

10. 自燃固体

（1）定义　自燃固体是指即使数量很小也能在与空气接触后 5min 内着火的固体。

（2）自燃固体的分类　自燃固体根据联合国《关于危险货物运输的建议书　试验和标准手册》的 33.3.1.4 中 N.2 试验，按表 3-9 归类为单一类别。

表 3-9　自燃固体的分类

类别	分类标准
1	与空气接触不到 5min 便着火燃烧的固体

注：对于固体物质或混合物的分类试验，该试验应按提供的物质或混合物进行。例如，如果对于以供应或运输为目的，同种化学品其提交的形态不同于试验时的形态，并且被认为可能实际上不同于分类试验时的性能时，则该物质或混合物还必须以新的形态试验。

11. 自热物质和混合物

（1）定义　自热物质和混合物是指除发火液体和固体以外通过与空气发生反应，无需外来能量即可自行发热的固态、液态物质或混合物。这类物质或混合物不同于发火液体或固体，只能在数量较大（以千克计）时并经过较长时间（几小时或几天）后才会着火燃烧。物质或混合物的自热是一个过程，其中物质或混合物与（空气中的）氧气发生反应产生热量。

如果热产生的速度超过热损耗的速度，该物质或混合物的温度便会上升。经过一段时间的诱导，可能导致自发起火和燃烧。

（2）自热物质和混合物的分类　一种物质或混合物如果按联合国《关于危险货物运输的建议书　试验和标准手册》中 33.3.1.6 所列的试验方法进行的试验符合下列要求，则应被分类为自热物质或混合物，并按表 3-10 进行分类。

表 3-10　自热物质或混合物的分类

类别	分类标准
1	用边长 20mm 的立方体样品在 140℃试验时得到肯定结果
2	①用边长 100mm 的立方体样品在 140℃试验时得到肯定结果和使用边长 25mm 的立方体样品在 140℃试验时得到否定结果，并且该物质是待包装在体积大于 3m^3 的包装中； ② 用边长 100mm 的立方体样品在 140℃试验时得到肯定结果和使用边长 25mm 的立方体样品在 140℃试验时得到否定结果，用边长 100mm 的立方体样品在 120℃试验时得到肯定结果并且该物质是待包装在体积大于 450L 的包装中； ③ 用边长 100mm 的立方体样品在 140℃试验时得到肯定结果和使用边长 25mm 的立方体样品在 140℃试验时得到否定结果，并且用边长 100mm 的立方体样品在 100℃试验时得到肯定结果

注：1. 对于固态物质或混合物的分类试验，试验应该使用所提供形状的物质或混合物。例如，如果以运输为目的，所提供的同一化学品的物理形状不同于前次试验时的物理形状，并且据认为这种形状很可能实质性地改变试验中的性能，那么对该物质或混合物也必须以新的形状进行实验。

2. 该标准基于木炭的自燃温度，即 27m^3 的试样立方体的自燃温度为 50℃。体积为 27m^3 的自燃温度高于 50℃的物质和混合物不划入本危险类别。体积为 450L 的自燃温度高于 50℃的物质和混合物不应划入类别 1。

燃烧性是自燃物品的主要特性，自燃物品在化学结构上无规律性，因此自燃物质就有各自不同的自燃特性。

例如：黄磷性质活泼，极易氧化，燃点又特别低，一经暴露在空气中很快引起自燃。但黄磷不和水发生化学反应，所以通常放置在水中保存。另外黄磷本身极毒，其燃烧的产物五氧化二磷也为有毒物质，遇水还能生成剧毒的偏磷酸。所以遇磷燃烧时，在扑救的过程中应注意防止中毒。

再如：二乙基锌、三乙基铝等有机金属化合物，不但在空气中能自燃，遇水还会强烈分解，产生易燃的氢气，引起燃烧爆炸。因此，储存和运输时必须用充有惰性气体或特定的容器包装，失火时亦不可用水扑救。

12. 遇水放出易燃气体的物质

（1）定义　遇水放出易燃气体的物质是指与水相互作用后，可能自燃或释放达到危险数量的易燃气体的固态、液态物质或混合物。

（2）遇水放出易燃气体的物质的分类　遇水放出易燃气体的物质或混合物根据联合国《关于危险货物运输的建议书　试验和标准手册》中33.4.1.4的N.5进行试验，按照表3-11进行分类。

表3-11　遇水放出易燃气体的物质的分类

类别	分类标准
1	在环境温度下与水剧烈反应所产生的气体通常显示自燃的倾向，或在环境温度下容易与水反应，放出易燃气体的速率大于或等于每千克物质在任何1min内释放10L的物质或混合物
2	在环境温度下易与水反应，放出易燃气体的最大速率大于或等于每小时20L/kg，并且不符合类别1准则的任何物质或混合物
3	在环境温度下与水缓慢反应，放出易燃气体的最大速率大于或等于每小时1L/kg，并且不符合类别1和类别2准则的任何物质或混合物

注：1. 如果自燃发生在试验程序的任何一个步骤，那么物质或混合物即划为遇水放出易燃气体物质。
2. 对于固态物质或混合物的分类试验，试验应使用所提供形状的物质或混合物。例如，如果为了供应或运输目的，所提供的同一化学品的物理形状不同于前次试验时的物理形状，而且据认为这种形状很可能实质性地改变它在分类试验中的性能。那么该种物质或混合物也应该以新的形状进行试验。

（3）遇水放出易燃气体的物质特性　遇水放出易燃气体的物质除遇水反应外，遇到酸或氧化剂也能发生反应，而且比遇到水发生的反应更为强烈，危险性也更大。因此，储存、运输和使用时，注意防水、防潮，严禁火种接近，与其他性质相抵触的物质隔离存放。遇湿易燃物质起火时，严禁用水、酸碱泡沫、化学泡沫扑救。

13. 氧化性液体

（1）定义　氧化性液体是本身未必燃烧，但通常因放出氧气可能引起或促使其他物质燃烧的液体。

（2）氧化性液体的分类　氧化性液体根据联合国《关于危险货物运输的建议书　试验和标准手册》中34.4.2的O.2试验进行分类，见表3-12。

表 3-12　氧化性液体的分类

类别	分类标准
1	试验物质（或混合物）与纤维素 1∶1（质量比）的混合物可自然，或试验物质（或混合物）与纤维素 1∶1（质量比）混合物的平均压力升高时间小于 50% 高氯酸水溶液和纤维素 1∶1（质量比）混合物的平均压力升高时间的任何物质和混合物
2	试验物质（或混合物）与纤维素 1∶1（质量比）混合物显示的平均压力升高时间小于或等于 40%氯酸钠水溶液和纤维素 1∶1（质量比）混合物的平均压力升高时间，并且不符合类别 1 的任何物质和混合物
3	试验物质（或混合物）与纤维素 1∶1（质量比）混合物显示的平均压力升高时间小于或等于 65%硝酸水溶液和纤维素 1∶1（质量比）混合物的平均压力升高时间，并且不符合类别 1 和类别 2 的任何物质和混合物

14. 氧化性固体

（1）定义　氧化性固体是指本身不可燃，但通常会释放出氧气，引起或有助于其他物质燃烧的固体。

（2）氧化性固体的分类　氧化性物质具有强烈的氧化性，按其不同的性质遇酸、碱、受潮、强热或与易燃物、有机物、还原剂等性质有抵触的物质混存能发生分解，引起燃烧和爆炸。对这类物质可以分为：

① 一级无机氧化性物质。例如，碱金属（第一主族元素）和碱土金属（第二主族元素）的氯酸盐、硝酸盐、过氧化物、高氯酸及其盐、高锰酸盐等。

② 二级无机氧化性物质。性质较一级氧化剂稳定。例如，重铬酸盐、亚硝酸盐等。

氧化性固体根据联合国《关于危险货物运输的建议书　试验和标准手册》中 34.4.1 的 O.1 试验进行分类，见表 3-13。

表 3-13　氧化性固体的分类

类别	分类标准
1	试验物质（或混合物）与纤维素 4∶1 或 1∶1（质量比）的混合物显示平均燃烧时间小于溴酸钾与纤维素 3∶2（质量比）混合物的平均燃烧时间的任何物质或混合物
2	试验物质（或混合物）与纤维素 4∶1 或 1∶1（质量比）的混合物显示平均燃烧时间等于或小于溴酸钾与纤维素 2∶3（质量比）混合物的平均燃烧时间和不符合类别 1 的任何物质或混合物
3	试验物质（或混合物）与纤维素 4∶1 或 1∶1（质量比）的混合物显示平均燃烧时间等于或小于溴酸钾与纤维素 3∶7（质量比）混合物的平均燃烧时间和不符合类别 1 和 2 的任何物质或混合物

注：对于固体物质或混合物的分类试验，试验应对其提交的物质或混合物的形态进行处理。例如，如果对于以反应或运输为目的，同样的化学品被提交的形态不同于试验时的形态，并且认为其性能可能与分类试验有实质不同时，该物质还必须以新的形态试验。

15. 有机过氧化物

（1）定义　有机过氧化物是含有二价—O—O—结构的液态或固态有机物质，可以看作是一个或两个氢原子被有机基替代的过氧化氢衍生物，也包括有机过氧化物配制品（混合物）。有机过氧化物是热不稳定物质或混合物，容易放热自加速分解。

另外，它们可能具有下列一种或几种性质：①易于爆炸分解；②迅速燃烧；③对撞击或摩擦敏感；④与其他物质发生危险反应。

如果其配制品在实验室试验中容易爆炸、迅速爆燃，或在封闭条件下加热时显示剧烈效应，则有机过氧化物被视为具有爆炸性。

（2）有机过氧化物的分类　有机过氧化物具有强烈的氧化性，按其不同的性质遇酸、碱、强热、受潮或与易燃物、有机物、还原剂等性质有抵触的物质混存能发生分解，引起燃烧和爆炸。对这类物质可以分为：

一级有机氧化性物质。既具有强烈的氧化性，又具有易燃性，例如过氧化二苯甲酰。

二级有机氧化性物质。既具有强的氧化性，又具有强烈的腐蚀性，例如过乙酸、过氧苯甲酸等。

任何有机过氧化物都应考虑划入本类别，除非：

a.有机过氧化物的有效氧 ＜1.0%，而且过氧化氢含量 ＜1.0%。

b.有机过氧化物的有效氧 ＜0.5%，而且过氧化氢含量 ＞1.0%但不超过 7.0%。有机过氧化物混合物的有效氧含量 m_{O_2}（%）可按式（3-1）计算：

$$m_{O_2} = 16 \times \sum_{i}^{n} \left(\frac{n_i c_i}{m_i} \right) \quad (3-1)$$

式中　n_i ——每个分子有机过氧化物 i 的过氧化基团数；

c_i ——有机过氧化物 i 的浓度（质量分数），%；

m_i ——有机过氧化物 i 的分子量。

有机过氧化物根据联合国《关于危险货物运输的建议书　试验和标准手册》的部分Ⅱ中所述试验系列 A～G，按下列原则分为七种类型：

A 型：任何有机过氧化物，如在包装件中，能起爆或迅速爆燃的，为 A 型有机过氧化物。

B 型：任何具有爆炸性的有机过氧化物，如在包装件中，既不起爆，也不迅速爆燃，但易在该包装内发生热爆者将被分类为 B 型有机过氧化物。

C 型：任何具有爆炸性质的有机过氧化物，如在包件中时，不可能起爆、迅速爆燃或发生热爆炸，则定为 C 型有机过氧化物。

D 型：任何有机过氧化物，如果在实验室试验中出现以下三种情况：则定为 D 型有机过氧化物。

a. 部分起爆，不迅速爆燃，在封闭条件下加热时不呈现任何剧烈效应；

b. 根本不起爆，缓慢爆燃，在封闭条件下加热时不呈现任何剧烈效应；

c. 根本不起爆或爆燃，在封闭条件下加热时呈现中等效应。

E 型：任何有机过氧化物，在实验室试验中，既绝不起爆也绝不爆燃，在封闭条件下加热时只呈现微弱效应或无效应，则定为 E 型有机过氧化物。

F 型：任何有机过氧化物，实验室试验中，既绝不在空化状态下起爆也绝不爆燃，在封闭条件下时只呈现微弱效应或无效应，而且爆炸力弱或无爆炸力，则定为 F 型有机过氧化物。

G 型：任何有机过氧化物，在实验室试验中，既绝不在空化状态下起爆也绝不爆燃，在封闭条件下时显示无效应，而且无任何爆炸力，则定为 G 型有机过氧化物，但该物质或混合物必须是热稳定的（50kg 包件的自加速分解温度为 60℃或更高），对于液体混合物，所用脱敏稀释剂的沸点不低于 150℃。如果有机过氧化物不是热稳定的，或者所用脱敏稀释剂的沸点低于 150℃，则定为 F 型有机过氧化物。

注意：
① G 型无指定的警示标签要素，但应考虑属于其他危险种类的性质。
② A~G 型未必适用于所有体系。

16. 金属腐蚀物

（1）定义　金属腐蚀物是指通过化学反应严重损坏，甚至毁坏金属的物质或混合物，包括金属腐蚀性物质和混合物。

（2）金属腐蚀物的分类　金属腐蚀物质或混合物根据联合国《关于危险货物运输的建议书　试验和标准手册》的第Ⅱ部分 37.4 节进行试验，按表 3-14 归类为单一类别。

表 3-14　金属腐蚀物的分类

类别	分类标准
1	在试验温度 55℃下，钢或铝表面的腐蚀速率超过 6.25mm/a

（二）健康危险

1. 急性毒性

（1）定义　急性毒性是指口服或皮肤接触一种物质的单一剂量，或在 24h 内多剂量施用后，或在吸入接触 4h 后出现的有害效应。

（2）急性毒性的分类　急性毒性物质按照表 3-15 所列的极限标准数值，根据口服、皮肤或吸入途径的急性毒性分为五种毒性类别。急性毒性值用（近似）LD_{50} 值（口服、皮肤）、LC_{50} 值（吸入）或急性毒性估计值（ATE）表示。

表 3-15　急性毒性危害分类和定义各个类别的急性毒性估计值（ATE）

类别	第 1 类	第 2 类	第 3 类	第 4 类	第 5 类
口服/（mg/kg 体重）	5	50	300	2000	5000 具体标准见注 4
皮肤/（mg/kg 体重）	50	200	100	2000	
气体/（mL/m³）	100	500	2500	20	
蒸气/（mL/L）	0.5	2	10	20	
粉尘和烟雾/（mL/L）	0.05	0.5	1	5	

注：1. 气体浓度以体积百万分之一（10^{-6}）表示。
2. 对物质进行分类的急性毒性估计值（ATE），可根据已知的 LD_{50}/LC_{50} 值推算。
3. 表 3-15 中的"粉尘""烟雾"和"蒸气"定义如下：
① 粉尘是指物质或混合物的固态粒子悬浮在一种气体中（通常是空气）。
② 烟雾是指物质或混合物的液滴悬浮在一种气体中（通常是空气）。
③ 蒸气是指物质或混合物从其液体或固体状态释放出来的气体形态。
粉尘通常通过机械加工形成。烟雾通常由过饱和蒸气凝结形成或通过液体的物理剪切作用形成。粉尘和烟雾中的颗粒尺寸从小于 1μm 到约 100μm 不等。
4. 第 5 类的标准旨在识别急性毒性危险相对较低，但在某些环境下可能对易受害人群造成危险的物质。这类物质经口服或皮肤摄入的 LD_{50}，其范围在 2000~5000mg/kg，吸入途径为当量剂量。第 5 类的具体标准为：
① 如果存在可靠证据表明 LD_{50}（或 LC_{50}）在第 5 类的数值范围内或者其他动物以及人类毒性效应研究表明对人类健康有急

性影响的物质划入此类别；

② 对于没有充分理由将其划入更危险类别的物质，通过外推、评估或测量数据，将其划入该类别：

a.存在可靠信息表明对人类有显著毒性效应的；

b.通过口服、吸入或皮肤途径进行试验，剂量达到第4类值时，观察到任何致命性的；

c.当进行试验，剂量达到第4类值时，经专家判断证实有显著的毒性临床征象（腹泻、毛发竖立或未修饰外表除外）的；

d.经专家判断证实，其他动物研究中，有可靠信息表明可能会出现显著急性效应的。

评价化学品经口和吸入途径的急性毒性时最常用的试验动物是大鼠，而评价经皮肤的急性毒性较佳的是大鼠和兔。

2. 皮肤腐蚀/刺激

（1）定义　皮肤腐蚀是对皮肤造成不可逆损伤，即施用试验物质最多4h后，可观察到表皮和真皮坏死。腐蚀反应的特征是溃疡、出血、有血的结痂，而且在观察期14d结束时，皮肤、完全脱发区域和结痂处由于漂白而褪色。应考虑通过组织病理学来评估可疑的病变。

皮肤刺激是将受试物涂皮4h后，对皮肤造成可逆性损害。

（2）皮肤腐蚀/刺激的分类　利用已知的皮肤腐蚀/刺激信息（包括以往人类或动物的经验数据），以及结构-活性关系和体外试验，结合分层试验和评估方案对皮肤腐蚀/刺激物质进行分类。分为皮肤腐蚀（第1类，细分为1A、1B、1C小类）、皮肤刺激（第2类）、轻微皮肤刺激（第3类），具体分类标准请参考《化学品分类和标签规范　第19部分：皮肤腐蚀刺激》（GB 30000.19—2013）中的4.2和4.3。

皮肤腐蚀的类别和子类别、皮肤刺激类别分别见表3-16和表3-17。

表3-16　皮肤腐蚀的类别和子类别

腐蚀（类别1）	腐蚀子类别	3只试验动物中有1只及以上出现腐蚀	
		涂皮时间	观察时间
腐蚀	1A	≤3min	≤1h
	1B	>3min，且≤1h	≤14d
	1C	>1h，且≤4h	≤14d

注：人类经验表明对皮肤能造成不可逆伤害的化学品应划入该类。

表3-17　皮肤刺激类别

类别	分类标准
刺激（类别2）	① 3只试验动物至少2只在斑贴物除去后，于24h、48h和72h阶段红斑/焦痂或浮肿的平均值为≥2.3且<4.0，或者如果反应是延迟的，则从皮肤反应开始后，各阶段3个相继日评估； ② 至少2只动物保持炎症至观察期末正常为14d，尤其考虑到脱毛（发）症（有限面积），表皮角化症，增生和伤痕； ③ 在某些情况下，动物中间的反应会明显不同，1只动物有对化学品暴露相关的、很明确的阳性反应但低于上述准则
轻度刺激（类别3）	3只试验动物至少（2面）3只在斑贴物除去后，于24h、48h和72h阶段红斑/焦痂或浮肿的平均值为≥1.5且<2.3，或者如果反应是延迟的，则从皮肤反应开始后各阶段3个相继日评估（当不包括在上述刺激类别时）

注：人类经验表明皮肤接触4h后，对皮肤能造成可逆伤害的化学品应划入刺激（类别2）。

3. 严重眼损伤/眼刺激

（1）定义　严重眼损伤是在眼球前部表面施加试验物质之后，造成眼组织损伤，或严重生理视觉衰退，且在21d内不能完全恢复。

眼刺激是将受试物滴入眼内表面，对眼睛产生变化，但在滴眼21d内可完全恢复。

（2）严重眼损伤/眼刺激的分类　严重眼损伤/眼刺激分为对眼睛不可逆的影响/对眼睛严重损伤（类别1）和眼睛的可逆效应（类别2）两类；眼睛的可逆效应又分为刺激物（2A）和轻度刺激物（2B）两个子类别，具体分类标准请参考《化学品分类和标签规范　第20部分：严重眼损伤/眼刺激》（GB 30000.20—2013）中的4.2和4.3部分。

眼损伤和眼刺激分为不可逆效应影响和可逆效应影响，其分类见表3-18。

表3-18　眼睛不可逆效应影响和可逆效应影响

类别1 眼睛不可逆效应的影响类别	试验物质有以下情况，分类为眼睛刺激类别1（对眼不可逆效应）： ① 至少1只动物影响到角膜、虹膜或结膜，并预期不可逆或在正常21d观察期内没有完全恢复； ② 3只试验动物，至少2只有如下阳性反应：角膜浑浊度≥3；虹膜炎>1.5； ③ 在受试物质滴入眼内后按24h、48h和72h分级试验的平均值计算
类别2 眼睛可逆效应的影响类别	受试物质产生如下情况，分类为眼睛刺激类别2A： ① 3只试验动物中至少2只有如下项目的阳性反应：角膜浑浊度≥1；虹膜炎≥1；结膜红度≥2；结膜浮肿≥2； ② 在受试物（接触）滴眼后按24h、48h和72h分别计算平均得分数； ③ 在正常21d观察期内完全恢复的在本类别范围，如以上所列效应在7d观察期内完全恢复，则被认为是对眼睛的轻度刺激（子类别2B）

4. 呼吸道或皮肤致敏

（1）定义　呼吸道致敏物是吸入后会引起呼吸道过敏反应的物质；皮肤致敏物是皮肤接触后会引起过敏反应的物质。

致敏包含两个阶段：第一阶段是某人接触某种变应原而引起特定免疫记忆；第二阶段是引发，即某一致敏个人因接触某种变应原而产生细胞介导或抗体介导的过敏反应。

就呼吸道致敏而言，随后为引发阶段的诱发，其形态与皮肤致敏相同。对于皮肤致敏，需要有一个让免疫系统能学会作出反应的诱发阶段；此后，可出现临床症状，这时的接触就足以引发可见的皮肤反应（引发阶段）。因此，预测性的试验通常取这种形态，其中有一个诱发阶段，对该阶段的反应则通过标准的引发阶段加以计量，典型做法是使用斑贴试验。直接计量诱发反应的局部淋巴结试验则是例外做法。人体皮肤致敏的证据通常通过诊断性斑贴试验加以评估。

就皮肤致敏和呼吸道致敏而言，对于诱发所需的数值一般低于引发所需的数值。

（2）呼吸道和皮肤致敏的分类标准

呼吸道致敏物具体分类标准请参考《化学品分类和标签规范　第21部分：呼吸道或皮肤致敏》（GB 30000.21—2013）中的5.2.1。皮肤致敏物具体分类标准请参考《化学品分类和标签规范　第21部分:呼吸道或皮肤致敏》（GB 30000.21—2013）中的5.2.2。呼吸道致敏物质和皮肤致敏物质的分类见表3-19。

表 3-19　呼吸和皮肤致敏物质分类

类别	分类标准
呼吸致敏物	A 子类：物质显示在人类中高发生率；或根据动物或其他试验，可能发生人的高过敏率。反应的严重程度可考虑在内
	B 子类：物质显示在人身上低度到中度的发生率；或根据动物或其他试验，可能发生人的低度到中度过敏率。反应的严重程度可考虑在内
皮肤致敏物	A 子类：物质显示在人类中高发生率；或根据动物或其他试验，可能发生人的高过敏率。反应的严重程度可考虑在内
	B 子类：物质显示在人身上低度到中度的发生率；或根据动物或其他试验，可能发生人的低度到中度过敏率。反应的严重程度可考虑在内

5. 生殖细胞致突变性

（1）定义　生殖细胞致突变性是指可能导致人类生殖细胞发生可传播给后代的突变。这里的突变指的是细胞中遗传物质的数量或结构发生永久性改变。

"突变"适用于可遗传的基因变异，包括显性改变和潜在的 DNA 改性两方面（例如，包括异性碱基对改变和染色体易位）。"致突变""致突变物"两词适用于在细胞和/或生物群体内引起突变发生次数增加的物质。

"遗传毒性"适用于能改变 DNA 的结构、信息内容，或分离的物质或过程，包括通过干扰正常复制过程造成 DNA 损伤，或以非生理方式（暂时地）改变 DNA 复制的物质或过程。遗传毒性试验结果通常被用作致突变效应的指标。

（2）生殖细胞致突变性的分类　生殖细胞致突变性的混合物分类具体请参考《化学品分类和标签规范　第 22 部分：生殖细致突变性》（GB 3000.22—2013）中的 4.3。生殖细胞突变性的物质分类见表 3-20。

表 3-20　生殖细胞致突变性的物质分类

类别	分类标准
类别 1	已知引起或被认为可能引起人类生殖细胞可遗传突变的物质。 1A 类：已引起人类生殖细胞可遗传突变的物质，人类流行病学研究中呈阳性的物质； 1B 类：可能引起人类生殖细胞可遗传突变的物质。 ① 哺乳动物体内可遗传生殖细胞致突变性试验呈阳性的； ② 不仅哺乳动物体内体细胞致突变性试验呈阳性的，而且有信息表明物质有引起生殖细胞突变的； ③ 试验结果呈阳性，且已经在人类生殖细胞中产生了致突变性，则无需证明是否遗传给后代
类别 2	由于可能导致人类生殖细胞可遗传突变而引起人们关注的物质，哺乳动物试验或一些体外试验呈阳性的，体外实验包括： ① 哺乳动物体内体细胞致突变性试验； ② 得到体内体细胞生殖毒性试验的阳性结果支持的其他体外致突变性试验

6. 致癌性

（1）定义　致癌物是指可导致癌症或增加癌症发生率的化学物质或化学物质混合物。在实施良好的动物实验性研究中诱发良性和恶性肿瘤的物质也被认为是假定的或可疑的人类致癌物，除非有确凿证据显示该肿瘤形成机制与人类无关。

具有致癌危害的化学物质的分类是以该物质的固有性质为基础的，而不提供使用化学物质中发生人类癌症的危险度。

（2）致癌性物质的分类　对于致癌性的分类而言，化学物质根据其证据力度和其他的参考因素被分成两个类别。在某些情况下，特定的分类方法被认为是正确的。根据物质致癌信息的充分程度和附加考虑事项，将致癌物质分为 2 类。某些情况下可能还要根据致癌的具体途径进行分类。致癌性物质分类见表 3-21。

表 3-21　致癌性物质分类

类别	分类标准
类别 1	已知或可疑的人类致癌物。 根据流行病学和/或动物的致癌性数据，可将化学品划分在类别 1 中。个别的化学品可以进一步分类为： 类别 1A：已知对人类具有致癌能力，化学品分类主要根据人类的证据； 可疑的对人类有致癌能力，化学品分类主要根据动物的证据。 类别 1B：以证据力度和其他参考因素为基础，这样的证据可来自人类研究，即确定人类接触化学品与癌症发病间的因果关系，为已知人类的致癌物。或者，研究证据由动物实验得出，有充分的证据证明动物致癌性（为可疑人类致癌物）。此外，在逐个分析证据的基础上，从人体致癌性的有限证据结合动物试验的致癌性有限证据中经过科学判断可以合理地确定可疑人类致癌物。 分类：致癌物类别 1（A 和 B）
类别 2	可疑人类致癌物。 根据人类和/或动物研究得到的证据将某物质划分为类别 2，但没有充分证据可将该物质划分在类别 1 中。根据证据力度与其他参考因素，这些证据可来源于人类研究中有限的致癌性证据或来自动物研究中有限的致癌性证据。 分类：致癌物类别 2

7. 生殖毒性

（1）定义　生殖毒性是指对成年雄性和雌性的性功能和生育能力造成有害影响，以及对后代发育不利的毒性，对于生殖毒性效应不能明确的物质，一并划为生殖有毒物并附加一般危险说明。

（2）生殖毒性物质的分类　根据对性功能和生育能力、发育的影响，生殖毒性被细分为两个主要部分：对生殖或生育能力的有害效应和对后代发育的有害效应。

① 对生殖能力的有害效应。化学品干扰生殖能力的任何效应，这可包括（但不仅限于）女性和男性生殖系统的变化，对性成熟期开始的有害效应、配子的形成和输送、生殖周期的正常性、性功能、生育力、分娩、未成熟生殖系统的早衰和与生殖系统完整性有关的其他功能的改变。对经过哺乳造成的有害效应也包括在生殖毒性中，但是出于分类目的，应分别处理这样的效应。这是因为希望能将化学品对哺乳期的有害效应作专门分类，以便将这种效应特定的危险警告提供给哺乳的母亲。

② 对子代发育的有害效应。取其最广义而言，发育毒性包括在出生前或出生后干扰胎儿正常发育的任何影响。这种影响可能是来自在妊娠前其父母接触这类物质的结果，以及子代在出生前发育过程中，或出生后至性成熟时期前接触的结果。然而，对发育毒性的分类，其

主要目的是对孕妇及有生育能力的男性与女性提供危险性警告。因此，对于分类的实用目的而言，发育毒性主要指对怀孕期间的有害影响或由于父母的接触造成的有害影响。这些影响能在生物体生命周期的任何阶段显露出来。发育毒性的主要表现形式包括：a.正在发育的生物体死亡；b.结构畸形；c.生长不良；d.功能缺陷。

对于生殖毒性分类目的而言，化学物质被分为两个类别。具体危害类别分类见表3-22，生殖毒性混合物分类具体请参考《化学品分类和标签规范 第24部分：生殖毒性》（GB 30000.24—2013）中的4.3。

表 3-22 生殖毒性物质分类

类别	分类标准
类别1	已知或足以确定的人类生殖或发育毒物。 此类别包括对人类的生殖能力或发育已产生有害效应的物质，或有动物研究的证据，及可能用其他信息补充提供其具有妨碍人类生殖能力的物质。根据其分类的证据来源可作进一步区分，主要来自人的数据（类别1A）或来自动物的数据（类别1B）。 类别1A：已知对人类的生殖能力、生育或发育造成有害效应的，该物质分类在这一类别主要根据人的数据。 类别1B：推定对人的生殖能力或发育会产生有害影响的物质，该物质分类在这一类别主要根据实验动物的数据。 动物研究数据应提供清楚的、没有其他毒性作用和特异性生殖毒性的证据，或者当有害生殖效应与其他毒性效应一起发生时，这种有害生殖效应不被认为是继发的、非特异性的其他毒性效应。然而，当存在机制方面的信息怀疑这种效应与人类的相关性时，将其划分至类别2可能更合适
类别2	可疑人类的生殖毒（性）物或发育毒（性）物。 此类别的物质应有人或动物试验研究的某些证据（可能还有其他补充材料）表明其对生殖能力、发育的有害效应而不伴发其他毒性效应；但如果生殖毒性效应伴发其他毒性效应时，这种生殖毒性效应不被认为是其他毒性效应继发的非特异性结果；此外，没有充分证据支持其划分为类别1的物质也可划分为类别2

此外，对哺乳的影响被单独分为一个危害类别，已知许多物质不存在经哺乳能对子代引起有害影响的信息。然而，已知一些物质被妇女吸收后显示干扰哺乳，或该物质（包括代谢物）可能存在于乳汁中，而且其含量足以影响哺乳婴儿的健康，那么应标示出该物质分类对哺乳婴儿造成危害的性质。这一分类可根据如下情况确定。

① 对该物质吸收、代谢、分布和排泄的研究应指出该物质在乳汁中存在，且其含量达到可能产生毒性的水平。

② 在动物实验中一代或二代的研究结果表明，存在物质转移至乳汁中对子代的有害影响或对乳汁质量的有害影响。

③ 对人的实验证据包括对哺乳期婴儿的危害。

8. 特异性靶器官毒性一次接触物质

（1）定义 特异性靶器官毒性一次接触物是指在单次接触某些物质和混合物后，会产生特定的非致命的目标器官毒性，包括可能损害机能的、可逆和不可逆的、即时和/或延迟的显著健康影响。

化学物质被吸收后可随血流分布到全身各个组织器官，但其直接发挥毒性作用的部位往往只限于一个或几个组织器官，这样的组织器官称为靶器官。

进入人体的毒物或环境污染物，对机体各器官的毒作用并不相同，有的只对部分器官产生毒作用，如脑、甲状腺、肾脏分别是甲基汞、碘化物、镉的靶器官。

（2）特异性靶器官毒性一次接触物质的分类

在所有已知数据基础上，依靠专家判断，结合即时或延迟效应，按其性质和严重性将物质分为3类，具体见表3-23。

特异性靶器官毒性一次接触混合物分类具体请参考《化学品分类和标签规范 第25部分：特异性靶器官毒性 一次接触》（GB 30000.25—2013）中的5.3。一次接触剂量的指导值范围见表3-24。

表3-23 特异性靶器官毒性一次接触物质分类

类别	分类原则
第1类	对人类产生显著毒性的物质，或者根据动物试验研究得到的数据，可假定在单次接触后有可能对人类产生显著毒性的物质，根据以下各项将物质划入第1类： ① 人类病例或流行病学研究得到的可靠数据证明的； ② 动物试验研究结果表明，在较低接触浓度下产生了与人类健康有相关显著的和/或严重毒性效应的
第2类	动物试验研究数据表明，可假定在单次接触后有可能对人体产生危害的物质，可根据动物试验研究结果将物质划入第2类。动物试验研究结果表明，在适度接触浓度下产生了与人类健康有相关显著的和/或严重毒性效应的
第3类	暂时性目标器官效应。 有些目标器官效应可能不符合把物质/混合物划入上述第1类或第2类。这些效应在接触后的短时间里改变了人类功能，但人类可在一段合理的时间内恢复而不留下显著的组织或功能损害。 这一类别仅包括麻醉效应和呼吸道刺激

表3-24 一次接触剂量的指导值范围[①]

接触途径	单位	指导值（C）范围		
		类别1	类别2	类别3
经口（大鼠）	mg/kg	$C \leqslant 300$	$300 < C \leqslant 2000$	指导值不适用[②]
经皮肤（大鼠或兔）	mg/kg	$C \leqslant 1000$	$1000 < C \leqslant 2000$	
吸入气体（大鼠）	mL/(L·4h)	$C \leqslant 2.5$	$2.5 < C \leqslant 20$	
吸入蒸气（大鼠）	mg/(L·4h)	$C \leqslant 10$	$10 < C \leqslant 20$	
吸入粉尘/烟/雾（大鼠）	mg/(L·4h)	$C \leqslant 1.0$	$1.0 < C \leqslant 5.0$	

① 本表提及的指导值和范围只用于指导目的，即用作证据权重方法的一部分，帮助作出分类决定。它们不能作为严格的限界值。
② 不提供指导值是因为这一分类主要是基于人类数据。动物数据可以包括在证据权重评估中。

9. 特异性靶器官毒性反复接触

（1）定义 特异性靶器官毒性反复接触指在多次接触某些物质和混合物后，会产生特定的、非致命的靶器官毒性，包括可能损害机能的、可逆和不可逆的、即时和/或延迟的显著健康影响。

（2）特异性靶器官毒性反复接触物质的分类 在所有已知数据基础上，依靠专家判断，结合即时或延迟效应，按其性质和严重性将物质分为2类，具体见表3-25。

特异性靶器官毒性反复接触混合物分类具体请参考《化学品分类和标签规范 第26部

分：特异性靶器官毒性　反复接触》（GB 30000.26—2013）中的5.3。

表 3-25　特异性靶器官毒性反复接触物质分类

类别	分类标准
类别 1	对人类产生显著毒性的物质，或根据实验动物研究获得的证据，可假定在反复接触后对人类产生显著毒性的物质。 人类病例或流行病学研究得到的可靠和质量良好的证据。 适当的实验动物研究的观察结果。在试验中，在一般较低的浓度下产生了与人类健康有相关性的显著和/或严重毒性效应。表 3-26 提供的指导剂量/浓度值可作为证据权重评估的一部分使用
类别 2	根据实验动物研究得来的证据，可假定在反复接触之后有可能危害人类健康的物质。 可根据适当的实验动物研究的观察结果将物质划为类别 2。在试验中，一般在适度的接触浓度下产生了与人类健康有相关性的显著和/或严重毒性效应。表 3-27 提供的指导剂量/浓度值以帮助进行分类。 在特殊情况下，也可使用人类证据将物质划分至类别 2

注：对这两种类别来说，可以确定主要受已分类物质影响的特异性靶器官，或者可将物质划为一般毒物。确定主要的毒性靶器官（系统）并据此进行分类，例如肝毒物、神经毒物。仔细评估数据，而且如果可能，不要包括次生效应，例如肝毒物可能对神经系统或肠胃系统产生次生效应。

表 3-26　类别 1 分类的指导值（90d 反复接触）

接触途径	单位	指导值 C（剂量/浓度）范围
经口（大鼠）	mg/（kg·d）	$C \leq 10$
经皮肤（大鼠或兔）	mg/（kg·d）	$C \leq 20$
吸入气体（大鼠）	(mL/L)/(6h/d)	$C \leq 0.05$
吸入蒸气（大鼠）	(mg/L)/(6h/d)	$C \leq 0.2$
吸入粉尘/烟/雾（大鼠）	(mg/L)/(6h/d)	$C \leq 0.02$

注：对类别 1 分类来说，在 90d 反复剂量实验动物研究中观察到显著毒性效应，并且在等于或小于表 3-26 所示的（建议）指导值观察到发生该效应，将证明分类的正确性。

表 3-27　类别 2 分类的指导值（90d 反复接触）

接触途径	单位	指导值 C（剂量/浓度）范围
经口（大鼠）	mg/（kg·d）	$10 < C \leq 100$
经皮肤（大鼠或兔）	mg/（kg·d）	$20 < C \leq 200$
吸入气体（大鼠）	(mL/L)/(6h/d)	$0.05 < C \leq 0.25$
吸入蒸气（大鼠）	(mg/L)/(6h/d)	$0.2 < C \leq 1.0$
吸入粉尘/烟/雾（大鼠）	(mg/L)/(6h/d)	$0.02 < C \leq 0.2$

注：对类别 2 分类而言，在 90 d 反复剂量实验动物研究中观察到显著毒性效应，并且在表 3-27 所示的（建议）指导值范围内观察到发生该效应时，将证明分类的正确性。

10. 吸入危害

（1）定义　吸入危害指液态或固态化学品通过口腔或鼻腔直接进入或者因呕吐间接进入气管和下呼吸系统所造成的危害。如化学性肺炎、不同程度的肺损伤和吸入致死等。

本类的目的是对可能对人类造成吸入毒性危险的物质或混合物分类。

（2）吸入危害物质的分类　吸入危害混合物分类具体请参考《化学品分类和标签规范　第 27 部分：吸入危害》（GB 30000.27—2013）中的 4.4。吸入危害物质的分类见表 3-28。

表 3-28　吸入危害物质分类

类别	分类标准
第 1 类 已知引起人体吸入毒性危险的化学品或被看作会引起人类吸入毒性危险的化学品	以下物质被划入第 1 类： （1）根据可靠的优质人类证据； （2）如果是烃类物质在 40℃时运动黏度不大于 20.5mm²/s
第 2 类 因假定它们会引起人体吸入毒性危险而令人担心的化学品	现有动物研究数据表明以及经专家考虑到表面张力、水溶性、沸点和挥发性做出判断，在 40℃时运动黏度不大于 14mm²/s 的物质，已划入第 1 类的物质除外

（三）环境危险

1. 危害水生环境

（1）定义

① 急性水生毒性：指物质具有对水中生物体短时间接触时即可造成伤害的性质。

② 急性危害：指化学品的急毒性，具有对水中的生物体短时间接触时即可造成伤害的性质。

③ 物质的可用性：指物质变为可溶解物或分解物的程度。

④ 生物利用率：指物质被生物体吸收并在其体内某区域分布的程度，它取决于物质的物理化学性质、生物体的结构和生理机能、药物动力机制和接触途径。可用性并不是生物可利用的前提条件。

⑤ 生物积累：指物质经由所有接触途径（即空气、水、沉淀物/泥土和食物）被生物体吸收、转化和排出的净结果。

⑥ 生物浓度：指物质经水传播至生物体吸收、转化和排出的净结果。

⑦ 慢性水生毒性：指物质具有对水中的生物体一定时间内接触时可造成伤害的性质，接触时间根据生物体的生命周期确定。

⑧ 复杂混合物、多组分物质或复杂物质：指由不同溶解度和物理化学性质的单个物质混合而成的混合物。大部分情况下，它们是具有特定碳链长度/置换度数目的同系物质。

⑨ 降解：指有机分子分解为更小分子的过程，降解的最终产物为 CO_2、水和盐类。

⑩ 长期危害：指化学品的慢性毒性，对在水生环境中长期暴露于该毒性所造成危害的性质。

（2）危害水生环境物质的分类　危害水生环境物质分为急性水生危害、长期水生危害和"安全网" 3 类，具体见表 3-29。危害水生环境混合物分类具体请参考《化学品分类和标签规范　第 28 部分：对水生环境的危害》（GB 30000.28—2013）中的 4.2。

表 3-29　危害水生环境物质分类

		类别	数值
急性水生危害		类别 1 96h　LC_{50}（鱼类） 48h　EC_{50}（甲壳纲动物） 72h　ErC_{50} 或 96h ErC_{50}（藻类或其他水生植物）	≤1mg/L
		类别 2 96h　LC_{50}（鱼类） 48h　EC_{50}（甲壳纲动物） 72h　ErC_{50} 或 96h ErC_{50}（藻类或其他水生植物）	>1mg/L 且 ≤10mg/L
		类别 3 96h　LC_{50}（鱼类） 48h　EC_{50}（甲壳纲动物） 72h　ErC_{50} 或 96h ErC_{50}（藻类或其他水生植物）	>10mg/L 且 ≤100mg/L
长期水生危害	不能快速降解的物质，已掌握充分的慢性资料	类别 1 慢毒　NOEC 或 EC_x（鱼类） 慢毒　NOEC 或 EC_x（甲壳纲动物） 慢毒　NOEC 或 EC_x（藻类或其他水生植物）	≤0.1mg/L
		类别 2 慢毒　NOEC 或 EC_x（鱼类） 慢毒　NOEC 或 EC_x（甲壳纲动物） 慢毒　NOEC 或 EC（藻类或其他水生植物）	≤1mg/L
	可快速降解的物质，已掌握充分的慢性资料	类别 1 慢毒　NOEC 或 EC_x（鱼类） 慢毒　NOEC 或 EC_x（甲壳纲动物） 慢毒　NOEC 或 EC_x（藻类或其他水生植物）	≤0.01mg/L
		类别 2 慢毒　NOEC 或 EC_x（鱼类） 慢毒　NOEC 或 EC_x（甲壳纲动物） 慢毒　NOEC 或 EC_x（藻类或其他水生植物）	≤0.1mg/L
		类别 3 慢毒　NOEC 或 EC_x（鱼类） 慢毒　NOEC 或 EC_x（甲壳纲动物） 慢毒　NOEC 或 EC_x（藻类或其他水生植物）	≤1mg/L
	尚未充分掌握慢性资料的物质	类别 1 96h　LC_{50}（鱼类） 48h　EC_{50}（甲壳纲动物） 72h　ErC_{50} 或 96h ErC_{50}（藻类或其他水生植物）	≤1mg/L
		类别 2 96h　LC_{50}（鱼类） 48h　EC_{50}（甲壳纲动物） 72h　ErC_{50} 或 96h ErC_{50}（藻类或其他水生植物）	>1mg/L 且 ≤10 mg/L
		类别 3 96h　LC_{50}（鱼类） 48h　EC_{50}（甲壳纲动物） 72h　ErC_{50} 或 96h ErC_{50}（藻类或其他水生植物）	>10mg/L 且 ≤100mg/L

续表

安全网	水溶性条件下没有显示急性毒性，且不能快速降解、$\lg K_{ow} \geq 4$、表现出生物积累潜力但不易溶解的物质将划为本类别（且经试验确定的 BCF>500，慢性毒性 NOECs>1mL/L，可快速降解）

注：1.EC$_x$ 表示 x% 有效浓度，指引起一组实验中 x% 动物产生某一特定反应，或是某反应指标被抑制一半时的浓度。

2.NOEC 表示无显见效果浓度。指的是在统计上产生刚好低于有害影响的最低可测浓度。

3.BCF 表示生物富集系数，是生物组织（干重）中化合物的浓度和溶解在水中的浓度之比。也可以认为是生物对化合物的吸收速率与生物体内化合物净化速率之比。用来表示有机化合物在生物体内的生物富集作用的大小。生物富集系数是描述化学物质在生物体内累积趋势的重要指标。

4.K_{ow} 表示正辛醇—水分配系数，指平衡状态下化合物在正辛醇和水相中浓度的比值，它反映了化合物在水相和有机相之间的迁移能力，是描述有机化合物在环境中行为的重要物理化学参数，它与化合物的水溶性、土壤吸附常数和生物浓缩因子密切相关。

2. 危害臭氧层

（1）定义　化学品是否危害臭氧层，通过臭氧消耗潜能值（ODP）确定。臭氧消耗潜能值（ODP）是指一个有别于单一种类卤化碳排放源的综合总量，反映与同等质量的三氯氟甲烷（CFC-11）相比，卤化碳可能对平流层造成的臭氧消耗程度。

（2）危害臭氧层物质的分类　危害臭氧层物质和混合物的分类见表 3-30。

表 3-30　危害臭氧层物质和混合物的分类

分类	分类标准
1	《蒙特利尔议定书》附件中列出的任何受管制物质 混合物中还有至少一种被列入《蒙特利尔议定书》附件中列出的任何受管制物质，且至少有一种物质的浓度≥0.1%

二、《危险货物分类和品名编号》的分类标准

《危险货物分类和品名编号》（GB 6944—2012）中把危险货物分为 9 类，即爆炸品，气体，易燃液体，易燃固体、易于自燃的物质和遇水放出易燃气体的物质，氧化性物质和有机过氧化物，毒性物质和感染性物质，放射性物质，腐蚀性物质，杂项危险物质和物品。下面将分别对此 9 类进行介绍。

（一）第 1 类　爆炸品

1. 爆炸品的定义

爆炸品包括以下 3 类：

① 爆炸性物质（物质本身不是爆炸品，但能形成气体、蒸气或粉尘爆炸环境者，不列入第 1 类），不包括那些太危险以致不能运输或其主要危险性符合其他类别的物质。

② 爆炸性物品，不包括下述装置：其中所含爆炸性物质的数量或特性，不会使其在运输过程中偶然或意外被点燃或引发后因迸射、发火、冒烟、发热或巨响而在装置外部产生任何影响。

③ 为产生爆炸或烟火实际效果而制造的，①和②中未提及的物质或物品。

爆炸性物质是指固体或液体物质（或物质混合物），自身能够通过化学反应产生气体，其温度、压力和速度高到能对周围造成破坏。烟火物质即使不放出气体，也包括在内。

爆炸性物品是指含有一种或几种爆炸性物质的物品。

2. 爆炸品的主要特性

（1）化学不稳定性　在受热、撞击、摩擦、遇明火等条件下能以极快的速度发生猛烈的化学反应，产生的大量气体和热量在短时间内无法逸散开去，致使周围的温度迅速升高并产生巨大的压力而引起爆炸。爆炸品一旦发生爆炸，往往危害大、损失大、扑救困难，因此从事爆炸品工作的人员必须熟悉爆炸品的性能、危险特性和不同爆炸品的特殊要求。

（2）殉爆性　当炸药爆炸时，能引起位于一定距离之外的炸药也发生爆炸，这种现象称为殉爆。殉爆发生的原因是冲击波的传播作用，距离越近冲击波强度越大。由于爆炸品具有殉爆的性质，因此，对爆炸品的储存和运输必须高度重视，严格要求，加强管理。

（3）其他性质

① 很多炸药都有一定的毒性，例如三硝基甲苯（TNT）、硝化甘油、雷酸汞等。

② 有些爆炸品与某些化学药品，如酸、碱、盐发生反应的生成物是更容易爆炸的化学品。例如苦味酸遇某些碳酸盐能反应生成更易爆炸的苦味酸盐。

③ 某些爆炸品受光照容易分解，例如叠氮化银、雷酸汞。

④ 某些爆炸品具有较强的吸湿性，受潮或遇湿后会降低爆炸能力，甚至无法使用，如硝铵炸药等应注意防止受潮。

3. 爆炸品的分项

GB 6944—2012 中按运输危险性把爆炸品具体分为如下 6 项。

（1）第 1.1 项　有整体爆炸危险的物质和物品。整体爆炸是指瞬间能影响到几乎全部载荷的爆炸。

（2）第 1.2 项　有迸射危险。但无整体爆炸危险的物质和物品。

（3）第 1.3 项　有燃烧危险并有局部爆炸危险或局部迸射危险或这两种危险都有，但无整体爆炸危险的物质和物品。

本项包括满足下列条件之一的物质和物品：

① 可产生大量热辐射的物质和物品；

② 相继燃烧产生局部爆炸或迸射效应或两种效应兼而有之的物质和物品。

（4）第 1.4 项　不呈现重大危险的物质和物品，本项包括运输中万一点燃或引发时仅造成较小危险的物质和物品。其影响主要限于包件本身，并预计射出的碎片不大、射程也不远，外部火烧不会引起包件几乎全部内装物的瞬间爆炸。

（5）第 1.5 项　有整体爆炸危险的非常不敏感物质。

① 本项包括有整体爆炸危险性但非常不敏感，以致在正常运输条件下引发或由燃烧转为爆炸的可能性极小的物质。

② 船舱内装有大量本项物质时，由燃烧转为爆炸的可能性较大。

（6）第 1.6 项　无整体爆炸危险的极端不敏感物品。

① 本项包括仅含有极不敏感爆炸物质并且其意外引发爆炸或传播的概率可忽略不计的物品。

② 本项物品的危险仅限于单个物品的爆炸。

4. 爆炸品的安全标志

危险化学品安全标志是通过图案、文字说明、颜色等信息，鲜明、简洁地表征危险化学品的特性和类别，向作业人员传递安全信息的警示性材料。爆炸品的安全标志如图 3-1 所示。

图 3-1 爆炸品的安全标志（见彩插）
（从左至右依次为第 1.1～第 1.3 项，第 1.4 项，第 1.5 项，第 1.6 项）

（二）第 2 类 气体

1. 气体的定义

本类气体是指满足下列条件之一的物质：
① 在 50℃时，蒸气压力大于 300kPa 的物质；
② 在 20℃时，在 101.3kPa 标准压力下完全是气态的物质。

本类气体包括压缩气体、液化气体、溶解气体和冷冻液化气体、一种或多种气体与一种或多种其他类别物质的蒸气的混合物、充有气体的物品和气雾剂，具体说明如下：
① 压缩气体是指在-50℃下加压包装供运输时完全是气态的气体，包括临界温度小于或等于-50℃的所有气体。
② 液化气体是指在温度大于-50℃下加压包装供运输时部分是液态的气体，可分为高压液化气体和低压液化气体。
a.高压液化气体：临界温度在-50~65℃之间的气体；
b.低压液化气体：临界温度>65℃的气体。
③ 溶解气体是指加压包装供运输时溶解于液相溶剂中的气体。
④ 冷冻液化气体是指包装供运输时由于其温度低而部分呈液态的气体。

2. 气体的特性

当受热、撞击或强烈震动时，容器内压力急剧增大，致使容器破裂爆炸，或导致气瓶阀门松动漏气，酿成火灾或中毒事故。

（1）易燃易爆性 该类化学品超过半数是易燃气体，易燃气体的主要危险特性就是易燃易爆，处于燃烧浓度范围之内的易燃气体，遇着火源都能着火或爆炸，有的甚至只需极微小能量就可燃爆。简单成分组成的气体比复杂成分组成的气体易燃，燃烧速度快，火焰温度高，着火爆炸危险性大。由于充装容器为压力容器，受热或在火场上受热辐射时还易发生物理性爆炸。

（2）扩散性 由于气体分子的间距大，相互作用小，所以非常容易扩散，能自发地充满任何容器。气体的扩散性受密度影响，比空气轻的气体在空气中可以无限制地扩散，易与空气形成爆炸性混合物；比空气重的气体扩散后，往往聚集在地表、沟渠、隧道、厂房死角等处，长时间不散，遇着火源发生燃烧或爆炸。

（3）可压缩性与膨胀性 气体的热胀冷缩比液体、固体大得多，其体积随温度的升降而胀缩。

（4）静电性 气体从管口破损处高速喷出时，由于强烈的摩擦作用，会产生静电。

（5）腐蚀毒害性 气体主要是一些含氢、硫元素的气体，具有腐蚀作用。如氢气、氨气、硫化氢都能腐蚀设备，严重时可导致设备裂缝、漏气。这类危险化学品除了氧气和压缩空气外，大都具有一定的毒害性。

（6）窒息性　气体都有一定的窒息性（氧气和压缩空气除外）。如二氧化碳、氮气等惰性气体，一旦发生泄漏，能使人窒息死亡。

（7）氧化性　气体的氧化性表现为三种情况：第一种是易燃气体，如氢气、甲烷等，第二种是助燃气体，如氧气、压缩空气、一氧化二氮；第三种是本身不燃，但氧化性很强，与可燃气体混合后能发生燃烧或爆炸的气体，如氯气与乙炔混合即可爆炸，氯气与氢气混合见光可爆炸。

3. 气体的分项

气体在 GB 6944—2012 中，共分为 3 项，具体如下。

（1）第 2.1 项　易燃气体。本项包括在 20℃和 101.3kPa 条件下满足下列条件之一的气体：

① 爆炸下限≤13%的气体；

② 不论其爆燃下限如何，其爆炸极限（燃烧范围）大于等于 12 个百分点的气体。例如，氢气、乙炔、正丁烷等。

（2）第 2.2 项　非易燃无毒气体。本项包括窒息性气体、氧化性气体以及不属于其他项别的气体。本项不包括在温度 20℃时的压力低于 200kPa 并且未经液化或冷冻液化的气体。常见的有氮气、二氧化碳、惰性气体，还包括助燃气体氧气、压缩空气等。

（3）第 2.3 项　毒性气体。本项包括满足下列条件之一的气体：

① 其毒性或腐蚀性对人类健康造成危害的气体；

② 急性半数致死浓度 LC_{50}≤5000mL/m³ 的毒性或腐蚀性气体。

常见的有氯气、二氧化硫、氨气、氰化氢等。

具有两个项别以上危险性的气体和气体混合物，其危险性先后顺序如下：

① 2.3 项优先于所有其他项；

② 2.1 项优先于 2.2 项。

4. 气体的安全标志

气体分为 3 项的安全标志如图 3-2 所示。

底色：正红色
图形：火焰（黑色或白色）
文字：黑色或白色

底色：绿色
图形：气瓶（黑色或白色）
文字：黑色或白色

底色：白色
图形：骷髅头和交叉骨形（黑色）
文字：黑色

图 3-2　气体的安全标志（见彩插）
（从左往右依次为第 2.1 项、第 2.2 项、第 2.3 项）

(三)第 3 类 易燃液体

1. 易燃液体的定义

易燃液体指易燃的液体或液体混合物,或是在溶液或悬浮液中有固体的液体,其闭杯试验闪点不高于 60℃,或开杯试验闪点不高于 65.6℃。

易燃液体还包括满足下列条件之一的液体:

① 在温度等于或高于其闪点的条件下提交运输的液体;

② 以液态在高温条件下运输或提交运输,并在温度等于或低于最高运输温度下放出易燃蒸气的物质。

2. 易燃液体的特性

(1)易挥发性　易燃液体的沸点都很低,易燃液体很容易挥发出易燃蒸气,达到一定浓度后遇到着火源而燃烧。

(2)受热膨胀性　易燃液体的膨胀系数比较大,受热后体积容易膨胀,同时其蒸气压也随之升高,从而使密封容器中内部压力增大,造成"鼓桶",甚至爆裂,在容器爆裂时产生火花而引起燃烧爆炸。

(3)流动扩散性　易燃液体的黏度一般都很小,本身极易流动扩散,常常还会因为渗透、浸润及毛细现象等作用不断地挥发,从而增加燃烧爆炸的危险性。

(4)静电性　多数易燃液体都是电介质,在灌注、输送、流动过程中能够产生静电,静电积聚到一定程度时就会放电,引起着火或爆炸。

(5)毒害性　易燃液体大多本身(或蒸气)具有毒害性,如 1,3-丁二烯、2-氯丙烯、丙烯醛等。不饱和芳香族烃类化合物和易蒸发的石油产品比饱和的烃类化合物、不易挥发的石油产品的毒性大。

3. 易燃液体的分项

易燃液体根据易燃性特点归为一类,未做分项。

4. 易燃液体的安全标志

易燃液体的安全标志如图 3-3 所示。

底色:红色
图形:黑色或白色
文字:黑色或白色

图 3-3　易燃液体的安全标志(见彩插)

(四)第 4 类 易燃固体、易于自燃的物质和遇水放出易燃气体的物质

1. 易燃固体、易于自燃的物质和遇水放出易燃气体的物质的定义

(1)易燃固体　包括三类:易燃固体、自反应物质和固态退敏爆炸品。

① 易燃固体：易于燃烧的固体和摩擦可能起火的固体；

② 自反应物质：即使没有氧气（空气）存在，也容易发生激烈放热分解的热不稳定物质；

③ 固态退敏爆炸品：为抑制爆炸性物质的爆炸性能，用水或酒精湿润爆炸性物质或用其他物质稀释爆炸性物质后形成的均匀固态混合物。

（2）易于自燃的物质　也叫自燃物品，包括两类：发火物质和自热物质。

① 发火物质：即使只有少量与空气接触，不到 5min 便燃烧的物质，包括混合物和溶液（液体或固体）。

② 自热物质：发火物质以外的与空气接触便能自己发热的物质。

（3）遇水放出易燃气体的物质　指遇水放出易燃气体，且该气体与空气混合能够形成爆炸性混合物的物质。

2. 易燃固体、易于自燃的物质和遇水放出易燃气体的物质的特性

（1）易燃固体的特性

① 易燃性。易燃固体的着火点都比较低，一般都在 300℃ 以下，在常温下只要有很小能量的着火源就能引起燃烧。有些易燃固体受到摩擦、撞击等外力作用时也能引起燃烧，如赤磷和闪光粉。

② 分解性。大多数易燃固体遇热易分解，如二硝基苯，高温条件下存在引起爆炸的危险。

③ 毒性。很多易燃固体本身具有毒害性，或燃烧后产生有毒物质，如硫黄、三硫化二磷等。

④ 自燃性。易燃固体中的硝化棉及其制品等在积热不散时，都容易自燃起火。

（2）易于自燃的物质的特性

① 自燃性。自燃物品大部分非常活泼，具有极强的还原性，接触空气中的氧时会产生大量的热，达到自燃点而燃烧、爆炸。

② 遇湿易燃易爆性。有些自燃物品遇火或受潮后能分解引起自燃或爆炸。例如，连二亚硫酸钠，遇水能发热冒黄烟引起燃烧甚至爆炸。

（3）遇水放出易燃气体的物质的特性

① 生成氢的燃烧和爆炸。有些遇湿燃烧物质在与水化合的同时会放出氢气和热量，由于自燃或外来火源作用能引起氢气的着火或爆炸。

② 生成烃类化合物的着火爆炸。有些遇水放出易燃气体的物质与水化合时，生成烃类化合物，由于反应热或外来火源作用，造成烃类化合物着火和爆炸。具有这种性质的遇水燃烧物质主要有金属碳化合物以及有机金属化合物。

③ 生成其他可燃气体的燃烧爆炸。有些遇水燃烧物质与水化合时，生成磷化氢、氰化氢、硫化氢和四氢化硅等，由于自燃和火源作用会造成火灾和爆炸。

④ 毒害性和腐蚀性。大多数遇水放出易燃气体的物质都具有毒害性和腐蚀性，如金属钾、钠等。

3. 易燃固体、易于自燃的物质和遇水放出易燃气体的物质的分项

本类物质共分为如下 3 项。

① 第 4.1 项：易燃固体。

② 第 4.2 项：易于自燃的物质（也叫自燃物品）。

③ 第 4.3 项：遇水放出易燃气体的物质（也叫遇湿易燃物品）。

4. 易燃固体、易于自燃的物质和遇水放出易燃气体的物质的安全标志

易燃固体、易于自燃的物质和遇水放出易燃气体的物质分为 3 项，其安全标志如图 3-4 所示。

底色：红白相间的垂直宽条
图形：火焰（黑色）
文字：黑色

底色：上白下红
图形：火焰（黑色）
文字：黑色

底色：蓝色
图形：火焰（黑色或白色）
文字：黑色或白色

图 3-4　易燃固体、易于自燃的物质和遇水放出易燃气体物质的安全标志（见彩插）
（从左往右依次为第 4.1 项、第 4.2 项、第 4.3 项）

（五）第 5 类　氧化性物质和有机过氧化物

1. 氧化性物质和有机过氧化定义

氧化性物质（也叫氧化剂）指其本身不一定可燃，但能导致可燃物燃烧的物质。处于高氧化态、具有强氧化性、易分解并放出氧和热量。

有机过氧化物指分子组成中含有两价过氧基（—O—O—）结构的有机物，其本身易燃易爆，极易分解，对热、震动或摩擦极为敏感。

2. 氧化性物质和有机过氧化物的特性

① 氧化性物质和有机过氧化物遇高温易分解放出氧和热量，极易引起爆炸。特别是过氧化物分子中的过氧基很不稳定，易分解放出原子氧，所以这类物质遇到易燃物质、可燃物质、还原剂或者自己受热分解都容易引起火灾爆炸危险。

② 许多氧化性物质如氯酸盐类、硝酸盐类、有机过氧化物等对摩擦、撞击、震动极为敏感。

③ 大多数氧化性物质，特别是碱性氧化剂，遇酸反应剧烈，甚至发生爆炸。

④ 有些氧化性物质特别是活泼金属的过氧化物，遇水分解放出氧气和热量，有助燃作用，使可燃物燃烧甚至爆炸。

⑤ 有些氧化性物质具有不同程度的毒性和腐蚀性。如铬酸酐、重铬酸盐等既有毒性，又会灼伤皮肤。

3. 氧化性物质和有机过氧化物的分项

氧化性物质和有机过氧化物分为如下 2 项：
① 第 5.1 项：氧化性物质。
② 第 5.2 项：有机过氧化物。

4. 氧化性物质和有机过氧化物的安全标志

氧化性物质和有机过氧化物的安全标志如图 3-5 所示。

底色：柠檬黄色　　　　　　　　　底色：上面红色，下面柠檬黄色
图形：从圆圈中冒出的火焰（黑色）　　图形：冒出的火焰（黑色或白色）
　　　文字：黑色　　　　　　　　　　　　文字：黑色

图 3-5　氧化性物质和有机过氧化物的安全标志（见彩插）
（从左往右依次为第 5.1 项、第 5.2 项）

（六）第 6 类　毒性物质和感染性物质

1. 毒性物质和感染性物质的定义

毒性物质是指经吞食、吸入或与皮肤接触后可能造成死亡、严重受伤或损害人类健康的物质。满足下列条件之一即为毒性物质（固体或液体）：

① 急性口服毒性：$LD_{50} \leqslant 300mg/kg$。
② 急性皮肤接触毒性：$LD_{50} \leqslant 1000mg/kg$。
③ 急性吸入粉尘和烟雾毒性：$LC_{50} \leqslant 4mg/L$。
④ 急性吸入蒸气毒性：$LC_{50} \leqslant 5000mL/m^3$ 且在 20℃和标准大气压力下的饱和蒸气浓度大于等于 $1/5LC_{50}$。

感染性物质是指已知或有理由认为含有病原体的物质，分为 A 类和 B 类。

① A 类：以某种形式运输的感染性物质，在与之发生接触（发生接触，是在感染性物质泄漏到保护性包装之外，造成与人或动物的实际接触）时，可造成健康的人或动物永久性失残、生命危险或致疾病。
② B 类：A 类以外的感染性物质。

2. 毒性物质和感染性物质的特性

毒性物质和感染性物质的主要特性是具有毒性。少量进入人、畜体内即能引起中毒，不但口服会中毒，吸入其蒸气也会中毒，有的还能通过皮肤吸收引起中毒。这类物品遇酸、受热会发生分解，放出有毒气体或烟雾从而引起中毒。

3. 毒性物质和感染性物质的分项

毒性物质和感染性物质分为如下 2 项。

① 第 6.1 项：毒性物质。
② 第 6.2 项：感染性物质。

4. 毒性物质和感染性物质的安全标志

毒性物质和感染性物质分为 2 项的安全标志如图 3-6 所示。

底色：白色　　　　　　　　　　　　底色：白色
图形：骷髅头和交叉骨形（黑色）　　图形：交叉的环（黑色）
文字：黑色　　　　　　　　　　　　文字：黑色

图 3-6　毒性物质与感染性物质的安全标志（见彩插）
（左为毒性物质，右为感染性物质）

（七）第 7 类 放射性物质

1. 放射性物质定义

物质能从原子核内部自行放出具有穿透力、为人们不可见的射线（高速粒子）的性质，称为放射性，具有放射性的物质称为放射性物质。

放射性物质的安全管理不适用《危险化学品安全管理条例》，目前由环境保护部门负责管理。

2. 放射性物质的特性

具有放射性的物质能自发、不断地放出人们感觉器官不能觉察到的射线，如果这些射线从人体外部照射或进入人体内，并达到一定剂量时，对人体的危害极大，易使人患放射病，甚至死亡。

许多放射性物质毒性很大，例如镭、钍等都是剧毒的放射性物质，钠、钴、锶、碘、铅等为毒性的放射性物品。

放射性物质多数具有易燃性，且有些放射性物质燃烧十分强烈甚至引起爆炸，例如金属钍、粉状金属铀等。

3. 放射性物质的分类

放射性物质按其放射性大小可分为一级放射性物质、二级放射性物质和三级放射性物质

4. 放射性物质的安全标志

放射性物质分为 3 项的安全标志如图 3-7 所示。

（八）第 8 类 腐蚀性物质

1. 腐蚀性物质的定义

腐蚀性物质是指通过化学作用使生物组织接触时造成严重损伤，或在渗漏时会严重损害甚至毁坏其他货物或运载工具的物质。满足下列条件之一的物质均为腐蚀性物质。

底色：白色　　　　　　　　底色：上黄下白　　　　　　　底色：上黄下白
图形：扇叶（黑色）　　　　图形：扇叶（黑色）　　　　　图形：扇叶（黑色）
文字：黑色（带一条红色竖条）　文字：黑色（带两条红色竖条）　文字：黑色（带三条红色竖条）

图 3-7　放射性物质的安全标志（见彩插）
（从左至右依次为一级、二级、三级放射性物质）

① 使完好皮肤组织在暴露超过 60min 但不超过 4h 之后开始的最多 1 天观察期内全厚度毁损的物质。

② 被判定不引起完好皮肤组织全厚度毁损，但在 55℃试验温度下，对钢或铝的表面腐蚀率超过 6.25mm/a 的物质。

2. 腐蚀性物质的特性

（1）强烈的腐蚀性　能腐蚀人体、金属、有机物和建筑物，其基本原因主要是这类物品具有酸性、碱性、氧化性或吸水性等。

（2）强氧化性　部分无机酸性腐蚀性物质，例如浓硝酸、浓硫酸、高氯酸等具有强的氧化性，遇到有机物如食用糖、稻草、木屑、松节油等容易因氧化发热而引起燃烧，甚至爆炸。

（3）毒害性　多数腐蚀性物质有不同程度的毒性，有的还是剧毒品，例如氢氟酸、溴素、五溴化磷等。

（4）易燃性　部分有机腐蚀性物质遇明火易燃烧，如冰醋酸、醋酐、苯酚等。

3. 腐蚀性物质的分类

GB 6944—2012 中该类化学品归为一类，未做分项。但通常将其分为酸性腐蚀性物质、碱性腐蚀性物质和其他腐蚀性物质。

（1）酸性腐蚀性物质　酸性腐蚀性物质危险性较大，它能使动物皮肤受腐蚀，也能腐蚀金属。其中强酸可使皮肤立即出现坏死现象，例如硫酸、硝酸、盐酸等。

（2）碱性腐蚀性物质　碱性腐蚀性物质如氢氧化钾、氢氧化钠、乙醇钠等，腐蚀性也比较大，其中强碱容易起皂化作用，对皮肤的腐蚀性较大。

（3）其他腐蚀性物质　如亚氯酸钠溶液、氯化铜、氯化锌、甲醛溶液等。

4. 腐蚀性物质的安全标志

腐蚀性物质的安全标志如图 3-8 所示。

（九）第 9 类　杂项危险物质和物品

本类是指存在危险但不能满足其他类别定义的物质和物品。

杂项危险物质和物品的安全标志如图 3-9 所示。

底色：上白下黑
图形：试管中液体分别向金属和手上滴落（黑色）
文字：（下半部）白色

图 3-8　腐蚀性物质的安全标志

底色：白色
图形：上半部黑色条纹
文字：黑色

图 3-9　杂项危险物质和物品的安全标志

（十）危险性的先后顺序

根据《危险货物分类和品名编号》（GB 6944—2012）标准分类，当一种物质、混合物有一种以上危险性，而其名称又未列入联合国《关于危险货物运输的建议书　规章范本》（第 16 修订版）第 3.2 章"危险货物一览表"内时，其危险性的先后顺序按表 3-31 确定。

表 3-31　危险性的先后顺序表

类或项和包装类别		4.2	4.3	5.1			6.1				8					
				I	II	III	I		II	III	I		II		III	
							皮肤	口服			液体	固体	液体	固体	液体	固体
3	I①…		4.3				3	3	3	3	3	—③	3	—	3	—
	II①…		4.3				3	3	3	3	8	—	3	—	3	—
	III①…		4.3				6.1	6.1	6.1	3②	8	—	8	—	3	—
4.1	II①	4.2	4.3	5.1	4.1	4.1	6.1	6.1	4.1	4.1	—	8	—	8	—	4.1
	III①	4.2	4.3	5.1	4.1	4.1	6.1	6.1	6.1	4.1	—	8	—	8	—	4.1
4.2	II…		4.3	5.1	4.2	4.2	6.1	6.1	4.2	4.2	8	8	4.2	4.2	4.2	4.2
	III…		4.3	5.1	5.1	4.2	6.1	6.1	6.1	4.2	8	8	8	4.2	4.2	4.2
4.3	I…			5.1	4.3	4.3	6.1	4.3	4.3	4.3	4.3	4.3	4.3	4.3	4.3	4.3
	II…			5.1	4.3	4.3	6.1	4.3	4.3	4.3	8	8	4.3	4.3	4.3	4.3
	III…			5.1	5.1	4.3	6.1	6.1	6.1	4.3	8	8	8	4.3	4.3	4.3
5.1	I…				5.3	5.1	5.1	5.1	5.1	5.1	5.1	5.1	5.1	5.1	5.1	5.1
	II…						6.1	5.1	5.1	5.1	8	8	5.1	5.1	5.1	5.1
	III…						6.1	6.1	6.1	5.1	8	8	8	8	5.1	5.1
6.1	I 皮肤										8	8	6.1	6.1	6.1	6.1
	I 口服										8	8	6.1	6.1	6.1	6.1
	II 吸入										8	8	6.1	6.1	6.1	6.1
	II 皮肤										8	8	6.1	6.1	6.1	6.1
	II 口服										8	8	6.1	6.1	6.1	6.1
	III										8	8	8	8	8	8

注：① 自反应物质和固态退敏爆炸品以外的 4.1 项物质以及液态退敏爆炸品以外的第 3 类物质。
② 农药为 6.1。
③ 表示不可能组合。

对于具有多种危险性而在联合国《关于危险货物运输的建议书 规章范本》（第16修订版）第3.2章"危险货物一览表"中没有具体列出名称的货物，不论其在表3-31中危险性的先后顺序如何，其有关危险性的最严格包装类别优先于其他包装类别。

根据《危险货物分类和品名编号》（GB 6944—2012）标准分类，下列物质和物品的危险性总是处于优先地位，其危险性的先后顺序没有列入表3-31：

① 第1类物质和物品；
② 第2类气体；
③ 第3类液态退敏爆炸品；
④ 4.1项自反应物质和固态退敏爆炸品；
⑤ 4.2项发火物质；
⑥ 5.2项物质；
⑦ 具有Ⅰ类包装吸入毒性的6.1项物质；
⑧ 6.2项物质；
⑨ 第7类物质。

具有其他危险性质的放射性物质，无论在什么情况下都应划入第7类，并确认次要危险性（外货包中的放射性物质除外）。

三、危险化学品的辨识方法

化学品危险性辨识与分类就是根据化学品（化合物、混合物或单质）本身的特性和有关标准，确定是否属于危险化学品，并划出可能的危险性类别及项别。我国危险化学品分类依据有《化学品分类和危险性公示 通则》（GB 13690—2009），分类不仅影响产品是否受管制，而且影响到产品标签的内容、危险标志以及化学品安全技术说明书（MSDS）的编制。辨识与分类是化学品管理的基础。

1. 危险化学品辨识与分类的一般程序

一般可按下列程序确定某种化学品是否为危险化学品：

① 对于现有的化学品，可以对照现行的《危险化学品名录》（2015版）确定其危险性类别和项别。

② 对于新的化学品，可首先检索文献，利用文献数据进行危险性初步评估，然后进行针对性实验；对于没有文献资料的，需要进行全面的物化性质、毒性、燃爆、环境方面的试验，然后依据《危险化学品名录》（2015版）和《化学品分类和危险性公示 通则》（GB 13690—2009）两个标准进行分类。试验方法和项目参照联合国《关于危险货物运输的建议书 规章范本》（第16修订版）第2部分，分类进行。化学品危险性辨识的一般程序如图3-10所示。

2. 混合物危险性辨识与分类

上述辨识与分类程序和方法适用于任何化学品，包括纯净物和混合物。但对于混合物，列在《危险化学品名录》（2015版）中的种类很少，文献数据也较少，但其在生产、应用、流通领域中却相当普遍，加之品种多、商业存在周期短，而某些危险性试验如急性毒性试验周期长、费用高，要进行全面试验并不现实。有资料表明，混合物的急性毒性数据存在加和性，在难以得到试验数据的情况下，可以根据危害成分浓度的大小进行排算。

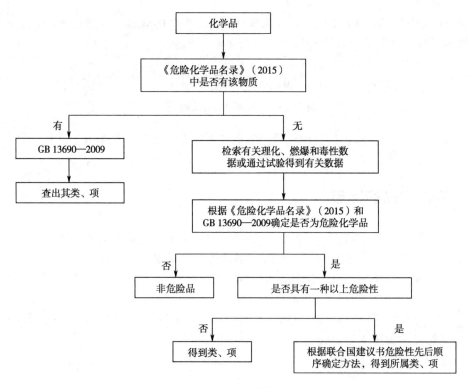

图 3-10 化学品危险性分类的一般程序

分类时,燃爆危险性数据由于相对较易获得,一般可通过试验解决。下面介绍混合物 LC_{50}、LD_{50} 的计算。

(1) 蒸气吸入急性毒性　有害组分的 LC_{50} 未知时,其 LC_{50} 数据取与该组分具有类似生理学和化学作用的化学品的 LC_{50} 值;LC_{50} 已知时,可通过式(3-2)计算。

$$\frac{1}{(LC_{50})_{mix}} = \sum_{i=1}^{n}\left(\frac{x}{LC_{50}}\right)_i \tag{3-2}$$

式中　n——危害组分总数;
　　　x——第 i 种有害组分的摩尔分数。

例如,已知 NO、NO_2 的 LC_{50}(4h,大鼠吸入)分别为 $1068mg/m^3$ 和 $126mg/m^3$,若 NO 中含 10%(体积比)的 NO_2,则该混合物的 LC_{50} 计算如下:

$$\frac{1}{(LC_{50})_{mix}} = \frac{90}{100}\times\frac{1}{1068} + \frac{10}{100}\times\frac{1}{126} = 1.636\times10^{-3}(m^3/mg)$$

$$(LC_{50})_{mix} = 611.2(mg/m^3)$$

(2) 经口、经皮急性毒性　若各组分 LD_{50} 均已知,可通过式(3-3)计算:

$$\frac{1}{(LD_{50})_{mix}} = \sum_{i=1}^{n}\left(\frac{P}{LD_{50}}\right) \tag{3-3}$$

式中　P——组分的质量分数。

例如，已知 4-甲酚、2-甲酚的 LD_{50}（大鼠经口）分别为 207mg/kg 和 121mg/kg。若 4-甲酚中含 5%的 2-甲酚，则该混合物的 LD_{50} 计算如下：

$$\frac{1}{(LD_{50})_{mix}} = \frac{95}{100} \times \frac{1}{207} + \frac{5}{100} \times \frac{1}{121} = 5.003 \times 10^{-3} (kg/mg)$$

$$(LD_{50})_{mix} = 199.9 (mg/kg)$$

由此得到 LD_{50}、LC_{50} 数据，结合由试验得到的燃爆数据，根据《化学品分类和危险性公示 通则》（GB 13690—2009）即可对该混合物进行分类。

四、危险化学品的标志

危险化学品的种类、数量较多，危险性也各异，为了便于危险化学品的运输、储存及使用安全，有必要对危险化学品进行标识。危险化学品的安全标志是通过图案、文字说明、颜色等信息鲜明、形象、简单地表征危险化学品危险特性和类别，向作业人员传递安全信息的警示性资料。

《化学品分类和危险性公示通则》（GB 13690—2009）中规定了下列危险符号是 GHS 中应当使用的标准符号，如图 3-11 所示。

图 3-11　GHS 中应当使用的危险化学品标准符号

GHS 使用的所有危险象形图都应是设定在某一点的方块形状,应当使用黑色符号加白色背景,红框要足够宽,以便醒目,如图 3-12 所示。

图 3-12　GHS 象形图示例

第二节　化学品安全技术说明书与安全标签

《危险化学品安全管理条例》第十五条规定:危险化学品生产企业应当提供与其生产的危险化学品相符的化学品安全技术说明书,并在危险化学品包装(包括外包装件)上粘贴或者拴挂与包装内危险化学品相符的化学品安全标签。化学品安全技术说明书和化学品安全标签所载明的内容应当符合国家标准的要求。

危险化学品生产企业发现其生产的危险化学品有新的危险特性的,应当立即公告,并及时修订其化学品安全技术说明书和化学品安全标签。

一、化学品安全技术说明书

1. 化学品安全技术说明书的概念

化学品安全技术说明书（MSDS），提供了化学品（物质或混合物）在安全、健康和环境保护等方面的信息，推荐了防护措施和紧急情况下的应对措施。

2. 化学品安全技术说明书的主要作用

MSDS 是化学品的供应商向下游用户传递化学品基本危害信息（包括运输、操作处置、储存和应急行动信息）的一种载体。同时 MSDS 还可以向公共机构、服务机构和其他涉及该化学的相关方传递这些信息。

MSDS 中的每项内容都能使下游用户对安全、健康和环境采取必要的防护或保护措施。

MSDS 作为最基础的技术文件，主要用途是传递安全信息，其主要作用体现在以下几点：

① 是化学品安全生产、安全流通、安全使用的指导性文件。
② 是应急作业人员进行应急作业时的技术指南。
③ 为危险化学品生产、处置、储存和使用各环节制定安全操作规程提供技术信息。
④ 是化学品登记注册的主要基础文件和基础资料。
⑤ 是企业安全生产教育的主要内容。

化学品安全技术说明书不可能将所有可能发生的危险及安全使用的注意事项全部表示出来，因为作业场所情形各异，所以 MSDS 仅是用以提供化学商品基本安全信息，并非产品质量的担保。

3. 化学品安全技术说明书的内容

根据 2009 年 2 月 1 日实施新修订的国家标准《化学品安全技术说明书　内容和项目顺序》（GB/T 16483—2008），化学品安全技术说明书将按照下面 16 部分提供化学品的信息。每部分的标题、编号和前后顺序不应随意变更。

第 1 部分：化学品及企业标识

该部分主要标明化学品的名称，且应与安全标签上的名称一致，建议同时标注供应商的产品代码。

应标明供应商的名称、地址、电话号码、应急电话、传真和电子邮件地址。该部分还应说明化学品的推荐用途和限制用途。

第 2 部分：危险性概述

该部分应标明化学品主要的物理和化学危险性信息，以及对人体健康和环境影响的信息，如果该化学品存在某些特殊的危险性质，也应在此处说明。

如果已经根据联合国全球化学品统一分类和标签制度（GHS）对化学品进行了危险性分类。应标明 GHS 危险性类别，同时应注明 GHS 的标签要素。如象形图或符号、防范说明、危险信息和警示词。象形图或符号如火焰、骷髅和交叉骨可以用黑白颜色表示。GHS 分类未包括的危险性（如粉尘爆炸）也应在此处注明。应注明人员接触后的主要症状及应急综述。

第 3 部分：成分/组成信息

该部分应注明该化学品是物质还是混合物。如果是物质，应提供化学名或通用名、CAS 登录号（美国化学会的下设组织化学文摘社为每种物质分配的编号，以下简称 CAS 号）及其他标识符。

如果某种物质按 GHS 分类标准分类为危险化学品，则应列明包括对该物质的危险性分类产生影响的杂质和稳定剂在内的所有危险组分的化学名或通用名以及浓度或浓度范围。

如果是混合物，不必列明所有组分。如果按 GHS 标准被分类为危险的组分，并且其含量超过了浓度限值，应列明该组分的名称信息、浓度或浓度范围。对已经识别出的危险组分，也应该提供被识别为危险组分的那些组分的化学名或通用名、浓度或浓度范围。

第 4 部分：急救措施

该部分应说明必要时应采取的急救措施及应避免的行动，此处填写的文字应该易于被受害人和（或）施救者理解。

根据不同的接触方式将信息细分为吸入、皮肤接触、眼睛接触和食入。

该部分应简要描述接触化学品后的急性和迟发效应、主要症状和对健康的主要影响，详细资料可在第 11 部分列明。

如有必要，本项应包括对保护施救者的忠告和对医生的特别提示。如有必要，还要给出及时的医疗护理和特殊的治疗。

第 5 部分：消防措施

该部分应说明合适的灭火方法和灭火剂，如有不合适的灭火剂也应在此处标明。应标明化学品的特别危险性（如产品是危险的易燃品）。标明特殊灭火方法及能保护消防人员的特殊的防护装备。

第 6 部分：泄漏应急处理

该部分应包括以下信息：

① 作业人员防护措施、防护装备和应急处置程序。

② 环境保护措施。

③ 泄漏化学品的收容、清除方法及所使用的处置材料（如果和第 13 部分不同，列明恢复、中和和清除方法）。提供防止发生次生危害的预防措施。

第 7 部分：操作处置与储存

操作处置应描述安全处置注意事项，包括防止人员接触、防止发生火灾和爆炸的技术措施和提供局部或全面通风、防止形成气溶胶和粉尘的技术措施等。还应包括防止直接接触不相容物质或混合物的特殊处置注意事项。

储存应描述安全储存的条件（适合的储存条件和不适合的储存条件）、安全技术措施、同禁配物隔离储存的措施、包装材料信息（建议的包装材料和不建议的包装材料）。

第 8 部分：接触控制和个体防护

此部分须列明容许浓度，如职业接触限值或生物限值。列明减少接触的工程控制方法，该信息是对第 7 部分内容的进一步补充，如果可能，列明容许浓度的发布日期、数据出处试验方法及方法来源。列明推荐使用的个体防护设备，例如呼吸系统防护、手防护、眼睛防护、皮肤和身体防护。标明防护设备的类型和材质。

化学品若只在某些特殊条件下才具有危险性，如量大、高浓度、高温、高压等，应标明这些情况下的特殊防护措施。

第 9 部分：理化特性

该部分应提供以下信息：化学品的外观与性状（如物态、形状和颜色）；气味；pH 值，并指明浓度；熔点/凝固点；沸点、初沸点和沸程；闪点；燃烧上下极限或爆炸极限；蒸气压；

蒸气密度；密度/相对密度；溶解性；n-辛醇/水分配系数；自燃温度；分解温度。

如果有必要，应提供下列信息：气味阈值；蒸发速率；易燃性（固体、气体）。也应提供化学品安全使用的其他资料。必要时，应提供数据的测定方法。

第10部分：稳定性和反应性

该部分应描述化学品的稳定性和在特定条件下可能发生的危险反应。应包括以下信息：应避免的条件（如静电、撞击或震动）；不相容的物质；危险的分解产物，一氧化碳、二氧化碳和水除外。

填写该部分时应考虑提供化学品的预期用途和可预见的错误用途。

第11部分：毒理学信息

该部分应全面、简洁地描述使用者接触化学品后产生的各种毒性作用（健康影响）。应包括以下信息：急性毒性；皮肤刺激或腐蚀；眼睛刺激或腐蚀；呼吸或皮肤过敏；生殖细胞突变性；致癌性；生殖毒性；特异性靶器官系统毒性一次性接触；特异性靶器官系统毒性反复接触；吸入危害。还可以提供下列信息：毒代动力学、代谢和分布信息，如果可能，分别描述一次性接触、反复接触与连续接触所产生的毒作用；迟发效应和即时效应应分别说明。潜在的有害效应，应包括与毒性值（例如急性毒性估计值）测试观察到的有关症状、理化和毒理学特性。应按照不同的接触途径（如吸入、皮肤接触、眼睛接触、食入）提供信息。

如果可能，提供更多的科学实验数据或结果，并标明引用文献资料的来源。如果混合物没有作为整体进行毒性试验，应提供每个组分的相关信息。

第12部分：生态学信息

该部分提供化学品的环境影响、环境行为和归宿方面的信息，例如：化学品在环境中的预期行为，可能对环境造成的影响/生态毒性；持久性和降解性；潜在的生物累积性以及土块中的迁移性。

如果可能，提供更多的科学实验数据或结果，并标明引用文献资料来源。如果可能，提供任何生态学限值。

第13部分：废弃处置

该部分包括推荐的安全和有利于环境保护的废弃处置方法信息。这些处置方法适用于化学品（残余废弃物），也适用于任何受污染的容器和包装。

提醒下游用户注意当地废弃物处置的相关法规。

第14部分：运输信息

该部分包括国际运输法规规定的编号与分类信息，这些信息应根据不同的运输方式，如陆运、海运和空运进行区分。

应包含这些信息：联合国危险货物编号（UN号）；联合国运输名称；联合国危险性分类；包装组（如果可能）以及海洋污染物（是/否）。提供使用者需要了解或遵守的其他与运输或运输工具有关的特殊防范措施。

可增加其他相关法规的规定。

第15部分：法规信息

该部分应标明使用本MSDS的国家或地区中，管理该化学品的法规名称。提供与法律相关的法规信息和化学品标签信息。

提醒下游用户注意当地废弃处置法规。

第16部分：其他信息

该部分应进一步提供上述各项未包括的其他重要信息。例如，可以提供需要进行的专业培训、建议的用途和限制的用途等。

参考文献可在本部分列出。

4. 化学品安全技术说明书的编写规定

化学品安全技术说明书共 16 部分内容，要求在 16 部分下面填写相关的信息，该项如果无数据，应写明无数据原因。16 部分中，除第 16 部分"其他信息"外，其余部分不能留下空项。可以对 16 部分根据内容细分出小项，这些小项不编号。16 部分要清楚地分开，大项标题和小项标题的排版要醒目。

MSDS 的每一页都要注明该种化学品的名称，名称应与标签上的名称一致，同时注明日期和 MSDS 编号。日期是指最后修订的日期。页码中应包括总的页数，或者显示总页数的最后一页。

MSDS 中包含的信息是与组成有关的非机密信息，当化学品是一种混合物时，没有必要编制每个相关组分的单独的 MSDS，编制和提供混合物的 MSDS 即可。当某种成分的信息不可缺少时，应提供该成分的 MSDS。

编写时还需注意：

① 化学品的名称应该是化学名称或用在标签上的化学品的名称，如果化学名称太长，增写名称应在第 1 部分或第 3 部分描述。

② MSDS 编号和修订日期（版本号）写在 MSDS 的首页，每页可填写 MSDS 编号和页码。

③ 第 1 次修订的修订日期和最初编制日期应写在 MSDS 的首页。

MSDS 正文的书写应该简明、扼要、通俗易懂，推荐采用常用词语，MSDS 应该使用用户可接受的语言书写。

5. 企业对化学品安全技术说明书的管理要求

（1）危险化学品生产企业　生产企业既是化学品的生产商，又是化学品使用的主要用户，对化学品安全技术说明书的编写和供给负有最基本的责任。

① 作为用户的一种服务，生产企业必须按照国家法规编写符合标准要求的 MSDS，全面详实地向用户提供有关化学品的安全卫生信息。

② 有责任确保接触化学品的作业人员能方便地查阅相关物质的 MSDS。

③ 有责任确保接触化学品的作业人员已接受过专业培训教育，能正确掌握安全使用、储存和处理的操作程序和方法。

④ 有责任在紧急事态下，向医生和护士提供涉及商业秘密的有关医疗信息。

⑤ 负责更新本企业产品的 MSDS（规定要求 5 年一更新）。

（2）危险化学品使用企业

① 向供应企业索取最新版本的 MSDS。

② 评审从供应商处索取的 MSDS，针对本企业的应用情况补充新的内容，如实填写日期。

③ 对生产企业修订后的 MSDS，应用部门应及时索取，根据生产实际所需，务必向生产企业提供增补化学品安全技术说明书内容的详细资料，并据此提供修改本企业危险化学品生产的安全技术操作规程。

(3) 危险化学品经营企业

① 经营化学品的企业所经营的化学品必须附有 MSDS，作为一种服务提供给用户。

② 经营进口化学品的企业应负责向供应商、进口商索取最新版本的中文 MSDS，随商品提供给用户。

6. 危险化学品安全技术说明书示例

为了说明编写方法，下面以苯的安全技术说明书进行具体说明，但该实例并不是编写样本，仅提供参考。

危险化学品安全技术说明书（苯）

第一部分　化学品及企业标识

化学品中文名称：苯
化学品英文名称：benzene
分子式：C_6H_6　　　　　　　　　分子量：78.12
企业名称：××××
地址：××××
邮编：××××
企业应急电话：××××
安全技术说明书编码：××××
生效日期：　　年　月　日

第二部分　危险性概述

危险性类别：第 3 类，易燃液体。

侵入途径：吸入、食入、经皮肤吸收。

健康危害：高浓度苯对中枢神经系统具有麻醉作用，可引起急性中毒并强烈地作用于中枢神经，很快引起痉挛；长期接触高浓度苯对造血系统有损害，引起慢性中毒。对皮肤、黏膜有刺激、致敏作用，可引起出血性白血病。

燃爆危险：易燃，其蒸气与空气可形成爆炸性混合物，遇明火、高热有燃烧爆炸危险。

第三部分　成分/组成信息

纯品　☑　　　　　　　　混合物　☐
化学品名称：苯
有害物成分：苯　　　　　　　　CAS 号：71-43-2

第四部分　急救措施

皮肤接触：脱去污染的衣着，用肥皂水及清水彻底冲洗皮肤。

眼睛接触：立即翻开上下眼睑，用流动清水或生理盐水冲洗至少 15min，就医。

吸入：迅速脱离现场至空气新鲜处，保持呼吸道通畅，呼吸困难时给输氧，如呼吸及心跳停止，立即进行人工呼吸和心肺复苏，就医，忌用肾上腺素。

食入：饮足量温水，催吐，就医。

第五部分　消防措施

危险特性：其蒸气与空气形成爆炸性混合物，遇明火、高热能引起燃烧爆炸。与氧化剂能发生强烈反应。其蒸气比空气密度大，能在较低处扩散到相当远的地方，遇火源着火回燃。若遇高热，容器内压增大，有开裂和爆炸的危险。流速过快，容易产生和积聚静电。

有害燃烧产物：一氧化碳、二氧化碳。

灭火方法及灭火剂：可用泡沫、二氧化碳、干粉、砂土扑救，用水灭火无效。

第六部分　泄漏应急处理

应急处理：切断火源。迅速撤离泄漏污染区人员至安全地带，并进行隔离，严格限制出入。建议应急处理人员戴自给正压式呼吸器，穿防毒服尽可能切断泄漏源。防止进入下水道、排洪沟等限制性空间。

小量泄漏：尽可能将泄漏液收集在密闭容器内，用砂土、活性炭或其他惰性材料吸收残液，也可以用不燃性分散剂制成的乳液刷洗，洗液稀释后放入废水系统。

大量泄漏：构筑围堤或挖坑收容；用泡沫覆盖，降低蒸气灾害；用喷雾状水冷却和稀释蒸气，保护现场人员；用防爆泵转移至槽车或专用收集器内，回收或运至废物处理场所处理。

第七部分　操作处置与储存

操作注意事项：密闭操作，加强通风；操作人员必须经过专门培训，严格遵守操作规程；建议操作人员佩戴自吸过滤式防毒面具（半面罩），戴化学安全防护眼镜，穿防毒物渗透工作服，戴橡胶耐油手套；远离火种、热源，工作场所严禁吸烟；使用防爆型的通风系统和设备；防止蒸气泄漏到工作场所空气中；避免与氧化剂接触；灌装时应注意流速（不超过5m/s），且有接地装置，防止静电积聚；搬运时要轻装轻卸，防止包装及容器损坏；配备相应品种和数量的消防器材及泄漏空气中浓度超标时，建议佩戴过滤式防毒面具（半面罩）；紧急事态抢救或撤离时，应备有应急处理设备；倒空的容器可能残留有害物。

储存注意事项：储存于阴凉、通风库房；远离火种、热源；仓温不宜超过30℃，保持容器密封；应与氧化剂、食用化学品分开存放，切忌混储；采用防爆型照明、通风设施；禁止使用易产生火花的机械设备和工具。储区应备有泄漏应急处理设备和合适的收容材料。

第八部分　接触控制和个体防护

最高容许浓度（MAC）：中国 40mg/m^3（皮肤）。

监测方法：现场应急监测方法为水质检测管法、气体检测管法、便携式气相色谱法、快速检测管法。实验室监测方法为气相色谱法、色谱/质谱法。

工程控制：生产过程密闭，加强通风。提供安全淋浴和洗眼设备。

呼吸系统防护：空气中浓度超标时，佩戴自吸过滤式防毒面具（半面罩）。紧急事态抢救或撤离时，应该佩戴空气呼吸器或氧气呼吸器。

眼睛防护：戴化学安全防护眼镜。

身体防护：穿防毒物渗透工作服。

手防护：戴橡胶耐油手套。

其他防护：工作现场禁止吸烟、进食和饮水。工作前避免饮用酒精性饮料，工作后淋浴更衣。进行就业前和定期的体检。

第九部分　理化特性

外观与性状：无色透明液体，有强烈芳香味。

熔点/℃：5.5。

相对密度（水为1）：0.88。

沸点/℃：80.1。

相对蒸气密度（空气为1）：2.77。

饱和蒸气压/kPa：13.33（26.1℃）。

燃烧热/（kJ/mol）：3264.4。

临界温度/℃：289.5。

临界压力/MPa：4.92。

闪点/℃：-11。

爆炸上限（体积分数）/%：8。

引燃温度/℃：562。

爆炸下限（体积分数）/%：1.2。

最小点火能/mJ：0.20。

最大爆炸压力/MPa：0.880。

溶解性：微溶于水，可与醇、醚、丙酮、二硫化碳、四氯化碳、乙酸等混溶。

主要用途：用作溶剂及合成苯的衍生物，如香料、染料、塑料、医药、炸药、橡胶等。

第十部分　稳定性和反应性

稳定性：稳定。

禁配物：强氧化剂。

避免接触的条件：明火、高热。

聚合危害：不聚合。

分解产物：一氧化碳、二氧化碳。

第十一部分　毒理学资料

急性毒性：LD_{50} 为 3306mg/kg（大鼠经口）、48mg/kg（小鼠经皮）；LC_{50} 为 31900mg/m³，7h（大鼠吸入）。

急性中毒：轻者有头痛、头晕、恶心、呕吐、轻度兴奋、步态蹒跚等酒醉状态；严重者发生昏迷、抽搐、血压下降，以致呼吸和循环衰竭而死亡。

慢性中毒：主要表现有神经衰弱综合征；造血系统改变；白细胞、血小板减少，重者出现再生障碍性贫血；少数病例在慢性中毒后可发生白血病（以急性粒细胞性为多见）。皮肤损害有脱脂、干燥、皲裂、皮炎。可致月经量增多与经期延长。

亚急性和慢性毒性：家兔吸入 10mg/m^3，数天到几周，引起白细胞减少，淋巴细胞百分比相对增加。慢性中毒动物造血系统改变，严重者骨髓再生不良。

刺激性：家兔经眼 2mg（24h），重度刺激；家兔经皮 500mg（24h），中度刺激。

致敏性：无资料。

致突变性：DNA 抑制表现为人的白细胞为 2200μmol/L；姊妹染色单体交换表现为人的淋巴细胞为 200μmol/L。

致畸性：大鼠（孕 7～14d）吸收最低中毒浓度为 150mg/（L·24h），引起植入后死亡率增加和骨髓肌肉发育异常。

致癌性：国际癌症研究中心（IARC）已确认为致癌物。男性吸入最低中毒浓度为 200mg/[m^3·78 周（间歇）]，致癌，引起白血病和血小板减少。人吸入最低浓度为 10mg/[L·8h（10 周，间歇）]，致癌，引起内分泌肿瘤和白血病。

第十二部分　生态学资料

环境危害：该物质对环境有危害，应特别注意对水体的污染。

生态毒性：梨形四膜虫 LC_{100} 为 12.8mg/（L·24h）；小长臂虾 LC_{50} 为 27mg/（L·96h）；褐虾 LC_{50} 为 20mg/（L·96h）；黄道蟹的蚤状幼蟹 LC_{50} 为 108mg/（L·96h）；一年的欧鳟 LC_{50} 为 12mg/（L·1h）；虹鳞 LC_{50} 为 63mg/（L·14d）；条纹石鲵 LC_{50} 为 5.8～10.9mg/（L·96h）；孵化后 3～4 周的墨西哥蝾螈 LC_{50} 为 370mg/（L·48h）；孵化后 3～4 周的滑抓蟾 LC_{50} 为 90mg/（L·148h）；金鱼 LD_{50} 为 46mg/（L·24h）；蓝鳃太阳鱼为 20mg/（L·1448h）；蓝鳃太阳鱼 LD_{100} 为 34mg/（L·24h）或 60mg/（L·2h）；海虾 TL_m 为 66～21mg/[L·（24h、48h）]；黑头软口鲦 TL_m 为 35.5～33.5mg/[L·（24h，96h）软水]，24.4～32mg/[L·（24h，96h）硬水]；蓝鳃太阳鱼 TL_m 为 22.5mg/[L·（24h，96h，软水）]；金鱼 TL_m 为 34.4mg/[L·（24h，96h，软水）]；虹缚 TL_m 为 36.6mg/[L·（24h、96h，软水）]；食蚊鱼 TL_m 为 395mg/[L·（24h，96h）]。

生物降解性：初始浓度为 20mg/L，1 周、5 周和 10 周内分别降解 24%、41% 和 47%（在棕壤中）；低浓度下，6～14d 去除率为 44%～100%（在污水处理）。

非生物降解性：光降解半衰期为 13.5d（计算）或 17d（实验）。

生物富集或生物积累性 BCF：日本鳗鲡为 3.5；大西洋鲱为 4.4。

富集系数：3.5～24。

代谢：苯在大鼠体内的代谢产物为苯酚、氢醌、儿苯酚、羟基氯醌及苯巯基尿酸。有报道显示苯在人体内可氧化为无毒的己二烯二酸和非常有毒的酚、邻-苯二酚、对-苯二酚和 1,2,4-苯三酚。

残留与蓄积：进入人体的苯可迅速排出，主要途径是通过呼吸与尿液排出。当人体苯中毒时在尿中立即可发现上述酚类，其排泄极快，吸入苯后最多在 2h 以内，尿中就可发现苯的代谢物，此外，一部分酚类也以有机硫酸盐类的形式排出。在人体保留苯的研究中，Nomiyama 等（1974）报道连续接触含苯浓度 180～215mg/m^3 的空气 4h，人体可保留 30% 的苯。Hunter 和 Blair 报道连续接触含苯浓度为 80～100mg/m^3 的空气 6h，人体可保留230mg的苯。已证明了3-氯基-1,2,4-三唑能抑制苯的代谢。苯能积蓄于鱼的肌肉与肝中，但一旦脱离苯污染的水体，鱼体内苯排出也比较快。

迁移转化：苯从焦炉气和焦油分馏、裂解石油等制取，也可人工合成如乙炔合成苯。苯广泛地应用在化工生产中，它是制造染料、香料、合成纤维、合成洗涤剂、聚苯乙烯塑料、丁苯橡胶、炸药、农药杀虫剂等的基本原料。它也是制造油基漆、硝基漆等的原料。作为溶剂，它在医药工业中用作提取生药，橡胶加工中用作黏合剂的溶剂，印刷、油墨、照相制版等行业也常用苯作溶剂。所有机动车辆汽油中，都含有大量的苯，一般在5%左右，而特制机动车辆燃料中，含苯量高达30%。在汽油加油站和槽车装卸站的空气中，苯平均浓度为0.9~7.2mg/m^3（加油站）和0.9~19.1mg/m^3（装汽油时）。苯主要通过化工生产的废水和废气进入水环境和大气环境。在焦化厂废水中苯的浓度为100~160mg/L范围内。由于苯微溶于水，在自然界也能通过蒸发和降水循环，最后挥发至大气中被光解，这是主要的迁移过程。另外的转移转化过程包括生物降解和化学降解，但这种过程的速率比挥发过程的速率低。

第十三部分 废弃处置

废弃物性质：危险废弃物。

废弃物处置方法：废料可在被批准的溶剂焚化炉中烧掉。遵守环境保护法规。

第十四部分 运输信息

危险货物编号：32050。

UN编号：1114。

包装类别：Ⅱ。

包装标志：7。

包装方法：小开口钢桶；螺纹口玻璃瓶、铁盖压口玻璃瓶、塑料瓶或金属桶（罐）外普通木箱。

运输注意事项：夏季应早晚运输，防止日光曝晒。运输按规定路线行驶。

第十五部分 法规信息

《危险化学品安全管理条例》《工作场所安全使用化学品规定》等法规，针对危险化学品的安全生产、使用、储存、运输、装卸等方面均做了相应规定；《危险货物分类和品名编号》（GB 6944—2012），将其划为第3类，易燃液体。

第十六部分 其他信息

填表时间：×××　　　填表部门：×××　　　审核人：×××

二、危险化学品安全标签

1. 危险化学品安全标签

危险化学品安全标签是针对危险化学品而设计，用于提示接触危险化学品的人员的一种标识。它用简单、明了、易于理解的文字、图形符号和编码的组合形式表示该危险化学品所具有的危险性、安全使用的注意事项和防护的基本要求。根据使用场合的不同，危险化学品安全标签又分供应商标签、作业场所标签和实验室标签。

危险化学品的供应商安全标签是指危险化学品在流通过程中由供应商提供的附在化学品包装上的安全标签。作业场所安全标签又称工作场所"安全周知卡"，是用于作业场所，提示该场所使用的化学品特性的一种标识。实验室用化学品由于用量少、包装小，而且一部分是自备自用的化学品，因此实验室安全标签比较简单。供应商安全标签是应用最广的一种安全标签。

《化学品安全标签编写规定》（GB 15258—2009）对市场上流通的化学品通过加贴标签的形式进行危险性标识，提出安全使用注意事项，向作业人员传递安全信息，以预防和减少化学危害，达到保障安全和健康的目的。

2. 化学品安全标签的内容

《化学品安全标签编写规定》规定化学品标签应包括化学品标识、象形图、信号词、危险性说明、防范说明、供应商标识、应急咨询电话、资料参阅提示语、危险信息的先后排序等内容，具体内容如下。

（1）化学品标识　用中文和英文分别标明化学品的化学名称或通用名称。名称要求醒目清晰，位于标签的上方。名称应与化学品安全技术说明书中的名称一致。

对混合物应标出对其危险性分类有贡献的主要组分的化学名称或通用名、浓度或浓度范围。当需要标出的组分较多时，组分个数以不超过 5 个为宜。对于属于商业机密的成分可以不标明，但应列出其危险性。

（2）象形图　指由图形符号及其他图形要素，如边框、背景图案和颜色组成，表述特定信息的图形组合。采用《化学品分类和标签规范》（GB 30000—2013）规定的象形图，如图 3-12 所示。

（3）信号词　指标签上用于表明化学品危险性相对严重程度和提醒接触者注意潜在危险的词语。根据化学品的危险程度和类别，用"危险""警告"两个词分别进行危害程度的警示，信号词位于化学品名称的下方，要求醒目、清晰。根据《化学品分类和标签规范》选择不同类别危险化学品的信号词。

（4）危险性说明　指对危险种类和类别的说明，描述某种化学品的固有危险，必要时包括危险程度。此部分要简要概述化学品的危险特性。居信号词下方，根据《化学品分类和标签规范》，选择不同类别危险化学品的危险性说明。

（5）防范说明　表述化学品在处置、搬运、储存和使用作业中所必须注意的事项和发生意外时简单有效的救护措施等，要求内容简明扼要、重点突出。该部分应包括安全预防措施、意外情况（如泄漏、人员接触或火灾等）的处理、安全储存措施及废弃处置等内容。

（6）供应商标识　供应商名称、地址、邮编和电话等。

（7）应急咨询电话　填写化学品生产商或生产商委托的 24h 化学事故应急咨询电话。国外进口化学品安全标签上应至少有一家中国境内的 24h 化学事故应急咨询电话。

（8）资料参阅示语　提示化学品用户应参阅化学品安全技术说明书。

（9）危险信息先后排序　当某种化学品具有两种及两种以上的危险性时，安全标签的象形图、信号词、危险性说明的先后顺序规定如下。

① 象形图先后顺序。物理危险象形图的先后顺序，根据《危险货物品名表》（GB 12268—2012）中的主次危险性确定，未列入《危险货物品名表》的化学品，以下危险性类别的危险性总是主危险：爆炸物、易燃气体、易燃气溶胶、氧化性气体、高压气体、自反应物质和混合物、发火物质、有机过氧化物。其他主危险性的确定按照联合国《关于危险货物运输的建议书 规章范本》危险性先后顺序确定方法确定。

对于健康危害，按照以下先后顺序：如果使用了骷髅和交叉骨图形符号，则不应出现感叹号图形符号，如果使用了腐蚀图形符号，则不应出现感叹号来表示皮肤或眼睛刺激；如果使用了呼吸致敏物的健康危害图形符号，则不应出现感叹号来表示皮肤致敏物或者皮肤/眼睛刺激。

② 信号词先后顺序。存在多种危险性时，如在安全标签上选用了信号词"危险"，则不应出现信号词"警告"。

③ 危险性说明先后顺序。所有危险性说明都应当出现在安全标签上，按物理危险、健康危害、环境危害顺序排列。

3. 危险化学品安全标签的编写

标签正文应使用简洁明了、易于理解、规范的汉字表述，也可以同时使用少数民族文字或外文，但意义必须与汉字相对应，字形应小于汉字。相同的含义应用相同的文字和图形表示。

标签内象形图的颜色一般使用黑色图形符号加白色背景，方块边框为红色。正文应使用与底色反差明显的颜色，一般采用黑白色。若在国内使用，方块边框可以为黑色。

对不同容量的容器或包装，标签最低尺寸如表 3-32 所示。

表 3-32 标签最低尺寸

容器或包装容器/L	标签尺寸/mm×mm	容器或包装容器/L	标签尺寸/mm×mm
≤0.1	使用简化标签	>50～≤500	100×150
>0.1～≤3	50×75	>500～≤1000	150×200
>3～≤50	75×100	>1000	200×200

注：对下小于或等于 100mL 的化学品小包装，为方便标签使用，安全标签要素可以简化，包括化学品标识、象形图、信号词、危险性说明、应急咨询电话、供应商名称及联系电话，资料参阅提示语即可。

标签的印刷要求标签的边缘要加一个黑色边框，边框外应留大于或等于 3mm 的空白，边框宽度大于或等于 1cm。象形图必须从较远的距离、在烟雾条件下或容器部分模糊不清的条件下也能被看到，标签的印刷应清晰，所使用的印刷材料和胶黏材料应具有耐用性和防水性。

4. 危险化学品安全标签的使用

（1）危险化学品安全标签的使用方法　安全标签应粘贴、拴挂或喷印在化学品包装或容器的明显位置。当与运输标志组合使用时，运输标志可以放在安全标签的另一面版，将之与其他信息分开。也可放在包装上靠近安全标签的位置，后一种情况下，若安全标签中的象形图与运输标志重复,安全标签中的象形图应删掉。对组合容器。要求内包装加贴(挂)安全标签,外包装上加贴运输象形图,如果不需要运输标志时也可以加贴安全标签。

(2)危险化学品安全标签的位置 安全标签的粘贴、喷印位置规定如下:
① 桶、瓶形包装:位于桶、瓶侧身;
② 箱状包装:位于包装端面或侧面明显处;
③ 袋、捆包装:位于包装明显处。

(3)危险化学品安全标签在使用过程中应注意的事项
① 安全标签的粘贴、拴挂或喷印应牢固,保证在运输、储存期间不脱落,不损坏。
② 安全标签应由生产企业在货物出厂前粘贴、拴挂或喷印。若要改换包装,则由改换包装单位重新粘贴、拴挂或喷印标签。
③ 盛装危险化学品的容器或包装,在经过处理并确认其危险性完全消除之后,方可撕下安全标签,否则不能撕下相应的标签。

5. 危险化学品安全标签样例

图 3-13 为危险化学品安全标签样例,图 3-14 为危险化学品简化标签样例。

化学品名称 A组分:40%;B组分:60%

极易燃液体和蒸气,食入致死,对水生生物毒性非常大

【预防措施】
(1)远离热源、火花、明火、热表面。使用不产生火花的工具作业。
(2)保持容器密闭。
(3)采取防止静电措施,容器和接收设备接地、连接。
(4)使用防爆电器、通风、照明及其他设备。
(5)戴防护手套、防护眼镜、防护面罩。
(6)操作后彻底清洗身体接触部位。
(7)作业场所不得进食、饮水或吸烟。
(8)禁止排入环境。

【事故响应】
(1)如皮肤(或头发)接触:立即脱掉所有被污染的衣服。用水冲洗皮肤、淋浴。
(2)食入:催吐,立即就医。
(3)收集泄漏物。
(4)火灾时,使用干粉、泡沫、一氧化碳灭火。

【安全储存】
(1)在阴凉、通风良好处储存。
(2)上锁保管。

【废弃处置】
本品或其容器采用焚烧法处置。

请参阅化学品安全技术说明书

供应商:××× 电话:×××
地 址:××× 邮编:×××
化学事故应急咨询电话:×××

图 3-13 危险化学品安全标签样例

图 3-14　危险化学品简化标签样例

6. 企业对危险化学品标签的管理要求

（1）危险化学品生产企业　必须确保本企业生产的危险化学品在出厂时，在每个容器或每层包装上都加贴符合国家标准的安全标签，使化学品供应和使用的每一阶段，均能在容器或包装上看到化学品的识别标志。在获得新的有关安全和健康的资料后，应及时修正危险化学品安全标签。

确保所有工人都经过专门的培训教育，能正确识别安全标签的内容，对化学品进行安全使用和处置。

（2）危险化学品使用单位　使用的危险化学品应有安全标签。并应对包装上的安全标签进行核对。若安全标签脱落或损坏，经检查确认后应立即补贴。

购进的化学品进行转移或分装到其他容器内时，转移或分装后的容器应贴安全标签。

确保所有工人都经过专门的培训教育，能正确识别标签的内容，对化学品进行安全使用和处置。

（3）危险化学品经销、运输单位　经销单位经营的危险化学品必须具有安全标签。进口的危险化学品必须具有符合我国标签标准的中文安全标签。运输单位对无安全标签的危险化学品一律不能承运。

第三节　常见危险化学品安全信息的获取渠道

安全生产信息主要来自国家安全生产监督管理局政府网站、各省政府网站，各有关大专院校、科研单位、设计单位、专业信息公司以及国外相关行业等网站，订阅报刊、开展调研、参加会议（包括展览会、论坛、研讨会）等。其中，从各种网站获取安全相关信息是最方便快捷的方式。

一、国外危险化学品安全相关网站

国外危险化学品安全的相关网站名称如下：

国际劳工组织网站；国际安全健康委员会；英国健康与安全管理；加拿大职业安全健康中心；日本工业安全与健康协会；美国化学安全和危害调查局；美国职业安全局。

二、国内危险化学品安全相关网站

1. 政府类网站

（1）应急管理部网站　中华人民共和国应急管理部是国务院主管安全生产综合监督管理和灾害防治的直属机构。在其网站不仅可以查到相应的法律法规、事故通报等，还可以进行危险化学品和危险化学品相关标准的查询。查询服务界面如图3-15所示。

图3-15　应急管理部查询服务界面

（2）应急管理部化学品登记中心网站　应急管理部化学品登记中心为国家危险化学品安全管理提供技术支持。具体业务范围包括企业危险化学品登记注册技术支持；企业化学品安全技术说明书和安全标签编写指导；国家危险化学品管理数据库和化学事故应急咨询网络建设；《危险化学品登记证》颁发；国家危险化学品安全公共服务互联网平台建设；化学品和货物检验检测；化学品和化学品废弃物危险性评估、鉴定与分类；相关安全风险评估与控制技术推广应用及相关技术培训和咨询服务。其中的国家危险化学品安全公共服务互联网平台可为公众提供化学品安全信息查询服务，具体查询界面如图3-16所示。

此外，还有一些相关政府类网站，如：

国家应急管理宣教网；中国安全生产协会；中国化学品安全协会；中国安全生产科学研究院；香港职业安全健康局；全国中毒控制中心网；北京市消防局；中国职业安全健康协会。

图 3-16　国家危险化学品安全公共服务互联网平台

2. 专业类网站

中国安全网；安全文化网；中国安全生产杂志；中国安全生产网；化工安全与环境；化搜网。

本章小结　本章第一节主要介绍了危险化学品的两种不同的分类标准、危险化学品的辨识方法以及危险化学品的安全标志；第二节主要介绍了化学品安全技术说明书与安全标签相关的知识；第三节主要介绍了常用的危险化学品安全信息的获取渠道。通过实例的展示，可以帮助学习者深入学习和掌握相关的知识点。

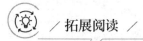拓展阅读

江苏某药业有限公司"3·7"爆炸事故案例

一、事故概况

2019 年 3 月 6 日，江苏某药业有限公司白班（6 日 8:00—20:00）人员陈某玲、张某于 9 时许，按照主管王某宁的要求，到合成车间合成二线分次用塑料桶将阿昔莫司合成母液拖运至发酵车间，装入谷氨酰胺线浓缩罐中进行浓缩，首次浓缩母液约 2600L。10 时许开始浓缩，

至晚上20时许浓缩锅内剩余浓缩液约1300L。当日晚20时白班人员陈某玲、张某与夜班（6日20:00～7日8:00）人员施某群、冯某龙交接班，交接班期间，显示设备无异常。接班后，施某群、冯某龙按主管王某宁要求在浓缩罐继续运行情况下，到合成二线将约1200L的阿昔莫司合成母液拖运至发酵车间，用真空负压抽入浓缩罐继续浓缩。3月7日上午8时许，施某群、冯某龙与3月7日白班工作人员房某平、陈某交接班。交接班时浓缩罐内剩余浓缩液约1100L。交接班期间，显示设备无异常。

7日上午10时47分许，房某平拎着4个空塑料桶、陈某拎着2个空塑料桶，进入合成车间的谷氨酰胺生产线，王某宁随后进入。10时53分许浓缩罐上方喷射出水雾状白色气体约7秒，随即发生了爆炸。该起事故造成3人死亡、7人受伤，部分设备损坏和房屋倒塌，直接经济损失约842万元。

二、事故原因和事故性质

1. 事故发生的直接原因

该公司合成二线为了提高原料利用效率，在没有进行论证和风险评估的情况下，利用现有的谷氨酰胺生产线上的不锈钢浓缩罐，并参照谷氨酰胺生产过程的浓缩工艺对阿昔莫司合成母液进行浓缩，浓缩岗位当班操作人员浓缩阿昔莫司合成母液过程中，浓缩时间过长，使罐内物料（包括阿昔莫司、阿昔莫司合成原料5-甲基吡嗪-2-羧酸和双氧水等）温度、浓度升高，产生激烈化学反应，引发爆炸。

2. 事故企业存在的主要问题

（1）该公司未严格按照批准的工艺和操作规程进行操作，擅自在阿昔莫司粗品生产增加母液浓缩回收物料过程，未进行工艺安全可靠性论证，利用企业现有的谷氨酰胺生产线上的浓缩罐浓缩阿昔莫司合成母液。

（2）该公司对相关生产工艺及设备管理缺失。作为企业管理人员未认真履行职责，日常管理、检查、隐患排查等制度不落实、不到位，主要负责人及安全管理人员未及时排查和消除生产安全事故隐患，均未发现违规操作行为，致使相关行为未能得到及时纠正和制止。

（3）该公司安全生产管理存在薄弱环节。公司安全生产职责不清，规章制度不健全，责任制不落实，日常管理不规范。公司主要负责人和相关管理人员对该车间生产线的安全生产督促、检查不到位。职工安全意识淡薄，对违规操作的危害和危险性认识不到位。

（4）该公司安全教育和培训制度不落实。对职工未有效开展三级培训，日常教育培训流于形式，培训时间不足，内容缺乏针对性，操作人员普遍缺乏安全生产基本常识和基本操作技能，不清楚本岗位生产过程中存在的安全风险，缺乏相应的防护知识和应对事故的防范能力。

3. 事故性质

经事故调查组调查认定，江苏某药业有限公司"3·7"较大爆炸事故是一起生产安全责任事故。

三、事故防范措施建议

针对这起事故暴露出的突出问题，为深刻吸取事故教训，进一步做好安全生产工作，有效防范类似事故发生，提出如下措施建议：

1. 要进一步强化红线意识

县委县政府及其负有安全生产监管职责的部门要自觉把关于安全发展理念、红线意识、底线思维、责任体系、防控风险等方面的重要指示落实到安全生产的各项工作中，时刻绷紧安全生产这根弦，始终保持清醒头脑，任何时候都不能麻痹大意。要细化措施、落实责任、真抓实干、务求实效。要深刻吸取事故教训，要将此次事故通报给各生产经营单位，做好事故警示教育工作，要以本辖区内的案例来督促企业认真吸取事故教训，督促企业落实安全生产主体责任，防止类似事故发生。

2. 严格落实企业安全生产主体责任

该公司要严格落实安全生产主体责任，要进一步建立健全安全生产管理制度、安全操作规程，严格设备安全管理。要开展职工安全教育培训，特别是要加大操作规程、行业标准、规章制度、现场应急处置、事故预防等方面的教育培训力度，使全体人员掌握相关技能和应急救援知识，不断提升管理人员的安全管理能力、提高职工遇险时的自救和互救能力。要深化安全生产双重预防机制建设，从源头上系统辨识风险、分级管控风险，努力把各类风险控制在安全可靠的范围内，减少和杜绝事故隐患。要扎实排查治理隐患，认真查找管理制度、操作规程、现场管理等方面的漏洞和薄弱环节，尤其是要查处和杜绝擅自改变工艺流程和设备装备的违规行为，并针对查找出的隐患和问题，逐项落实整改措施、责任人、整改时限、资金和预案，一时无法整改的问题，要制定防范和监管措施，时刻跟踪，及时掌控，确保不发生事故。

3. 严格落实属地安全监管责任

县委县政府及其负有安全生产监管职责的部门要建立健全"党政同责、一岗双责、齐抓共管、失职追责"的安全生产责任体系，进一步落实政府属地管理责任、部门监管责任和企业主体责任。要细化工作措施，明确工作标准，分解职责任务，加大检查力度，特别是对所监管的行业领域要实行分层、分级、分类监管，切实提高安全监管的针对性和有效性。要加大事前执法力度，对存在严重违法违规行为和重大事故隐患的企业，要采取上限处罚、停产整顿、关闭取缔、依法追究法律责任等措施，真正罚、停、关一批违法违规企业，起到执法的震慑作用。同时，要采取多种措施，加大安全生产监管人员培训力度，不断提高安全监管人员履职能力。

> 该起事故案例从表面上看，是涉事企业安全管理中存在漏洞，究其根源是对于工艺生产过程中化学品潜在危险性认识的不足，请结合本案例，指出该企业在工艺生产过程中应该针对危险化学品的特性做好哪些工作？

 思考题

1. 什么是危险化学品？所有的化学品都是危险化学品吗？
2. GHS 的含义是什么？
3. 根据《化学品分类和危险性公示 通则》（GB 13690—2009），危险化学品分为几大类？
4. 根据《危险货物分类和品名编号》（GB 6944—2012），危险货物分为几大类？
5. 爆炸品属于危险化学品中的第几类？爆炸品具体可细分为几项？其中的第 2 项是哪一类物质？
6. 危险化学品辨识的依据是什么？危险化学品辨识与分类的一般程序是什么？
7. 为什么要对危险货物（化学品）进行标识？危险货物（化学品）的标志的图形共有多

少种？有多少个名称？其图形分别标示了多少类危险货物的主要性质？

8．危险化学品安全技术说明书的作用是什么？具体都包含哪些内容？

9．什么是危险化学品安全标签？危险化学品安全标签有什么作用？

10．危险化学品安全标签主要包含哪些内容？

11．危险化学品安全标签是如何编写的？如何正确使用危险化学品安全标签？

拓展练习题

一、选择题

1．毒害品和腐蚀品对人体都有一定危害。腐蚀品是通过皮肤接触使人体形成（　　）。
A．化学烫伤　　　　　　B．化学烧伤　　　　　　C．化学灼伤

2．易燃品闪点在28℃以下，气温高于28℃时应（　　）。
A．低温运输　　　　　　B．夜间运输　　　　　　C．晴天运输

3．安全标签用文字、（　　）和编码的组合形式表示化学品的危险性和安全注意事项。
A．图形符号　　　　　　B．数字说明　　　　　　C．危险标识

4．危险化学品安全标签使用注意事项的下列说法中，错误的是（　　）。
A．标签的粘贴、拴挂、喷印应牢固，保证在运输及储存期间不脱落、不损坏
B．标签应由生产企业在货物出厂前粘贴、拴挂、喷印。若要改换包装，则由改换包装单位重新粘贴、拴挂、喷印标签
C．盛装危险化学品的容器或包装，在经过处理并确认其危险性完全消除之后，方可撕下标签，否则不能撕下相应的标签
D．标签附于产品包装容器内，由用户开启使用时粘贴于包装容器外

5．氧化剂系指处于高氧化态，具有强氧化性，易分解出氧和（　　）的物质。
A．热量　　　　　　　　B．热源　　　　　　　　C．热气

6．易燃液体是在常温下极易着火燃烧的液态物质，这类物质大都是（　　）。
A．无机化合物　　　　　B．有机化合物　　　　　C．混合化合物

7．危险化学品常见用途较广的有数千种，其性质各不相同，每一种危险化学品往往具有（　　）。
A．多种危险性　　　　　B．同类危险性　　　　　C．一种危险性

8．急性毒性是指一定量的毒物一次对动物所产生的毒害作用。急性毒性的大小，常用（　　）来表示。
A．最高允许浓度　　　　B．半数致死量（LD_{50}）　　　　C．毒物的性质

9．遇湿易燃物品灭火时可使用的灭火剂是（　　）。
A．干粉　　　　　　　　B．水　　　　　　　　　C．泡沫

10．下列（　　）是表示易燃液体燃爆危险性的一个重要指标。
A．闪点　　　　　　　　B．凝固点　　　　　　　C．自燃点

11．爆炸品禁止使用的灭火剂是（　　）。
A．水　　　　　　　　　B．泡沫　　　　　　　　C．沙土盖压

12．决定爆炸品具有爆炸性质的主要因素是（　　）。

A．爆炸品的化学组成和化学结构
B．爆炸品密度
C．爆炸品结晶

13．遇水燃烧物质起火时，不能用（　　）扑灭。
A．干粉灭火剂　　　　　B．泡沫灭火剂　　　　　C．二氧化碳灭火剂

14．以下物品中露天存放最危险的是（　　）。
A．氯化钠　　　　　　　B．明矾　　　　　　　　C．遇湿燃烧物品

15．下面物质属于自燃物品的是（　　）。
A．黄磷　　　　　　　　B．盐酸　　　　　　　　C．丙酮

16．工业上使用的氧化剂要与具有（　　）的化学品远远分离。
A．还原性　　　　　　　B．惰性　　　　　　　　C．腐蚀性

17．钾、钠等活泼金属绝对不允许露置空气中，必须浸没在（　　）中保存，容器不得渗漏。
A．煤油　　　　　　　　B．溶液　　　　　　　　C．水

18．下面气体属于易燃气体的是（　　）。
A．二氧化碳　　　　　　B．乙炔　　　　　　　　C．氧气

19．火药、炸药、烟花爆竹等属于（　　）。
A．易燃物品　　　　　　B．自燃物品　　　　　　C．爆炸品

二、判断题

1．化学性质相抵触或灭火方法不同的两类危险化学品，不得混合贮存。（　　）

2．互为禁忌的物料不能同车、同船运输。（　　）

3．浓硫酸、烧碱、液碱可用铁制品做容器储存，因此也可用镀锌铁桶储存。（　　）

4．易燃固体与氧化剂接触，反应剧烈而不会发生燃烧爆炸。（　　）

5．危险化学品性质或消防方法相互抵触，以及配装号或类项不同的危险化学品不能装在同一车、船内运输。（　　）

6．易燃液体、遇湿易燃物品、易燃固体不得与氧化剂混合储存，具有还原性的氧化剂应单独存放。（　　）

7．危险化学品与危险物品是同一概念。（　　）

8．爆炸品主要具有反应速度极快，放出大量的热，产生大量的气体等特性。（　　）

9．闪点是表示易燃易爆液体燃爆危险性的一个重要指标，闪点越高，爆炸危险性越大。（　　）

10．放射性物品是能放射出人类肉眼看不见但却能严重损害人类生命与健康的特殊物品。（　　）

11．黄磷是自燃点很低在空气中能很快氧化升温不会自燃的物品。（　　）

12．扑救毒害性、腐蚀性或燃烧产生毒害性较强的易燃液体火灾时，扑救人员应临危不惧奋勇灭火，无需采取防护措施。（　　）

13．装卸对人身有害及腐蚀性物品时，操作人员应根据危险条件，穿戴相应的防护用品。（　　）

14．腐蚀性物品，包装必须严密，不允许泄漏，可以与液化气体和其他物品共存。（　　）

15．爆炸物品不准和其他类物品同储，必须单独隔离限量储存。（　　）

第四章 化学品的危害

第一节 化学品的理化危害

近年来，我国化工系统所发生的各类事故中，由于火灾爆炸导致的人员伤亡为各类事故之首，由此导致的直接经济损失也较为严重。2015年8月12日，位于天津市滨海新区天津港的瑞海国际物流有限公司危险品仓库发生特别重大火灾爆炸事故，造成165人遇难，8人失踪，798人受伤住院治疗，304幢建筑物、12428辆商品汽车、7533个集装箱受损，直接经济损失超68亿元。这起事故是近一个时期以来危险化学品领域发生的伤亡及经济损失最严重的一起事故，事故后果的严重性往往是由化学品自身的火灾爆炸危险性决定的。因此，了解化学品的火灾与爆炸危害，正确进行危险性评价，及时采取防范措施，对做好安全生产、防止事故发生具有重要意义。

一、燃烧与爆炸的概念

1. 燃烧

（1）燃烧的定义　可燃物与氧或氧化剂发生强烈的氧化反应，同时发出热和光的现象称为燃烧。人们通常说的"起火""着火"，就是燃烧一词的通俗叫法。燃烧是一种特殊的氧化反应，这里的"特殊"是指燃烧通常伴随有放热、发光、火焰和发烟等特征。在燃烧过程中，可燃物与氧气化合生成了与原来物质完全不同的新物质。

燃烧反应与一般的氧化反应不同，其特点是燃烧反应激烈、放出热量多，放出的热量足以把燃烧物加热到发光程度，并进行化学反应形成新的物质。除可燃物和氧气的化合反应外，某些物质与氯、硫的蒸气等所发生的化合反应也属于燃烧。如灼热的铁丝能在氯气中燃烧等，它虽然没有同氧气化合，但所发生的反应却是一种激烈的、伴有放热和发光的化学反应。

综上所述，燃烧反应必须具有三个特征：剧烈的氧化还原反应、放出大量的热、发光。

（2）燃烧的条件　燃烧必须同时具备三要素：可燃物、助燃物（氧化剂）和着火源（点火源）。

① 可燃物。凡能与空气中的氧气或氧化剂起剧烈化学反应的物质称为可燃物。它们可以是固态的，如木材、棉纤维、纸张、硫黄、煤等；可以是液态的，如酒精、汽油、苯、丙酮

等；也可以是气态的，如氢气、乙炔、一氧化碳等。

② 助燃物。凡能帮助和支持燃烧的物质，即能与可燃物发生氧化反应的物质称为助燃物。常见的助燃物是广泛存在于空气中的氧气。此外还有氯气以及能够提供氧气的含氧化合物（氧化剂），如氯酸钾、双氧水等。

③ 着火源。凡能引起可燃物质燃烧的能源称为着火源。着火源主要有明火、电弧、电火花、高温、摩擦与撞击以及化学反应热等几种。此外，热辐射、绝热压缩等都可能引起可燃物的燃烧。

要发生燃烧，不仅必须具备以上"三要素"，而且每一个条件都要有一定的量且相互作用，燃烧才能发生。例如氢气在空气中的体积分数少于4%时，便不能点燃。一般可燃物质在含氧量低于14%的空气中不能燃烧。一根火柴燃烧时释放出的热量，不足以点燃一根木材或一堆煤。反过来，对于已经发生的燃烧，只要消除其中任何一个条件，燃烧便会终止，这就是灭火的原理。

（3）燃烧的形式　任何物质的燃烧必定经历氧化分解、着火和燃烧三个过程。由于可燃物质存在的状态不同，所以它们的燃烧过程也不同，燃烧的形式也是多种多样的。

根据参加燃烧反应相态的不同，可分为均一系燃烧和非均一系燃烧。均一系燃烧是指燃烧反应在同一相中进行，如氢气在氧气中燃烧、煤气在空气中燃烧均属于均一系燃烧。与此相反，在不同相内进行的燃烧称为非均一系燃烧。如石油、苯和煤等液、固体的燃烧均属于非均一系燃烧。

根据可燃气体的燃烧过程，又分为混合燃烧和扩散燃烧两种形式。可燃气体和空气（或氧气）预先混合成混合可燃气体的燃烧称为混合燃烧。混合燃烧由于燃料分子与氧分子充分混合，所以燃烧时速度很快，温度也高。另一类就是可燃气体，如煤气，直接由管道中喷出点燃，在空气中燃烧，这时可燃气体分子与空气中的氧分子通过互相扩散，边混合边燃烧，这种燃烧称为扩散燃烧。

根据燃烧反应进行的程度（燃烧产物）分为完全燃烧和不完全燃烧。

在可燃液体燃烧中，通常不是液体本身燃烧，而是由液体产生的蒸气进行燃烧，这种形式的燃烧称为蒸发燃烧。

很多固体或不挥发性液体，由于热分解而产生可燃烧的气体而发生燃烧，这种燃烧称为分解燃烧。例如，硫在燃烧时，首先受热熔化（并有升华），继而蒸发形成蒸气而燃烧；而复杂固体，如木材和煤，燃烧时先是受热分解，生成气态和液态产物，然后气态和液态产物的蒸气再氧化燃烧。

蒸发燃烧和分解燃烧均有火焰产生，因此属于火焰燃烧。当可燃固体燃烧到最后，分解不出可燃气体时，只剩下碳；燃烧是在固体的表面进行的，看不出扩散火焰，这种燃烧称为表面燃烧（又称为均热型燃烧），如焦炭、金属铝、镁的燃烧。木材的燃烧是分解燃烧与表面燃烧交替进行的。

（4）燃烧的种类　燃烧因起因不同可分为闪燃、着火和自燃。

① 闪燃。任何液体表面都有一定数量的蒸气存在，蒸气的浓度取决于该液体所处的温度，温度越高则蒸气浓度越大。在一定温度下，易（可）燃液体表面上的蒸气和空气混合物与火焰接触时，能闪出火花，但随即熄灭，这种瞬间燃烧的过程称为闪燃。闪燃往往是着火的先兆，能使可燃液体发生闪燃的最低温度称为该液体的闪点。在闪点时，液体蒸发速度较慢，表面上积累的蒸气遇火瞬间即已烧尽，而新蒸发的蒸气还来不及补充，所以不能持续燃烧。

闪点是评价液体化学品燃烧危险性的重要参数，闪点越低，它的火灾危险性越大。常见易（可）燃液体的闪点见表 4-1。

表 4-1 常见易（可）燃液体的闪点（闭杯）

液体名称	闪点/℃	液体名称	闪点/℃
汽油	−50~−20	乙醚	−45
石油醚	−50~8.5	乙醛	−39
二硫化碳	−30	醋酸丁酯	22
丙酮	−20	甲醇	11
辛烷	13	乙醇	12
苯	−11	丁醇	35
醋酸乙酯	−4	氯苯	29
甲苯	4.4	乙二醇	111.1

② 着火。可燃物质在有足够助燃物质（如充足的空气、氧气）的情况下，因着火源作用引起的持续燃烧现象，称为着火。使可燃物质发生持续燃烧的最低温度称为该液体的着火点（燃点）。物质的燃点越低，越容易着火。液体的闪点低于它的燃点，两者的差与闪点高低有关。闪点高则差值大，闪点在 100℃ 以上时，两者相差可达 30℃；闪点低则差值小，易燃液体的燃点与闪点就非常接近，对易燃液体来说，一般燃点高于闪点 1~5℃。一些可燃物的燃点见表 4-2。

表 4-2 一些可燃物的燃点

物质名称	燃点/℃	物质名称	燃点/℃
樟脑	466	松香	480~500
石蜡	245	醋酸纤维	320
赤磷	260	聚乙烯	341
硝酸纤维	13	聚苯乙烯	400
硫黄	232	吡啶	482

③ 自燃。可燃物质在助燃性气体中（如空气），无外界明火的直接作用下，因受热或散发热能引燃并持续燃烧的现象，称为自燃。自燃不需要点火源。在一定条件下，可燃物质产生自燃的最低温度为自燃点，也称引温度，自燃点是衡量可燃物质火灾危险性的又一个重要参数。可燃物的自燃点越低，越易引起自燃，其火灾危险性越大，一些常见可燃物质的自燃点见表 4-3。

表 4-3 一些常见可燃物质的自燃点

物质名称	自燃点/℃	物质名称	自燃点/℃
二硫化碳	90	二甲苯	464
乙醚	175	丙烷	466

续表

物质名称	自燃点/℃	物质名称	自燃点/℃
硫化氢	260	乙烷	472
乙酸酐	400	甲苯	480
煤油	380～425	甲烷	537
丙醇	425	丙酮	465
乙醇	422	苯	498
乙苯	432	一氧化碳	605
甲醇	455	氨	651

自燃又可分为受热自燃和自热自燃。

在化工生产中，由于可燃物靠近蒸汽管道、加热或烘烤过度、化学反应的局部过热等，均可发生自燃。可燃物质在外界热源作用下，温度逐渐升高，当达到自燃点时，即可着火燃烧，称为受热自燃。物质发生受热自燃取决于两个条件：一是要有外界热源；二是有热量积蓄的条件。在化工生产中，由于可燃物料靠近或接触高温设备、烘烤过度、熬炼油料或油溶温度过高、机械转动部件润滑不良而摩擦生热、电气设备过载或使用不当造成温度上升而加热等，都有可能造成受热自燃的发生。例如合成橡胶干燥工段，若橡胶长期积聚在蒸汽加热管附近，则极易引起橡胶的自燃；合成橡胶干燥尾气用活性炭纤维吸附时，若用水蒸气高温解吸后不能立即降温，某些防老剂则极易发生自燃事故，导致吸附装置烧毁。

某些物质在没有外来热源影响下，由于物质内部所发生的化学、物理或生化过程而产生热量，并逐渐积聚导致温度上升，达到自燃点使物质发生燃烧，这种现象称为自热自燃。造成自热自燃的原因有氧化热、分解热、聚合热、发酵热等。常见的自热自燃物质有：自燃点低的物质，如磷、磷化氢；遇空气、氧气发热自燃的物质，如油脂类、锌粉、铝粉、金属硫化物；自燃分解发热物质，如硝化棉；易产生聚合热或发酵热的物质，如植物类产品、湿木屑等。危险化学品在储存、运输等过程中遇到的大多是自热自燃现象。

综上所述，引起自热自燃需要一定的条件：首先，必须是比较容易产生反应热的物质，例如容易分解或自聚合并产生反应热的物质，能与空气中的氧作用而产生氧化热的物质，以及由发酵而产生发酵热的物质等；其次，此类物质要具有较大的比表面积或呈多孔隙状，如纤维、粉末或重叠堆积的片状物质，并有良好的绝热和保温性能；第三，热量产生的速度必须大于向环境散发的速度。满足了这三个条件，自热自燃才会发生。因此，预防自燃自热的措施主要是设法防止这三个条件的形成。

2. 爆炸

（1）爆炸的特征　系统自一种状态迅速转变为另一种状态，并在瞬间以对外做机械功的形式放出大量能量的现象称为爆炸。爆炸是一种极为迅速的物理或化学的能量释放过程。爆炸现象一般具有如下特征：爆炸过程进行得很快；爆炸产生冲击波，爆炸点附近瞬间压力急剧上升；发出声响，产生爆炸声；具有破坏力，使周围建筑物或装置发生震动或遭到破坏。

（2）爆炸的分类　根据爆炸发生的不同原因，可将其分为物理爆炸、化学爆炸和核爆炸三大类；根据其爆炸速度分为轻爆、爆炸和爆轰；而根据反应相又可分为气相爆炸、凝固相爆炸等。

危险化学品的防火防爆技术中，通常遇到的是物理爆炸和化学爆炸。

① 物理爆炸。物理爆炸由物质的物理变化所致，其特征是爆炸前后系统内物质的化学组成及化学性质均不发生变化。物理爆炸主要是指压缩气体、液化气体和过热液体在压力容器内，由于某种原因使容器承受不住压力而破裂，内部物质迅速膨胀并释放出大量能量的过程。如蒸汽锅炉或装有液化气、压缩气体的钢瓶受热超压引起的爆炸。

② 化学爆炸。化学爆炸是由物质的化学变化引起的，其特征是爆炸前后物质的化学组成及化学物质都发生了变化。化学爆炸按爆炸时所发生的化学变化，又可分为简单分解爆炸、复杂分解爆炸和爆炸性混合物爆炸。

爆炸性混合物爆炸比较普遍，化工企业中发生的爆炸多属于此类。所有可燃气体、可燃液体蒸气和可燃粉尘与空气或氧气组成的混合物发生的爆炸称为爆炸性混合物爆炸。其爆炸过程与气体的燃烧过程相似，主要区别在于燃烧的速度不同，燃烧的反应速率较慢，而爆炸时的反应速率很快。

如果可燃气体或液体蒸气与空气的混合是在燃烧过程中进行的，则发生稳定燃烧（扩散燃烧），如火炬燃烧、气焊燃烧、燃气加热等。但是如果可燃气体或液体蒸气与空气在燃烧之前按一定比例混合，遇火源则发生爆炸。尤其是在燃烧之前即气体扩散阶段形成的一个足够大的云团，如在一个作业区域内发生泄漏，经过一段延迟时期后再点燃，则会产生剧烈的蒸气云爆炸，形成大范围的破坏，这种蒸气云爆炸是要极力避免的。

3. 爆炸极限及影响因素

（1）爆炸极限的概念　可燃气体、可燃蒸气或可燃粉尘与空气组成的混合物，当遇点火源时易发生燃烧爆炸，但并非在任何浓度下都会发生，只有达到一定的浓度时，在火源的作用下才会发生爆炸。这种可燃物在空气中形成爆炸性混合物的最低浓度称为该气体、蒸气或粉尘的爆炸下限，最高浓度称为爆炸上限。可燃物在爆炸上限和爆炸下限之间都能发生爆炸，这个浓度范围称为该物质的爆炸极限。

爆炸性混合物的爆炸极限范围越宽，其爆炸的危险性越大，这是因为爆炸极限越宽，则出现爆炸条件的机会就越多。爆炸下限越低，少量可燃物（如可燃气体稍有泄漏）就会形成爆炸条件；爆炸上限越高，有少量空气渗入容器，就能与容器内的可燃物形成爆炸条件。

浓度在爆炸下限以下或爆炸上限以上的混合物是不会着火或爆炸的。浓度在爆炸下限以下时，体系内有过量的空气，由于空气的冷却作用，阻止了火焰的蔓延；浓度在爆炸上限以上时，含有过量的可燃物，但空气不足，缺乏助燃的氧气，火焰也不能蔓延，但此时若补充空气，也是有火灾变成爆炸的危险的。因此对爆炸上限以上的可燃气体、蒸气与空气的混合气，通常仍认为它们是危险的。

爆炸极限通常用可燃气体或可燃蒸气在空气混合物中的体积分数（%）来表示，可燃粉尘则用 g/m^3 表示。例如：乙醇的爆炸范围为 3.5%～19.0%，3.5%称为爆炸下限，19.0%称为爆炸上限。通常的爆炸极限是在常温、常压的标准条件下测定出来的，它随温度、压力的变化而变化。一些可燃气体、可燃蒸气的爆炸极限见表 4-4。

表 4-4　一些可燃气体、可燃蒸气的爆炸极限

可燃气体或蒸气	分子式	爆炸极限/%	
		下限	上限
氢气	H_2	4	75.6

续表

可燃气体或蒸气	分子式	爆炸极限/%	
		下限	上限
氨	NH$_3$	15	28
一氧化碳	CO	12.5	74
甲烷	CH$_4$	5	15
乙烷	C$_2$H$_6$	3	15.5
乙烯	C$_2$H$_4$	2.7	34
苯	C$_6$H$_6$	1.2	8
甲苯	C$_7$H$_8$	1.4	6.7
环氧乙烷	C$_2$H$_4$O	3	80
乙醚	(C$_2$H$_5$)$_2$O	1.9	48
乙醛	CH$_3$CHO	4.1	55
丙酮	(CH$_3$)$_2$CO	2.5	13
乙醇	C$_2$H$_5$OH	3.5	19
甲醇	CH$_3$OH	5.5	36
乙酸乙酯	C$_4$H$_8$O$_2$	2.1	11.5

粉尘混合物达到爆炸下限时所含粉尘量已经相当多，以像云一样的形态存在，这种浓度只有在设备内部或其扬尘点附近才能达到。至于爆炸上限，因为太大，以致大多数场合都不会达到，因此没有实际意义。一些可燃粉尘的爆炸下限见表 4-5。

表 4-5　一些可燃粉尘的爆炸下限

粉尘名称	爆炸下限/（g/m³）	粉尘名称	爆炸下限/（g/m³）
松香	15	酚醛树脂	36～49
聚乙烯	26～35	铅（含油）	37～50
聚苯乙烯	27～37	镁	44～59
茶	28～38	赤磷	48～64
硫黄	35	铁粉	153～204
炭黑	36～45	锌	212～284

（2）影响爆炸极限的因素　影响爆炸极限的因素很多，主要包括以下几项：

① 原始温度。爆炸性气体混合物的原始温度越高，则爆炸极限范围越宽，即爆炸下限降低，爆炸上限升高，其爆炸危险性增加。例如，丙酮在原始温度为 0℃时，爆炸极限为 4.2%～8.0%，当原始温度为 100℃时，爆炸极限则为 3.2%～10.0%。

② 原始压力。在增加压力的情况下，爆炸极限的变化不大。一般压力增加，爆炸极限的范围扩大，其爆炸上限随压力增加较为显著；压力降低，爆炸极限的范围会变小。

③ 介质。混合物中含氧量增加，爆炸极限范围扩大，尤其是爆炸上限的提高很明显。但

如果爆炸性混合物中的惰性气体含量增加,则爆炸极限的范围就会缩小,当惰性气体达到一定浓度时,混合物就不再爆炸。这是由于惰性气体加入混合物后,使可燃物分子与氧分子隔离,使它们之间形成不燃的"障碍物"。

④ 着火源。爆炸性混合物的点火能源,如电火花的能量、炽热表面的面积、着火源与混合物接触的时间长短等,对爆炸极限都有一定的影响,随点火能量的加大,爆炸极限范围变宽。

⑤ 容器。容器的尺寸和材质对物质的爆炸极限均有影响。容器、管子的直径减小,则物质的爆炸极限范围缩小。当管径小到一定程度时,火焰便会熄灭。容器的材质对爆炸极限也有影响,如氢和氟在玻璃容器中混合,即使在液态空气的温度下,置于黑暗中也会发生爆炸,而在银质容器中,在常温下才会发生反应。

二、火灾与爆炸的危害

火灾与爆炸都会带来生产设施的重大破坏和人员伤亡,但两者的发展过程显著不同。火灾是在起火后火场逐渐蔓延扩大,随着时间的延续,损失数量迅速增长,损失大约与时间的平方呈比例,如火灾时间延长一倍,损失可能增加四倍。爆炸则是猝不及防的,可能仅在一秒钟内爆炸过程已经结束,设备损坏、厂房倒塌、人员伤亡等巨大损失也将在瞬间发生。

爆炸通常伴随发热、发光、压力上升、真空和电离等现象,具有很强的破坏作用。它与爆炸物的数量和性质、爆炸时的条件以及爆炸位置等因素有关。主要破坏形式有以下四种。

1. 直接的破坏作用

机械设备、装置、容器等爆炸后产生许多碎片,飞出后会在相当大的范围内造成危害。一般碎片在 100~500m 内飞散。例如某厂液氯钢瓶爆炸,钢瓶的碎片最远飞离爆炸中心 830m,其中碎片击穿了附近的液氯钢瓶、液氯计量槽、储槽等,导致大量氯气泄漏,发展成为重大恶性事故,死亡 59 人,伤 779 人。

2. 冲击波的破坏作用

物质爆炸时产生的高温高压气体以极高的速度膨胀,像活塞一样挤压周围空气,把爆炸反应释放出的部分能量传递给压缩的空气层,空气受冲击而发生扰动,使其压力、密度等产生突变,这种扰动在空气中传播就称为冲击波。

冲击波的传播速度极快,在传播过程中,可以对周围环境中的机械设备和建筑物产生破坏作用和使人员伤亡。冲击波还可以在它的作用区域内产生震荡作用,使物体因震荡而松散,甚至损坏。

冲击波的破坏作用主要是由其波阵面上的超压引起的。在爆炸中心附近,空气冲击波波阵面上的超压可达几个甚至十几个大气压,在这样高的超压作用下,建筑物被摧毁,机械设备、管道等也会受到严重破坏。当冲击波大面积作用于建筑物时,波阵面超压在 20~30kPa 内,就足以使大部分砖木结构建筑物受到强烈破坏;超压在 100kPa 以上时,除坚固的钢筋混凝土建筑外,其余部分将全都被破坏。

3. 造成火灾

爆炸发生后,爆炸气体产物在瞬间扩散,对一般可燃物来说,不足以造成起火燃烧,而且冲击波造成的爆炸风还有灭火作用。但是爆炸时产生的高温高压和建筑物内遗留大量的热或残余火苗，会把从破坏的设备内部不断流出的可燃气体、易燃或可燃液体的蒸气点燃，也可能把其他易燃物点燃而引起火灾。

当盛装易燃物的容器、管道发生爆炸时，爆炸抛出的易燃物有可能引起大面积火灾，这种情况在油罐、液化气瓶爆破后最易发生。正在运行的燃烧设备或高温的化工设备被破坏，其灼热的碎片可能飞出，点燃附近储存的燃料或其他可燃物，引起火灾。例如某液化石油气厂 2 号球罐破裂时，涌出的石油气遇明火而燃烧爆炸，大火持续了整整 23h，造成了巨大的损失。

4. 造成中毒和环境污染

在实际生产中，许多物质不仅是可燃的，而且是有毒的，发生爆炸事故时，会使大量有害物质外泄，造成人员中毒和环境污染。

第二节　化学品的健康危害

随着社会的发展，化学品的应用越来越广泛，其生产及使用量也随之增加，因而生活中人们都有可能通过不同途径、不同程度地接触到各种化学品，尤其是在化学品工作场所工作的工人接触化学品的机会将更多。

化学品对健康的影响从轻微的皮疹到一些急、慢性伤害甚至癌症，而且可能导致职业病。例如，现在已经有约 200 种危险化学品被认为是致癌物。如果有毒化学品和腐蚀化学品因生产事故或管理不当而散失，则可能引起中毒事故，危及人的生命安全。例如 1984 年 12 月 4 日，美国联合碳化物公司设在印度博帕尔市的一家农药厂发生异氰酸甲酯（杀虫剂的主要成分）外泄事故，导致重大灾难，引起全世界的震惊。

一、毒物的概念

1. 毒物的定义

毒物通常是指较小剂量的化学物质，在一般条件下，作用于肌体与细胞成分产生生物化学作用或生物物理学变化，扰乱或破坏肌体的正常功能，引起功能性或器质性改变，导致暂时性或持久性病理损害，甚至危及生命。

从理论上讲，在一定条件下，任何化学物质只要给予足够剂量，都可引起生物体的损害。也就是说，任何化学品都是有毒的，所不同的是引起生物体损害的剂量。习惯上，人们把较小剂量就能引起生物体损害的那些化学物质称为毒物，其余为非毒物。但实际上，毒物与非毒物之间并不存在着明确和绝对的量限，而只是以引起生物体损害的剂量大小相对地加以区别。工业毒物（生产性毒物）是指工业生产中的有毒化学物质。

2. 毒物的形态和分类

在一般条件下，毒物常以一定的物理形态（即固体、液体或气体）存在，但在生产环境中，随着加工或反应等不同过程，则可以粉尘、烟尘、雾、蒸气和气体等五种状态造成污染。

烟尘和雾,又称为气溶胶。

毒物可按各种方法予以分类:①按化学结构分类;②按用途分类;③按进入途径分类;④按生物作用分类。毒物的生物作用,又可按其作用的性质和损害的器官或系统加以区分。

毒物按作用的性质可分为:①刺激性;②腐蚀性;③窒息性;④麻醉性;⑤溶血性;⑥致敏性;⑦致癌性;⑧致突变性;⑨致畸性等。

毒物按损害的器官或系统则可分为:①神经毒性;②血液毒性;③肝脏毒性;④肾脏毒性;⑤全身毒性等。有的毒物主要具有一种作用,有的具有多种或全身性的作用。

3. 毒物的毒性

毒性是毒物最显著的特征。毒性通常是指某种毒物引起肌体损伤的能力,它是同进入人体内的量相联系的,所需剂量(浓度)愈小,表示毒性愈大。

毒性除用死亡表示外,还可用肌体的其他反应表示,例如引起某种病理改变、上呼吸道刺激、出现麻醉和某些体液的生物化学改变等。引起肌体发生某种有毒性作用的最小剂量(浓度)称为阈剂量(阈浓度),不同的反应指标有不同的阈剂量,如麻醉阈剂量、上呼吸道刺激阈浓度、嗅觉阈浓度等。最小致死量(浓度)也是阈剂量的一种。一次染毒所得的阈剂量称为急性阈剂量,长期多次染毒所得的称为慢性阈剂量。

上述各种剂量通常用毒物的质量(mg)与动物的每千克体重之比,即用毫克/千克(mg/kg)来表示。浓度表示方法,常用 $1m^3$(或 $1L$)空气中的质量(mg 或 g)即(mg/m^3、g/m^3、mg/L、g/L)表示。毒物从化学组成和毒性大小上可分为以下几种:

① 无机剧毒品。例如氰化钾、氰化钠等氰化合物,砷化合物,汞、铍、铊、磷的化合物等。
② 有机剧毒品。例如硫酸二甲酯、磷酸三甲苯酯、四乙基铅、醋酸苯汞及某些有机农药等。
③ 无机有毒品。例如氯化银、氟化钠,以及铅、钡、氟的化合物等。
④ 有机有毒品。例如四氯化碳、四氯乙烯、甲苯二异氰酸酯、苯胺以及农药、鼠药等。

二、毒物进入人体的途径

毒物主要是以三种不同途径进入人体的。

生命离不开呼吸,因此在工业生产中,通过呼吸吸入气体、蒸气或飘尘,再通过肺部吸收是毒物进入人体的最主要途径。其次,许多毒物通过与皮肤直接接触而被身体吸收。在个人卫生习惯较差的地方,毒物也可经口腔、食道进入人体。

1. 呼吸道吸入

呼吸道是工业生产中毒物进入体内的最重要的途径。凡是以气体、蒸气、雾、烟、粉尘形式存在的毒物,均可经呼吸道侵入人体内。人的肺由亿万个肺泡组成,肺泡壁很薄,壁上有丰富的毛细血管,毒物一旦进入肺部,很快就会通过肺泡壁进入血液循环而被运送到全身。通过呼吸道吸收最重要的影响因素是其在空气中的浓度,浓度越高,吸收越快。

2. 皮肤吸收

在工业生产中,毒物经皮肤吸收引起中毒亦比较常见。皮肤是人体最大的器官,具有能和毒物接触的最大表面积。某些毒物可渗透皮肤进入血液,再随血液流动到达身体的其他部位。甲苯等有机溶剂都是能被皮肤吸附并渗透的化学品，在油漆生产中使用的矿物溶剂等都是很容易经皮肤渗透的。脂溶性毒物经表皮吸收后，还需有水溶性，才能进一步扩散和吸收，所以水、脂都溶的物质（如苯胺）易被皮肤吸收。如果皮肤受到损伤，例如切伤、擦伤或皮肤病变时，毒物更易通过皮肤进入体内。

3. 消化道摄入

食入是毒物进入人体内的第三条主要途径。在工业生产中，毒物经消化道吸收多半是由于个人卫生习惯不良，手沾染的毒物随进食、饮水或吸烟等进入消化道。食入的另一种情况是毒物由呼吸道吸入后经气管转送到咽部，然后被咽下。

三、毒物对人体的危害

有毒物质对人体的危害主要为引起中毒。化学品的毒性效应可分成急性毒性和慢性毒性，其取决于暴露的浓度和暴露时间的长短。毒物对人体的毒副作用因暴露的形式和类型不同又分为多种临床类型。按照《化学品分类和危险性公示通则》（GB 13690—2009），毒物对健康的危害共有 10 类。

1. 急性毒性

急性毒性是指在单剂量或者在 24h 内多剂量经口或皮肤接触一种物质，或吸入接触 4h 后出现的有害效应。它同时也是判断一个化学品是否为有毒品的一个重要指标。

2. 皮肤腐蚀/刺激

（1）皮肤腐蚀　皮肤腐蚀是对皮肤造成不可逆性损伤，即将受试物在皮肤上涂敷 4h 后，出现可见的表皮至真皮的坏死。典型的腐蚀反应具有溃疡、出血、血痂的特征，而且在观察期 14d 结束时皮肤、完全脱发区域和结痂处由于漂白而褪色，应考虑通过组织病理学来评估可疑的病变。

（2）皮肤刺激　皮肤刺激是施用试验物质达到 4h 后对皮肤造成可逆损伤。

工业性皮肤病占职业病总数的 50%～70%。当某些化学品和皮肤接触时，化学品可使皮肤保护层脱落，从而引起皮肤干燥、粗糙、疼痛，这种情况称作皮炎，许多化学品能引起皮炎。

工作场所数百种物质如各种有机溶剂、环氧树脂、酸、碱或金属等都能引起皮肤病，症状是红热、发痒、变粗糙。刺激性皮炎是由摩擦、冷、热、酸、碱以及刺激性气体引起的。接触上述物质时间短、浓度高或浓度低但却反复接触，都可引起皮炎。

3. 严重眼损伤/眼刺激

严重眼损伤或眼刺激是化学品和眼部接触导致的伤害，轻者会有轻微的、暂时性的不适，重者则会造成永久性的伤残，伤害严重程度取决于中毒的剂量及采取急救措施的快慢。严重眼损伤是在眼前部施加试验物质之后，对眼部造成在施用药物 21d 内并不完全可逆的组织损伤，或严重的视觉物理衰退。眼刺激是在眼前部施加试验物质之后，在眼部造成在施用药物 21d 内完全可逆的变化。酸、碱和一些溶剂都是引起眼部刺激的常见化学品。

4. 呼吸系统或皮肤过敏

接触某些化学品可引起过敏，开始接触时可能不会出现过敏症状，然而长时间地暴露于某种化学物质中会引起身体的反应。即便是接触低浓度化学物质也会产生过敏反应，皮肤和呼吸系统都可能会受到过敏反应的影响。

（1）呼吸系统过敏　呼吸系统过敏物是吸入后会导致气管过敏反应的物质。

雾状、气态、蒸气化学刺激物和上呼吸道（鼻和咽喉）接触时，会导致产生火辣辣的感觉，这一般是由可溶物引起的，如氨水、甲醛、二氧化硫、酸、碱，它们易被鼻咽部湿润的表面所吸收。处理这些化学品必须小心对待，如在喷洒药物时，就要防止吸入这些蒸气。

有些化学物质对气管的刺激可引起支气管炎，甚至严重损害气管和肺组织，如二氧化硫、氯气、煤尘等。一些化学物质将会渗透到肺泡区，引起强烈的刺激。在工作场所一般不易检测到这类化学物质，但它们能严重危害工人的健康。化学物质和肺组织反应可马上或几个小时后便引起肺水肿。这种症状由强烈的刺激开始，随后会出现咳嗽、呼吸困难（气短）、缺氧以及痰多等。例如二氧化氮、臭氧以及光气等物质就会引起上述反应。

呼吸系统对化学物质的过敏能引起职业性哮喘，这种症状的反应常包括咳嗽，特别是在夜间，以及呼吸困难，如气喘和呼吸短促，引起这种反应的化学品有甲苯、聚氨酯、福尔马林等。

（2）皮肤过敏　皮肤过敏物是皮肤接触后会导致过敏反应的物质。

皮肤过敏是一种看似皮炎（皮疹）的症状，这种症状不仅在接触的部位出现，还可能在身体的其他部位出现，引起这种症状的化学品有环氧树脂、胺类硬化剂、偶氮染料、煤焦油衍生物和铬酸等。过敏可能是长时间接触或反复接触的结果，并通常在 10～30d 内发生。一旦过敏后，小剂量的接触就能导致严重反应。有些物质如有机溶剂、铬酸和环氧树脂既能导致刺激性皮炎，又能导致过敏性皮炎。生产塑料、树脂以及炼油的工人经常会受到过敏性皮炎的侵害。

5. 生殖细胞致突变性

突变是指细胞中遗传物质数量或结构发生永久性改变。本危险类别涉及的主要是可能导致人类生殖细胞发生可传播给后代的突变的化学品，这些化学品对人体遗传基因的影响可能导致后代发生异常，实验结果表明，80%～85%的致癌化学物质对后代有影响。

6. 致癌性

致癌物是指可导致癌症或增加癌症发生率的化学物质或化学物质混合物。

在操作良好的动物实验研究中，诱发良性或恶性肿瘤的物质通常可认为或可疑视为人类致癌物，除非有确切证据表明形成肿瘤的机制与人类无关。

长期接触一定的化学物质可能引起细胞的无节制生长，形成癌性肿瘤。这些肿瘤可能在第一次接触这些物质后许多年才表现出来，这一时期被称为潜伏期，一般为 4～40a。造成职业肿瘤的部位是多样的，未必局限于接触区域，例如砷、石棉、铬、镍等物质可能导致肺癌；铬、镍、木材、皮革粉尘等可能引起鼻腔癌和鼻窦癌；膀胱癌与接触联苯胺、2-萘胺、皮革粉尘等有关；皮肤癌与接触砷、煤焦油和石油产品等有关；接触氯乙烯单体可引起肝癌；接触苯可引起再生障碍性贫血。

7. 生殖毒性

生殖毒性包括对成年男性和女性的性功能和生育能力造成有害影响,以及导致在后代中的发育毒性。

毒物可对接触者的生殖器官、有关内分泌系统、性周期和性行为、生育力、妊娠过程、分娩过程等方面产生影响。

接触一定的化学物质可能对生殖系统产生影响,导致不育或流产等,如接触二溴乙烯、苯、氯丁二烯、铅、有机溶剂和二硫化碳等化学物质与男性工人不育有关,接触麻醉性气体、戊二醛、氯丁二烯、铅、有机溶剂、二硫化碳和氯乙烯等化学物质与女性工人流产有关。

接触某些化学品可能对未出生的胎儿造成危害,尤其在怀孕的前三个月,脑、心脏、胳膊和腿等重要器官正在发育,一些研究表明,某些化学物质,如麻醉性气体、水银和有机溶剂等,可能干扰正常的细胞分裂过程,从而导致胎儿畸形、生长改变或功能缺陷,甚至造成发育中的胎儿死亡。

有些生殖毒性效应不能明确地归因于性功能和生育能力受损害或者发育毒性,尽管如此,具有这些效应的化学品将划为生殖有毒物并附加一般危险说明。

8. 特异性靶器官系统毒性——一次接触

由一次接触产生特异性的、非致命性靶器官系统毒性的物质。包括产生即时或延迟的、可逆性或不可逆性功能损害的各种明显的健康效应。

9. 特异性靶器官系统毒性——反复接触

由反复接触产生特异性的、非致命性靶器官系统毒性的物质。包括产生即时或延迟的、可逆性或不可逆性功能损害的各种明显的健康效应。

10. 吸入危险

吸入是指液态或固态化学品通过口腔或鼻腔,直接进入或者因呕吐间接进入气管和下呼吸系统。

吸入毒性包括化学性肺炎、不同程度的肺损伤或吸入后死亡等严重急性效应。

四、毒物的职业危害因素

劳动是人类生存和发展的必要条件,本质上劳动应与健康相辅相成、相互促进。但不良的劳动条件则会影响劳动者的生命质量,以致危及健康,导致职业性病损。

1. 职业危害因素

在生产工艺过程、劳动过程和工作环境中产生或存在的,对职业人群的健康、安全和作业能力造成不良影响的一切要素或条件,统称为职业危害因素。职业危害因素是导致职业性病损的致病源,其对健康的影响主要取决于危害因素的性质和接触强度(剂量)。

我国职业病防治法为了明确管理对象,应用了职业病危害因素的概念,其是指对从事职业活动的劳动者可能导致职业病的各种危害因素。职业病危害因素包括:职业活动中存在的各种有害的化学、物理、生物因素以及在作业过程中产生的其他职业有害因素。一般可以将职业病危害因素理解成法律上认定的职业危害因素。

2. 职业性病损

职业危害因素所致的各种职业性损害，包括工伤和职业性疾患，统称职业性病损，可由轻微的健康影响到严重的损害，甚至导致伤残或死亡，故必须加强预防。

职业性疾病包括职业病和职业有关疾病两大类。当职业危害因素作用于人体的强度与时间超过一定限度时，人体不能代偿其所造成功能性或器质性病理改变，从而出现相应的临床征象，影响劳动能力，这类疾病通称职业病。《中华人民共和国职业病防治法》规定："本法所称职业病，是指企业、事业单位和个体经济组织等用人单位的劳动者在职业活动中，因接触粉尘、放射性物质和其他有毒、有害因素而引起的疾病。""职业病的分类和目录由国务院卫生行政部门会同国务院安全生产监督管理部门、劳动保障行政部门制定、调整并公布。"

职业病具有下列特点：①病因明确；②接触一定浓度或时间的病因后才能发病；③同工种工人常出现类似病症；④多数职业病及早诊断，早期治疗后，多可恢复；⑤特效治疗药物很少，以对症综合处理为主；⑥除职业性传染病以外，个体治疗无助于控制他人发病。针对性地控制或清除职业病危害因素后，即可减少发病或不发病。

职业病防治工作必须坚持预防为主、防治结合的方针，建立用人单位负责、行政机关监管、行业自律、职工参与和社会监督的机制，实行分类管理、综合治理。

3. 职业中毒

劳动者在生产过程中接触化学毒物所致的疾病状态称为职业中毒。如工人接触到一定量的化学毒物后，化学毒物或其代谢产物在体内负荷超过正常范围，但工人无该毒物的临床表现，呈亚临床状态，称为毒物的吸收，如铅吸收。

我国职业中毒人数在职业病发生人数中占有相当大的比例，是职业病防治的重点。由于化学毒物的毒性、工人接触程度和时间、个体差异等因素，根据发病的快慢，职业中毒可表现为急性、亚急性、慢性和迟发性中毒。

职业中毒临床表现非常复杂，与中毒类型、毒物的靶器官有明确关系。有的毒物因其毒性大、蓄积作用不明显，在生产事故中常引起急性中毒，如一氧化碳、硫化氢、氯气和光气等。有些毒物在生产条件下，常表现为慢性中毒，如金属类毒物。同一毒物，不同中毒类型对人体的损害有时可累及不同的靶器官，例如，苯急性中毒主要表现为对中枢神经系统的麻醉作用，而慢性中毒主要为对造血系统的损害。镉和镉化合物引起的中毒也有急性、慢性中毒之分，吸入含镉气体可致呼吸道症状，经口摄入镉可致肝、肾症状。这些在有毒化学品对肌体的危害作用中是一种很常见的现象。此外，有毒化学品对肌体的危害还取决于一系列因素和条件，如毒物本身的特性（化学结构、理化特性），毒物的剂量、浓度和作用时间，毒物的联合作用，个体的敏感性等。总之，肌体与有毒化学品之间的相互作用是一个复杂的过程，中毒后的表现也多种多样。

职业中毒事故的发生，充分暴露出部分企业尤其是一些中小企业无视国家法律法规和劳动者生命健康，职业病危害预防责任和措施落实不到位，劳动者安全健康意识和防范能力有待提高；一些地区非法违法生产经营行为还比较突出，职业卫生监管工作还存在薄弱环节。

第三节　化学品的环境危害

随着化学工业的发展，各种化学品的产量大幅度增加，新化学品也不断涌现，人们在充分利用化学品的同时，也产生了大量的化学废物，其中不乏有毒有害物质。如果毫无控制地随意排放化学品，不仅会严重污染了环境，还会给人的生命带来威胁。

2004年6月，盘锦一辆运输车未按规定将中国石油辽河石化分公司的废渣卸到指定地点，私自在一家小工厂内的坑池排放，造成120人硫化氢中毒。

如果因运输工具倾翻、容器破裂等导致危险化学品流失，就可能对水、大气层、空气、土壤等造成严重的环境污染，进而影响人的健康。2004年7月，在浙江甬台温高速公路浙闽主线收费站前，一辆运载29.5t苯酚的槽罐车因刹车失灵，追尾撞上了一辆轿车后侧翻，罐体破裂，苯酚全部泄漏，渗入横阳支江上游，污染了20km的河流。

由此看来，如何认识化学品的环境危害，最大限度地降低化学品的污染，加强环境保护力度，已是人们亟待解决的重大问题。

一、毒物进入环境的途径

随着工农业迅猛发展，有毒有害污染源也快速增多，给人类造成了较严重的灾害，特别是有毒有害化学品。化学品侵入环境的途径几乎是全方位的，其中最主要的侵入途径可大致分为以下四种。

① 人为施用直接进入环境，如农药、化肥的施用等。

② 生产废物排放。在生产、加工、储存过程中，作为化学污染物，以废水、废气和废渣等形式排放进入环境。

③ 事故排放。在生产、储存和运输过程中由于着火、爆炸、泄漏等突发性化学事故，致使大量有害化学品外泄进入环境。

④ 人类活动中废弃物的排放。在石油、煤炭等燃料燃烧过程中以及家庭装饰等日常生活使用中直接排入或者使用后作为废弃物进入环境。

二、毒物对环境的危害

进入环境的有害化学物质对人体健康和环境造成了严重危害或潜在危险。

1. 对大气的危害

（1）破坏臭氧层　研究结果表明，含氯化学物质，特别是氯氟烃进入大气层会破坏同温层的臭氧。

臭氧可以减少太阳紫外线对地表的辐射，臭氧减少导致地面接收的紫外线辐射量增加，从而导致皮肤癌和白内障的发病率大量增加。

（2）导致温室效应　大气层中的某些微量组分能使太阳的短波辐射透过加热地面，而地面增温所放出的热辐射,都被这些组分吸收,使大气增温,这种现象称为温室效应。这些能使地球大气增温的微量组分,称为温室气体。主要的温室气体有 CO_2、N_2O、氟氯烃等,其中 CO_2 是造成全球变暖的主要因素。

温室效应产生的影响主要是使全球变暖和海平面上升。如全球海平面在过去的百年里平均上升了 14.4cm,我国沿海的海平面也平均上升了 11.5cm,海平面的升高将严重威胁低地势岛屿和沿海地区人民的生产和生活。

(3) 引起酸雨　由于硫氧化物(主要为二氧化硫)和氮氧化物的大量排放,在空气中遇水蒸气形成酸雨,对动物、植物、人类等均会造成严重影响。

(4) 形成光化学烟雾　光化学烟雾主要有两类:

① 伦敦型烟雾。大气中未燃烧的煤尘、二氧化硫,与空气中的水蒸气混合并发生化学反应所形成的烟雾,称伦敦型烟雾,也称为硫酸烟雾。1952年12月5~8日,英国伦敦上空因受冷高压的影响,出现了无风状态和低空逆温层,致使燃煤产生的烟雾不断积累,造成严重的空气污染事件,在一周内导致 4000 人死亡,伦敦型烟雾由此得名。

② 洛杉矶型烟雾。汽车、工厂等排入大气中的氮氧化物或碳氢化合物,经光化学作用生成臭氧、过氧乙酸、硝酸酯等,该烟雾称洛杉矶型烟雾。美国洛杉矶市 20 世纪 40 年代初有汽车 250 多万辆,每天耗油约 1600L,向大气排放大量的碳氢化合物、氮氧化物、一氧化碳,汽车排出的尾气在日光作用下,形成以臭氧、过氧乙酰硝酸酯为主的光化学烟雾。1946 年夏发生过一次危害;1954 年又发生过一次很严重的大气污染危害;在 1955 年的一次污染事件中仅 65 岁以上的老人就死亡 400 多人。

在我国兰州西固地区,氮肥厂排放的 NO_2、炼油厂排放的碳氢化合物,在光化学作用下也产生过光化学烟雾。

2. 对土壤的危害

据统计,我国每年向陆地排放有害化学废物超过 2000 万吨,大量化学废物进入土壤,可导致土壤酸化、土壤碱化和土壤板结。

3. 对水体的污染

水体中的污染物概括地说可分为四大类:无机无毒物、无机有毒物、有毒无毒物和有机有毒物。无机无毒物包括一般无机盐和氮、磷等植物营养物;无机有毒物包括各类重金属(汞、镉、铅、铬)和氧化物、氟化物等;有机无毒物主要是指在水体中的比较容易分解的有机化合物,如碳水化合物、脂肪、蛋白质等;有机有毒物主要为苯酚、多环芳烃和多种人工合成的具有积累性的稳定有机化合物,如多氯醛、苯和有机农药等。有机物的污染特征是耗氧,有毒物的污染特征是生物毒性。

① 植物营养物污染的危害。含氮、磷及其他有机物的生活污水、工业废水排水体,使水中养分过多,藻类大量繁殖,海水变红,称为"赤潮",造成水中溶解氧的急剧减少,严重影响鱼类生存。

② 重金属、农药、挥发酚类、氧化物、砷化合物等污染物可在水中生物体内富集,造成其损害、死亡、破坏生态环境。

③ 石油类污染可导致鱼类、水生生物死亡,还可引起水上火灾。

4. 对人体的危害

一般来说，未经污染的环境对人体功能是适合的，在这种环境中人能够正常地吸收环境中的物质而进行新陈代谢。但当环境受到污染后，污染物通过各种途径侵入人体，将会毒害人体的各种器官组织，使其功能失调或者发生障碍，同时可能会引起各种疾病，严重时将危及生命。

（1）急性中毒　在短时间内（或者是一次性的），有害物大量进入人体所引起的中毒为急性中毒。急性中毒对人体影响最明显。

（2）慢性中毒　少量有害物质经过长时期的侵入人体所引起的中毒，称为慢性中毒。慢性中毒一般要经过长时间积累后才逐渐显露出来，对人体的危害是慢性的，如由镉污染引起的骨痛病变是环境污染慢性中毒的典型例子。

（3）远期危害　化学物质往往会通过遗传影响到子孙后代，引起胎儿畸形，基因致突变等。我国每年癌症新发病人约有150万人，死亡约100万人，而造成人类癌症的原因80%～85%与化学因素有关。我国每年由于农药中毒死亡约1万人，急性中毒约10万人。

第四节　化学品危害预防与控制的基本原则

众所周知，化学品大多是有害的，可人类的生活已离不开化学品，有时不得不生产和使用有害化学品，工业场所职业健康与安全问题，在世界范围内都受到了普遍关注。预防与控制工作场所中化学品的危害，杜绝或减少化学品事故，防止火灾、爆炸、中毒与职业病的发生，保护广大员工的安全与健康，就必须消除或降低工人在正常作业时受到的有害化学品的侵害。

化学品危害预防和控制的基本原则一般包括两个方面：操作控制和管理控制。

一、化学品的操作控制

控制工业场所中有害化学品的总目标是消除化学品危害或者尽可能地降低其危害程度，以免危害工人，污染环境，引起火灾和爆炸。

事实上，工作场所中存在的危害，可用多种不同的方法来控制，选择何种控制方法取决于有关危害的性质及导致危害的工艺过程。工作场所某种加工程序可能会产生不止一种危害，因此最好的控制方法通常是针对加工程序而设计的方法。

然而，每一种控制方法都必须符合下列四项要求。

① 危害物的控制必须是充分的，在设计控制方法时，必须尽力避免工人暴露于任何形式的化学品危害物之中。例如，倘若某危害物是能替换氧气的窒息性气体，那么必须将暴露的浓度降低到对工人无伤害的浓度。

② 必须保证工人在无过度不适或痛苦的情况下工作，不能给工人造成新的危害。

③ 必须保护每位可能受害的工人。如呼吸防护器可以保护一个正在操作石棉的工人免受石棉的影响，但石棉尘可能危及附近一名没有戴呼吸防护器的工人的健康。

④ 必须不会对周边社区造成危害。对排出的气体如不加以处理,将有毒物质自通风系统排入空气中,会给对社区带来公害。

为了达到控制化学品危害的目标,通常采用操作控制的四条基本原则,从而有效地消除或降低化学品暴露,减少化学品引起的伤亡事故。

预防化学品引起的伤害以及火灾或爆炸的最理想的方式是在工作中不使用与上述危害有关的化学品。然而并不是总能做到这一点,因此,采取隔离危险源,实施有效的通风或使用适当的个体防护用品等手段往往是非常必要的。

但是,首先要识别出危险化学物质及其危害程度,并检查化学品清单、储存、输送过程、处理以及化学品的实际使用和销毁情况。在处理各个特定危害时,以下四条作为预防基本原则,即操作控制的四条原则:

一是消除危害。消除危害的物质或加工过程,或用低危险的物质或过程替代高危险的物质或过程。

二是隔离。封闭危险源或增大操作者与有害物之间的距离等,防止工人接触到危害物质。

三是通风。用全面通风或局部通风的手段排除或降低有害物质如烟、气、气化物和雾在空气中的浓度。

四是保护工人。配备个体防护用品,防止接触有害化学品。

操作控制的目的是通过采取适当的措施,消除或降低工作场所的危害,防止工人在正常作业时受到有害物质的侵害。根据以上操作控制的四条原则,实际生产中采取的主要措施是替代、变更工艺、隔离、通风、个体防护和卫生等。

1. 替代

控制、预防化学品危害最理想的方法是不使用有毒有害和易燃易爆的化学品,但这一点并不是总能做到,通常的做法是选用无毒或低毒的化学品替代已有的有毒有害化学品,选用可燃化学品替代易燃化学品。例如:大家都知道苯是致癌物,为了找到它的替代物,人们进行了艰苦的探索。例如,用脂肪族烃替代胶水或黏合剂中的苯等。

替代有害化学品和易燃化学品的例子还有很多,例如,用水基涂料或水基胶黏剂替代有机溶剂基的涂料或溶剂型胶黏剂;用水性洗涤剂替代溶剂型洗涤剂;用三氯甲烷脱脂剂来替代三氯乙烯脱脂剂;使用高闪点化学品而不使用低闪点化学品。

当然能够供选择的替代物往往是有限的,特别是在某些特殊的技术要求和经济要求的情况下,不可避免地要使用一些有害化学品。根据类似的情况,借鉴以往的经验,积极寻找替代物往往能收到很好的成效。

需要注意的是,虽然替代物较被替代物安全,但其本身并不一定是绝对安全的,使用过程中仍需加倍小心。例如用纤维物质替代致癌的石棉,国际癌症研究机构已将人造矿物纤维列入可能致癌物中,因此某些纤维物质不一定是石棉的优良替代品。所以说,替代物不能影响产品质量,并经毒理评价其实际危害性较小方可应用。目前,因科技水平还不能完全达到理想水平的生产单位,需要鼓励其开拓创新,实施工艺流程科学化、无害化。

2. 变更工艺

虽然替代是控制化学品危害的首选方案,但是目前可供选择的替代品往往是很有限的,特别是因技术和经济方面的原因,不可避免地要生产、使用有害化学品。这时可通过变更工艺消除或降低化学品的危害。例如在化工行业中，以往从乙炔制乙醛，采用汞作催化剂，现在发展为用乙烯为原料，通过氧化或氧氯化制乙醛，不需用汞作催化剂。通过变更工艺，彻底消除了汞的危害。

通过变更工艺预防与控制化学品危害的例子还有很多，如改喷涂为电涂或浸涂；改人工分批装料为机械自动装料；改干法粉碎为湿法粉碎等。

生产工序的布局不仅要满足生产上的需要，而且应符合职业卫生要求。有毒物逸散的作业，应在满足工艺设计要求的前提下，根据毒物的毒性、浓度和接触人数等在作业区实行区分隔离，以免产生叠加影响；有害物质发生源，应布置在下风侧。对容易积存或被吸附的毒物如汞、可产生有毒粉尘飞扬的厂房，建筑物结构表面应符合有关卫生要求，防止沾积毒尘及二次飞扬。

3. 隔离

隔离就是通过封闭、设置屏障等措施，拉开作业人员与危险源之间的距离，避免作业人员直接暴露于有害环境中。

最常用的隔离方法是将生产或使用的设备完全封闭起来，使工人在操作中不接触化学品。这可通过隔离整台机器、整个生产过程来实现。封闭系统一定要认真检查，因为即使很小的泄漏，也可能使工作场所的有害物浓度超标，危及作业人员。封闭系统应装有敏感的报警器，以便危害物泄漏时立即发出警报。

通过设置屏障物，使工人免受热、噪声、阳光和离子辐射的危害。如反射屏可减低靠近熔炉或锅炉操作的工人的受热程度，铝屏可保护工人免受 X 射线的伤害等。

隔离操作是另一种常用的隔离方法，简单地说，就是把生产设备与操作室隔离开。最简单的形式就是把生产设备的管线阀门、电控开关放在与生产地点完全隔开的操作室内。不少企业都采用此法，如某化工厂的四乙基铅生产、汞温度计厂的水银提纯等采用的就是隔离操作。

遥控隔离是隔离原理的进一步发展。有些机器已经可用来代替工人进行一些简单的操作。在某些情况下，这些机器是由远离危险环境的工人运用遥控器进行控制的。在日本的钢厂，综合使用这些方法几乎彻底消除了工人受致癌的煤焦油挥发物的侵害。

通过安全储存有害化学品和严格限制有害化学品在工作场所的存放量（满足一天或一个班次工作需要的量即可）也可以获得相同的隔离效果，这种安全储存和限量的做法特别适用于那些操作人数不多，而且很难采用其他控制手段的工序，然而，在使用这种手段时，切记要向工人提供充足的个体防护用品。

4. 通风

除了替代和隔离方法以外，通风是控制作业场所中有害气体、蒸气或粉尘最有效的措施。借助于有效的通风和相关的除尘装置，直接捕集了生产过程中所释放出的飘尘污染物，防止了这些有害物质进入工人的呼吸区。通过管道将收到的污染物送到收集器中，也不会污染外部的环境，使作业场所空气中有害气体、蒸气或粉尘的浓度低于安全浓度，保证工人的身体健康，也防止了火灾、爆炸事故的发生。

通风分局部排风和全面通风两种。对于点式扩散源，可使用局部排风。局部排风是把污染源罩起来，抽出污染空气，所需风量小，经济有效，并便于净化回收。使用局部通风时，吸尘罩应尽可能地接近污染源,否则通风系统中风扇所产生的抽力将被减弱,以至于不能有效地捕集扬尘点所散发的粉尘。为了确保通风系统的高效率,认真检查通风系统设计的合理性是很重要的,并要向专家或安装通风系统的专业人员请教。此外,对安装好的通风系统,要经常性地加以维护和保养,使其有效发挥作用。目前,局部通风已在多种场合应用,起到了有效控制有害物质如铅烟、石棉尘和有机溶剂的作用。

对于面式扩散源,要使用全面通风。全面通风亦称稀释通风,其原理是向作业场所提供新鲜空气,抽出污染空气,进而稀释有害气体、蒸气或粉尘,从而降低其浓度。采用全面通风时,在厂房设计阶段就要考虑空气流向等因素。因为全面通风的目的不是消除污染物,而是将污染物分散稀释,所以全面通风仅适合于低毒性作业场所,且污染物的使用量不大,不适合于腐蚀性、污染物量大的作业场所。全面通风所需风量大,不能净化回收。

像实验室中的通风橱、焊接室或喷漆室可移动的通风管和导管都是局部排风设备;而在冶金厂,熔化的物质从一端流向另一端时散发出有毒的烟和气,则两种通风系统都要使用。

5. 个体防护

加强个人防护是预防职业中毒的重要措施。个人防护用品是指劳动者在生产过程中为免遭或减轻事故伤害和职业危害的个人随身穿(佩)戴的用品。操作者在生产过程中必须坚持正确选用和使用个人防护用品。

使用个人防护用品,通过采取阻隔、封闭、吸收、分散、悬浮等手段,能起到保护肌体的局部或全身免受外来侵害的作用。在一定条件下,使用个人防护用品是主要的防护措施,防护用品必须严格保证质量安全可靠,而且穿戴要舒适方便,经济耐用。

当工作场所中有害化学品的浓度超标时,工人就必须使用合适的个人防护用品以获得保护。个人防护用品既不能降低作业场所中有害化学品的浓度,也不能消除作业场所的有害化学品,只是一道阻止有害物进入人体的屏障。防护用品本身的失效就意味着保护屏障的消失,因此个人防护不能被视为控制危害的主要手段,而只能作为对其他控制手段的补充。对于火灾和爆炸危害来说,是没有可靠的个人防护用品可提供的。

防护用品主要有头部防护器具、呼吸防护器具、眼防护器具、手足防护用品等身体防护用品。

据统计,职业中毒的工人中15%左右是吸入毒物所致,因此要消除尘肺病(肺尘埃沉着病)、职业中毒、缺氧性窒息等职业病,防止毒物从呼吸器官侵入,工人必须佩戴适当的呼吸防护用品。

(1)呼吸防护器　呼吸防护器,其形式是覆盖口和鼻子,其作用是防止有害化学物质通过呼吸系统进入人体,呼吸防护器主要局限于下列场合使用:

① 在安装工程控制系统之前,必须采取临时控制措施的场合;
② 没有切实可行的工程控制措施的场合;
③ 在工程控制系统保养和维修期间;
④ 突发事件期间。

在选择呼吸防护器时应考虑如下因素:

① 污染物的性质;
② 工作场所污染物可能达到的最高浓度;
③ 依照舒适性衡量,工人对其的可接受性;

④ 与工作任务的匹配性，即适合工作的特点，且能消除对健康的危害。

常用的呼吸防护用品主要分为自吸过滤式（净化式）和送风隔绝式（供气式）两种类型。

自吸过滤式净化空气的原理是吸附或过滤空气，使空气通过而空气中的有害物（尘、毒气）不能通过呼吸防护器，保证进入呼吸系统的空气是净化的。呼吸防护器中的净化装置是由滤膜或吸附剂组成的，滤膜用来滤掉空气中的尘，含吸附剂的滤毒盒用来吸附空气中的有害气体、雾、蒸气等，这些呼吸防护器又可分为半面式和全面式。半面式用来遮住口、鼻、下巴；全面式可遮住整个面部（包括眼）。实际上没有哪一种呼吸防护器是万能的，或者说没有哪一种呼吸防护器能防护所有的有害物。不同性质的有害物需要选择不同的过滤材料和吸附剂，为了取得防护效果，正确选择呼吸防护器至关重要，使用者可以从呼吸防护器生产厂家获得这方面的信息。

过滤式呼吸器只能在不缺氧的劳动环境（即环境空气中氧的含量不低于18%）和低浓度毒污染的环境中使用，一般不能用于罐、槽等密闭狭小容器中作业人员的防护。过滤式呼吸器分为过滤式防尘呼吸器和过滤式防毒呼吸器。前者主要用于防止粒径小于 $5\mu m$ 的呼吸性粉尘经呼吸道吸入产生危害，通常称为防尘口罩和防尘面具；后者用以防止有毒气体、蒸气、烟雾等经呼吸道吸入产生危害，通常称为防毒面具和防毒口罩，分为自吸式和送风式两类，目前使用的主要是自吸式防毒呼吸器。

隔离式（隔绝式）呼吸器能使佩戴者的呼吸器官与污染环境隔离，由呼吸器自身供气（空气或氧气），或从清洁环境中引入空气维持人体的正常呼吸。可在缺氧、尘毒严重污染、情况不明的有生命危险的作业场所使用，一般不受环境条件限制。按供气形式分为自给式和长管式两种类型。自给式呼吸器自备气源，属携带型，根据气源的不同又分为氧气呼吸器、空气呼吸器和化学氧呼吸器；长管式呼吸器又称长管面具，需借助肺力或机械动力经气管引入空气，属固定型，又分为送风式和自吸式两类，只适用于定岗作业和流动范围小的作业。

在选择呼吸防护用品时应考虑有害化学品的性质、工作场所污染物可能达到的最高浓度、工作场所的氧含量、使用者的面型和环境条件等因素。我国目前选择呼吸器的原则比较粗，一般是根据工作场所的氧含量是否高于18%确定选用过滤式还是隔离式，根据工作场所有害物的性质和最高浓度确定选用全面罩还是半面罩。

为了确保呼吸防护器的使用效果，必须培训工人如何正确佩戴、保管和维护其使用的呼吸防护器。请记住，佩戴一个保养很差的、失效的防护口罩比不佩戴更危险。

（2）其他个体防护用品　为了防止由于化学物质的溅射，以及尘、烟、雾、蒸气等所导致的眼和皮肤伤害，也需要使用适当的防护用品或护具。

眼面护具的例子主要有安全眼镜、护目镜以及用于防护腐蚀性液体、固体及蒸气对面部产生伤害的面罩。

用抗渗透材料制作的防护手套、围裙、靴和工作服，能够消除由于接触化学品而对皮肤产生的伤害。用来制造这类防护用品的材料很多，作用也不同，因此正确选择很重要。如棉布手套、皮革手套主要用于防灰尘，橡胶手套主要用于防腐蚀性物质。在选择时要针对所接触的化学品的性质来确定合适的材料制作防护品。作为防护品的销售商，也应掌握这方面的知识，能向购买者提供防护品的使用范围等方面的咨询服务。

护肤霜、护肤液也是一种皮肤防护用品，它们的功效也是各种各样，适当选择也能起一定的作用。请记住，没有万能护肤霜，有的护肤霜只是用来防护水溶性物质的。

6. 卫生

卫生包括保持作业场所清洁和作业人员的个人卫生两个方面。

（1）保持作业场所清洁　经常清洗作业场所，对废物和溢出物加以适当处置，保持作业场所清洁，也能有效地预防和控制化学品危害。如定期用吸尘机将地面、工作台上的粉尘清扫干净；泄漏的液体及时用密闭容器装好，并于当天从车间取走；若装化学品的容器损坏或泄漏，应及时将化学品转移到好的容器内，损坏的容器作适当处置。尽量不使用扫帚和拖把清扫粉尘，因为扫帚和拖把在扫起有害物时容易散布到空气中，而被工人吸入体内。湿润法也可控制危害物流通，但最好与其他方法如局部排风系统一起使用。

另外，在有毒物质作业场所，还应设置必要的卫生设施如盥洗设备、淋浴室及更衣室和个人专用衣箱。对能经皮肤吸收或局部作用大的毒物还应配备皮肤和眼睛的冲洗设施。

（2）作业人员的个人卫生　作业人员养成良好的卫生习惯也是消除和降低化学品危害的一种有效方法。保持好个人卫生，防止有害物附着在皮肤上，防止有害物质通过皮肤渗入体内。

使用化学品的过程中，保持个人卫生的基本原则如下：

① 要遵守安全操作规程并使用适当的防护用品，避免产生化学品暴露的可能性；
② 工作结束后、饭前、饮水前、吸烟前以及便后要充分清洗身体的暴露部分；
③ 定期检查身体以确保皮肤的健康；
④ 皮肤受伤时，要完好地包扎；
⑤ 每时每刻都要防止自我感染，尤其是在清洗或更换工作服时更要注意；
⑥ 在衣服口袋里不装被污染的东西，如脏擦布、工具等；
⑦ 防护用品要分洗、分放；
⑧ 勤剪指甲并保持指甲洁净；
⑨ 不接触能引起过敏反应的化学物质。

除此以外，以下卫生措施也需引起注意：

① 即使产品标签上没有标明使用时应穿防护服，在使用过程中也要尽可能地护住身体的暴露部分，如穿长袖衬衫等；
② 由于工作条件的限制，不便于穿工作服的工作，应寻求使用不需穿工作服的化学品，并在购买前要看清标签或向供应商咨询。

二、化学品的管理控制

管理控制是指通过管理手段按照国家法律和标准建立起来的管理程序和措施，是预防工作场所中化学品危害的一个重要方面。例如对工作场所进行危害识别、张贴标志；在化学品包装上粘贴安全标签；化学品运输、经营过程中附上化学产品安全技术说明书；从业人员的安全培训和资质认定；采取接触监测、医学监督等措施均可到达管理控制的目的。

1. 危害识别

识别化学品危害性的原则是，首先要弄清所使用或正在生产的是什么化学品，它是怎样引起伤害事故和职业病的，它是怎样引起火灾和爆炸的，溢出和泄漏后是如何危害环境的。《工作场所安全使用化学品规定》明确规定对化学品进行危险性鉴别是生产单位的责任。生产单位必须对自己生产的化学品进行危险鉴别，并进行标志，对生产的危险化学品加贴安全标签，并向用户提供化学品安全技术说明书，确保有可能接触化学品的每一个人都能够对其危害进行识别。

2. 粘贴安全标签

所有盛装化学品的容器都要加贴安全标签，而且要经常检查，确保在容器上贴着合格的标签。贴标签是为了警示使用者化学品的危害性以及一旦发生事故应采取的救护措施。

生产单位出厂的危险化学品，其包装上必须加贴标准的安全标签，出厂的非危险化学品应有标志。使用单位使用的非危险化学品应有标志，危险化学品应有安全标签，防止有害物通过皮肤渗入体内。当一种危险化学品需要从一个容器分装到其他容器时，必须在所有的分装容器上贴上安全标签。

3. 配备化学品安全技术说明书（MSDS）

企业中使用的任何化学品都必须备有 MSDS，化学品安全技术说明书提供了有关化学品本身及安全使用方面的基本信息，详细描述了化学品的燃爆、毒性和环境危害，给出了安全防护、急救措施、安全储运、泄漏应急处理、法规等方面的信息，是了解化学品安全卫生信息的综合性资料。它也是化学品安全生产、安全流通、安全使用的指导性文件，是应急行动时的技术指南，是企业进行安全教育的重要内容，是制定化学品安全操作规程的基础。

4. 安全储存

安全储存是化学品流通过程中非常重要的一个环节，处理不当就会造成事故。如深圳清水河危险品仓库爆炸事故，给国家财产和人民生命造成了巨大损失。为了加强对危险化学品储存的管理，国家制定了《常用化学危险品贮存通则》（GB 15603—1995），对危险化学品的储存场所、储存安排及储存限量、储存管理等都作了详细规定。

5. 安全传送

工作场所间的化学品一般是通过管道、传送带或铲车、有轨道的小轮车、手推车传送的。用管道输送化学品时，必须保证阀门与法兰完好，整个管道系统无跑、冒、滴、漏现象。使用密封式传送带，可避免粉尘的扩散。如果化学品以高速高压通过各种系统，则必须注意避免产生热的积累，否则将引起火灾或爆炸。用铲车运送化学品时，道路要足够宽，并有清楚的标志，以减少冲撞及溢出的可能性。

6. 安全处理与使用

化学品主要通过三种途径（即吸入、食入、皮肤吸收）进入人体。在工作场所中，化学品主要通过吸入进入人体，其次是皮肤吸收。

可吸入的化学品在空气中以粉尘、蒸气、烟、雾的形式存在。粉尘通常产生于研磨、压碎、切削、钻孔或破碎过程，蒸气产生于加热的液体或固体，雾产生于喷涂、电镀或沸腾过程，烟产生于焊接或铸造时金属的熔化。

当处理液态化学品时，液体飞溅到裸露的皮肤上是造成皮肤吸收的最常见的现象。例如把零件浸入脱脂槽、机器运转时上油、传输液体等情况都容易使皮肤接触到液态化学品。所以使用或处理化学品时必须视作业场所具体情况穿戴适当的个人防护用品。对一些易燃化学品，关键是控制热源，要防止产生火灾或爆炸。

处理或使用化学品时一定要注意下列事项：

① 工作场所要有防护措施，如通风、屏蔽等；
② 使用者具有化学品安全方面的专业知识，接受过专业培训；
③ 看懂安全标签和安全技术说明书的内容，了解接触的化学品的特性，选择适当的个人防护用品，掌握事故应急方法和操作注意事项；
④ 使用易燃化学品时要控制好火源；
⑤ 检查防护用品和其他安全装置的完好性；
⑥ 确保应急装备处于完好、可使用状态。

7. 废物处理方法

所有生产过程都会产生一定数量的废物，有害的废弃物若处理不当，不仅对工人健康构成危害、还可能发生火灾和爆炸，而且危害环境及居住在工厂周围的居民。

所有的废物应装在特制的有标签的容器内，任何盛装过有毒或易燃物质的空容器或袋子也应弃入这样的容器内，并将容器运送到指定地点进行废物处理。

处理有毒、有害废物要有一定的操作规程，有关人员应接受适当的培训，并通过适当的控制措施得到保障。

8. 接触监测

健全的职业卫生服务在预防职业中毒时极为重要，除积极参与以上工作外，应对作业场所空气中的毒物浓度进行定期或不定期的监测和监督，将其控制在国家标准浓度以下。

车间有害物质（包括蒸气、粉尘和烟雾）浓度的监测是评价作业环境质量的重要手段，是职业安全卫生管理的一个重要内容。

接触监测要有明确的监测目标和对象，在实施过程中要拟订监测方案，结合现场实际和生产的特点，合理运用采样方法、方式，正确选择采样地点，掌握好采样的时机和周期，并采用最可靠的分析方法。对所得的监测结果要进行认真的分析研究，与国家权威机构颁布的接触限值进行比较，若发现问题，应及时采取措施，控制污染和危害源，减少作业人员的接触。

9. 医学监督（健康检查）

医学监督也称体检，它包括健康监护、疾病登记和健康评定。定期的健康检查有助于发现工人在接触有害因素早期的健康改变和职业病征兆。通过对既往的疾病登记和定期的健康评定，对接触者的健康状况作出评估，同时也反映出控制措施是否有效。化工行业已开展健康监护工作多年，制订了较为完整的系统管理规定和技术操作方案，取得了很好的社会效益。

此外，发挥工会组织的积极作用，合理实施有毒作业保健待遇制度，安排夜班工人休息，因地制宜地开展各种体育锻炼，组织青年职工进行有益身心的业余活动或定期安排疗养等。

10. 培训教育

培训教育在控制化学品危害中起着重要的作用。通过培训使工人能正确使用安全标签和化学品安全技术说明书，了解所使用的化学品的理化危害、健康危害和环境危害，掌握必要的应急处理方法和自救、互救措施，掌握个人防护用品的选择、使用、维护和保养等，掌握特定设备和材料如急救、消防、溅出和泄漏控制设备的使用，从而达到安全使用化学品的目的。

企业有责任对工人进行培训，使之具有辨识控制措施是否失效的能力，并能理解为该化学品提供的标签与危害信息的内容，工人考核合格后方可上岗。而对于现有工人，应进行定期再培训，使他们的知识和技能得到及时的更新。

三、劳动者的权利与义务

为了预防、控制和消除职业病危害，防治职业病，保护劳动者健康及其相关权益，促进经济发展，全国职业病防治专家和全国人民代表大会法律委员会、教科文卫组织及人大常委会法制工作委员会的法律专家，经过10余年的调查研究，依宪法提出《中华人民共和国职业病防治法》（简称《职业病防治法》），于2001年10月27日第九届全国人民代表大会常务委员会第二十四会议通过，并自2002年5月1日起实施。第十一届全国人民代表大会常务委员会第二十四次会议于2011年12月31日通过了《全国人民代表大会常务委员会关于修改〈中华人民共和国职业病防治法〉的决定》，进行第一次修正。2018年12月29日第四次修正，新修订的《职业病防治法》共七章八十八条，分总则、前期预防、劳动过程中的防护与管理、职业病诊断与职业病病人保障、监督检查、法律责任、附则。

《职业病防治法》赋予了劳动者免受职业病危害、保障自身合法权益的八项权利，当然，也规定了劳动者的相关义务，如履行劳动合同，遵守《职业病防治法》等法律法规的规定，学习和掌握相关的职业卫生知识，增强职业病防范意识，遵守职业病防治法律、法规、规章和操作规程，正确使用、维护职业病防护设备和个人使用的职业病防护用品，发现职业病危害事故隐患应当及时报告等义务。

1. 知情权

根据《职业病防治法》的规定，产生职业病危害的用人单位，应当在醒目位置设置公告栏，公布有关职业病防治的规章制度、操作规程、职业病危害事故应急救援措施和工作场所职业病危害因素检测结果。

对产生严重职业病危害的作业岗位，应当在其醒目位置，设置警示标识和中文警示说明。警示说明应当载明产生职业病危害的种类、后果、预防以及应急救治措施等内容。

向用人单位提供可能产生职业病危害的化学品、放射性同位素和含有放射性物质的材料的，应当提供中文说明书。说明书应当载明产品特性、主要成分、存在的有害因素、可能产生的危害后果、安全使用注意事项、职业病防护以及应急救治措施等内容。产品包装应当有醒目的警示标识和中文警示说明。储存上述材料的场所应当在规定的部位设置危险物品标识或者放射性警示标识。

《职业病防治法》还规定，用人单位与劳动者订立劳动合同（含聘用合同，下同）时，应当将工作过程中可能产生的职业病危害及其后果、职业病防护措施和待遇等如实告知劳动者，并在劳动合同中写明，不得隐瞒或者欺骗。对从事接触职业病危害的作业的劳动者，用人单位应当按照国务院安全生产监督管理部门、卫生行政部门的规定组织上岗前、在岗期间和离岗时的职业健康检查，并将检查结果书面告知劳动者。职业健康检查费用由用人单位承担。

劳动者有权了解工作场所产生或者可能产生的职业病危害因素、危害后果和应当采取的职业病防护措施。

2. 培训权

劳动者有权获得职业卫生教育、培训。用人单位应当对劳动者进行上岗前的职业卫生培训和在岗期间的定期职业卫生培训，普及职业卫生知识，督促劳动者遵守职业病防治法律、法规、规章和操作规程，指导劳动者正确使用职业病防护设备和个人使用的职业病防护用品。劳动者应当学习和掌握相关的知识，遵守相关的法律、法规、规章和操作规程，正确使用、维护职业病防护设备和个人使用的职业病防护用品，发现职业病危害事故隐患应当及时报告。

3. 拒绝冒险权

根据《职业病防治法》的规定，劳动者有权拒绝在没有职业病防护措施下从事职业危害作业，有权拒绝违章指挥和强令的冒险作业。用人单位若与劳动者设立劳动合同时，没有将可能产生的职业病危害及其后果等告知劳动者，劳动者有权拒绝从事存在职业病危害的作业，用人单位不得因此解除或者终止与劳动者所订立的劳动合同。

4. 检举、控告权

《职业病防治法》在总则中有明确规定，任何单位和个人有权对违反本法的行为进行检举和控告。对违反职业病防治法律、法规以及危及生命健康的行为提出批评、检举和控告，是《职业病防治法》赋予劳动者的一项职业卫生保护权利。用人单位若因劳动者依法行使检举、控告权而降低其工资、福利等待遇或者解除、终止与其订立的劳动合同，《职业病防治法》明确规定这种行为是无效的。

5. 特殊保障权

未成年人、女职工、有职业禁忌的劳动者，在《职业病防治法》中享有特殊的职业卫生保护的权利。根据该法规定，产生职业病危害的用人单位在工作场所应有配套的更衣间、洗浴间、孕妇休息间等卫生设施。国家对从事放射性、高毒、高危粉尘等作业实行特殊管理。用人单位不得安排未成年工从事接触职业病危害的作业；不得安排孕期、哺乳期的女职工从事对本人和胎儿、婴儿有危害的作业；不得安排有职业禁忌的劳动者从事其所禁忌的作业。

6. 参与决策权

参与用人单位职业卫生工作的民主管理，对职业病防治工作提出意见和建议，是《职业病防治法》规定的劳动者所享有的一项职业卫生保护权利。劳动者参与用人单位职业卫生工作的民主管理，是由职业病防治工作的特点所决定的，也是确保劳动者权益的有效措施。劳动者本着搞好职业病防治工作，应对所在用人单位的职业病防治管理工作是否符合法律法规规定、是否科学合理等方面，直接或间接地提出意见和建议。

7. 职业健康权

对于从事接触职业病危害作业的劳动者，用人单位除了应组织职业健康检查外，还规定了应为劳动者建立、健全职业卫生档案和健康监护档案，并按照规定的期限妥善保存。对遭受或者可能遭受急性职业病危害的劳动者，用人单位应当及时组织救治、进行健康检查和医学观察，并承担所需费用。获得职业健康检查、职业病诊疗、康复等职业病防治服务，是劳动者依法享有的一项职业卫生保护权利。

当劳动者被怀疑患有职业病时，《职业病防治法》还规定用人单位应及时安排对病人进行诊断，在病人诊断或者医学观察期间，不得解除或者终止与其订立的劳动合同。根据这个法律规定，职业病病人依法享受国家规定的职业病待遇。用人单位应当按照国家有关规定，安排职业病病人进行治疗、康复和定期检查；对不适宜继续从事原工作的职业病病人，应当调离原岗位，并妥善安置；对从事接触职业病危害的作业的劳动者，应当给予适当岗位津贴。职业病病人的诊疗、康复费用，伤残以及丧失劳动能力的职业病病人的社会保障，按照国家有关工伤保险的规定执行。

8. 损害赔偿权

用人单位应当建立、健全职业病防治责任制，加强对职业病防治的管理，提高职业病防治水平，对本单位产生的职业病危害承担责任，这是《职业病防治法》总则中的一项规定。这个法律规定，职业病病人除依法享有工伤社会保险外，依照有关民事法律，尚有获得赔偿权利的，有权向用人单位提出赔偿要求。

本章小结

本章第一节主要介绍了危险化学品潜在的火灾、爆炸等理化危害相关的知识；第二节主要介绍了毒物的概念、有毒化学品进入人体的途径及其对人体的危害相关的知识；第三节主要介绍了有毒化学品进入环境的途径以及对环境的危害相关的知识；第四节主要介绍了化学品危害预防与控制相关的知识。通过相关实例的展示，可以帮助读者深入学习和掌握相关的知识点。

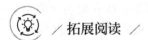

拓展阅读

天津港"8·12"特别重大火灾爆炸事故案例

一、事故概况

2015年8月12日22时51分46秒，位于天津市滨海新区吉运二道95号的瑞海公司危险品仓库运抵区（"待申报装船出口货物运抵区"的简称，属于海关监管场所，用金属栅栏与外界隔离。由经营企业申请设立，海关批准，主要用于出口集装箱货物的运抵和报关监管）最先起火，23时34分06秒发生第一次爆炸，23时34分37秒发生第二次更剧烈的爆炸。两次爆炸分别形成一个直径15m、深1.1m的月牙形小爆坑和一个直径97m、深2.7m的圆形大爆坑。以大爆坑为爆炸中心，150m范围内的建筑被摧毁，东侧的瑞海公司综合楼和南侧的中联建通公司办公楼只剩下钢筋混凝土框架；堆场内大量普通集装箱和罐式集装箱被掀翻、解体、炸飞，形成由南至北的 3 座巨大堆垛，一个罐式集装箱被抛进中联建通公司办公楼 4 层房间内，多个集装箱被抛到该建筑楼顶；参与救援的消防车、警车和位于爆炸中心南侧的吉运一道和北侧吉运三道附近的顺安仓储有限公司、安邦国际贸易有限公司储存的 7641 辆商品汽车和现场灭火的 30 辆消防车在事故中全部损毁，邻近中心区的贵龙实业、新东物流、港湾物流等公司的 4787 辆汽车受损。

二、人员伤亡和财产损失情况

事故造成 165 人遇难（参与救援处置的公安现役消防人员 24 人、天津港消防人员 75 人、公安民警 11 人，事故企业、周边企业员工和周边居民 55 人），8 人失踪（天津港消防人员 5 人，周边企业员工、天津港消防人员家属 3 人），798 人受伤住院治疗（伤情重及较重的伤员 58 人、轻伤员 740 人）；304 幢建筑物（其中办公楼宇、厂房及仓库等单位建筑 73 幢，居民 1 类住宅 91 幢、2 类住宅 129 幢、居民公寓 11 幢）、12428 辆商品汽车、7533 个集装箱受损。事故调查组依据《企业职工伤亡事故经济损失统计标准》（GB 6721—1986）等标准和规定统计，核定直接经济损失超过 68 亿元人民币。

三、环境污染情况

通过分析事发时瑞海公司储存的 111 种危险货物的化学组分，确定至少有 129 种化学物质发生爆炸燃烧或泄漏扩散，其中，氢氧化钠、硝酸钾、硝酸铵、氰化钠、金属镁和硫化钠这 6 种物质的重量占到总重量的 50%。同时，爆炸还引燃了周边建筑物以及大量汽车、焦炭等普通货物。本次事故残留的化学品与产生的二次污染物逾百种，对局部区域的大气环境、水环境和土壤环境造成了不同程度的污染。

1. 大气环境污染情况

事故发生 3 小时后，环保部门开始在事故中心区外距爆炸中心 3~5km 范围内开展大气环境监测。8 月 20 日以后，在事故中心区外距爆炸中心 0.25~3km 范围内增设了流动监测点。经现场检测与专家研判确定，本次事故关注的大气环境特征污染物为氰化氢、硫化氢、氨气和三氯甲烷、甲苯等挥发性有机物。监测分析表明，本次事故对事故中心区大气环境造成较严重的污染。

事故发生后至 9 月 12 日之前，事故中心区检出的二氧化硫、氰化氢、硫化氢、氨气超过《工作场所有害因素职业接触限值》（GBZ 2.1—2007）中规定标准值的 1~4 倍；9 月 12 日以后，检出的特征污染物达到相关标准要求。事故中心区外检出的污染物主要包括氰化氢、硫化氢、氨气、三氯甲烷、苯、甲苯等，污染物浓度超过《大气污染物综合排放标准》（GB 16297—1996）和《天津市恶臭污染物排放标准》（DB 12/059—1995）等规定的标准值 0.5~4 倍，最远的污染物超标点出现在距爆炸中心 5km 处。

2. 水环境污染情况

本次事故主要对距爆炸中心周边约 2.3km 范围内的水体（东侧北段起吉运东路、中段起北港东三路、南段起北港路南段，西至海滨高速；南起京门大道、北港路、新港六号路一线，北至东排明渠北段）造成污染，主要污染物为氰化物。事故现场两个爆坑内的积水严重污染；散落的化学品和爆炸产生的二次污染物随消防用水、洗消水和雨水形成的地表径流汇至地表积水区，大部分进入周边地下管网，对相关水体形成污染；爆炸溅落的化学品造成部分明渠河段和毗邻小区内积水坑存水污染。8 月 17 日对爆坑积水的检测结果表明，呈强碱性，氰化物浓度高达 421mg/L。

事故发生后，在事故中心区外 5km 范围内新建了 27 口地下水监测井，监测结果显示：24

口监测井氰化物浓度满足地下水Ⅲ类水质标准；3口监测井（2口位于爆炸中心北侧753m处，1口位于爆炸中心南侧964m处）氰化物超过地下水Ⅲ类水质标准，同时检出硫酸盐、三氯甲烷、苯等本次事故的相关污染物。初步分析，事故中心区外局部30m以上的地下水受到污染，地表污染水体下渗、地下管网优势通道渗流是地下水受污染的主要原因。

3．土壤环境污染情况

本次事故对事故中心区土壤造成污染，部分点位氰化物和砷浓度分别超过《场地土壤环境风险评价筛选值》（DB11/T 798—2011）中公园与绿地筛选值的0.01~31.0倍和0.05~23.5倍，苯酚、多环芳烃、二甲基亚砜、氯甲基硫氰酸酯等被检出。事故对事故中心区外土壤环境影响较小，事故发生一周后，有部分点位检出氰化物。

4．特征污染物的环境影响

事故造成320.6t氰化钠未得到回收。经测算，约39%在水体中得到有效处置或降解，58%在爆炸中分解或在大气、土壤环境中气化、氧化分解、降解。事故发生后，现场喷洒大量双氧水等氧化剂，极大地促进了氰化钠的快速氧化分解。

5．事故对人的健康影响

本次事故未见因环境污染导致的人员中毒与死亡的情况，住院病例中虽有17人出现因吸入粉尘和污染物引起的吸入性肺炎症状，但无实质损伤，预后良好；未采取完善防护措施进入事故中心区的暴露人群的健康可能会受到影响。

6．需要开展中长期环境风险评估

由于事故残留的化学品与产生的污染物复杂多样，需要继续开展事故中心区环境调查与区域环境风险评估，制定、实施不同区域、不同环境介质的风险管控目标，以及相应的污染防控与环境修复方案和措施。同时，开展长期环境健康风险调查与研究，重点对事故中心区工作人员与住院人员开展健康体检和疾病筛查，监测、判断本次事故对人群健康的潜在风险与损害。

四、事故直接原因

事故调查组通过调查询问事发当晚现场作业员工、调取分析位于瑞海公司北侧的环发讯通公司的监控视频、提取对比现场痕迹物证、分析集装箱毁坏和位移特征，认定事故最初起火部位为瑞海公司危险品仓库运抵区南侧集装箱区的中部。

事故调查组通过调取天津海关H2010通关管理系统数据等，查明事发当日瑞海公司危险品仓库运抵区储存的危险货物包括第2、3、4、5、6、8类及无危险性分类数据的物质，共72种。对上述物质采用理化性质分析、实验验证、视频比对、现场物证分析等方法，逐类逐种进行了筛查：第2类气体2种，均为不燃气体；第3类易燃液体10种，均无自燃或自热特性，且其中着火可能性最高的一甲基三氯硅烷燃烧时火焰较小，与监控视频中猛烈燃烧的特征不符；第5类氧化性物质5种，均无自燃或自热特性；第6类毒性物质12种、第8类腐蚀性物质8种、无危险性分类数据物质27种，均无自燃或自热特性；第4类易燃固体、易于自燃的物质、遇水放出易燃气体的物质8种，除硝化棉外，均不自燃或自热。硝化棉（$C_{12}H_{16}N_4O_{18}$）为白色或微黄色棉絮状物，易燃且具有爆炸性，化学稳定性较差，常温下能缓慢分解并放热，超过40℃时会加速分解，放出的热量如不能及时散失，会造成硝化棉温升加剧，达到180℃时能发生自燃。硝化棉通常加乙醇或水作湿润剂，一旦湿润剂散失，极易引发火灾。实验表明，在硝化棉燃烧过程中伴有固体颗粒燃烧物飘落，同时产生大量气体，形成向上的热浮力。经与事故现场监控视频比对，事故最初的燃烧火焰特征与硝化棉的燃烧火焰特征相吻合。同时查明，事发当天运抵区内共有硝化棉及硝基漆片 32.97t。因此，认定最初着火物质为硝化棉。

对样品硝化棉酒棉湿润剂挥发性进行的分析测试表明：如果包装密封性不好，在一定温度下湿润剂会挥发散失，且随着温度升高而加快；如果包装破损，在 50℃下 2h 乙醇湿润剂会全部挥发散失。事发当天最高气温达 36℃，实验证实，在气温为 35℃时集装箱内温度可达 65℃以上。以上几种因素耦合作用引起硝化棉湿润剂散失，出现局部干燥，在高温环境作用下，加速分解反应，产生大量热量，由于集装箱散热条件差，致使热量不断积聚，硝化棉温度持续升高，达到其自燃温度，发生自燃。

最终认定事故直接原因是：瑞海公司危险品仓库运抵区南侧集装箱内的硝化棉由于湿润剂散失出现局部干燥，在高温（天气）等因素的作用下加速分解放热，积热自燃，引起相邻集装箱内的硝化棉和其他危险化学品长时间大面积燃烧，导致堆放于运抵区的硝酸铵等危险化学品发生爆炸。

五、涉事企业存在的主要问题

瑞海公司违法违规经营和储存危险货物，安全管理极其混乱，未履行安全生产主体责任，致使大量安全隐患长期存在。

通过查阅此事故案例相关的材料，请分析总结引发该起安全事故的几条主要原因，并提出同类企业应如何做好化学品储存安全管理工作？

/ 思考题 /

1. 危险化学品的危害主要有哪几种？
2. 导致化工火灾或爆炸事故发生的主要原因有哪些？
3. 有毒化学品对人体有哪些危害？
4. 毒物进入环境的途径有哪些？
5. 有毒化学品会给环境带来哪些危害？
6. 化学品危害操作控制的基本原则是什么？
7. 在危险化学品的使用过程中，保持个人卫生的基本原则是什么？
8. 《职业病防治法》中规定了劳动者有哪些免受职业病危害、保障自身合法权益的权利？

/ 拓展练习题 /

一、选择题

1. 燃烧的必要条件不包括（　　）。
   A. 要有可燃物　　B. 要有助燃物　　C. 要有点火源　　D. 要有氧气
2. 爆炸的特征不包括（　　）。
   A. 爆炸过程进行得很快　　　　　　B. 爆炸点附近压力急剧升高
   C. 发出或大或小的响声　　　　　　D. 有新的物质生成
3. 为了（　　），在储存和使用易燃液体的区域必须要有良好的通风。

A．防止易燃气体积聚而发生爆炸和火灾　　B．冷却易燃液体
C．保持易燃液体的质量

4．可燃气体、蒸气和粉尘与空气（或助燃气体）的混合物，必须在一定的浓度范围内，遇到足以起爆的火源才能发生爆炸。这个可爆炸的浓度范围，叫作该爆炸物的（　　）。

A．爆炸极限　　B．爆炸浓度极限　　C．爆炸上限　　D．爆炸下限

5．油脂接触纯氧发生燃烧属于（　　）。

A．闪燃　　B．着火　　C．本身自燃　　D．受热自燃

6．运输易燃易爆化学物品的船舶上的烟囱应带（　　）熄灭器。

A．干粉　　B．火星　　C．二氧化碳　　D．泡沫

7．对于遇水或潮湿产生气体的危险化学品，对其包装的风口要求应（　　）。

A．密封良好　　B．防潮　　C．防水　　D．设计排气小孔

8．运输易燃、易爆物品的机动车，其排气管应安装（　　），并悬挂"危险品"标志。

A．被动式隔爆装置　　B．阻火器　　C．火星熄灭器　　D．防爆片

9．易燃易爆场所应穿（　　）。

A．防静电工作服　　B．化纤工作服　　C．一般防护服　　D．防酸碱防护服

10．在工业生产过程中，毒物最主要是通过（　　）途径进入人体的。

A．呼吸道　　B．消化道　　C．皮肤　　D．指甲

11．下列生产过程中的危害因素，属于化学因素的是（　　）。

A．病毒　　B．真菌　　C．工业毒物　　D．辐射

12．有毒物质工作场所要根据（　　）特点和危害特点配备现场急救用品。

A．理化　　B．生化　　C．物化　　D．化学

13．氯气为黄绿色、窒息性气体，有剧毒，发生漏氯或跑氯时，处理应佩戴氧气面具或防毒面具。无防毒面具或氧气面具时，可用（　　）捂住口鼻，并迅速离开氯气泄漏点，不能顺风离去。

A．湿毛巾　　B．手　　C．报纸　　D．餐巾纸

14．工作场所中有毒物质的浓度必须控制在（　　）以下，而不容许超过此限值。

A．工人接触时间肺总通气量　　B．呼吸性粉尘容许浓度
C．最高容许浓度　　D．粉尘浓度超标倍数

15．有毒作业宜采用低毒原料代替高毒原料。因工艺要求必须使用高毒原料时，应强化（　　）措施。

A．降温　　B．通风排毒
C．密闭化、自动化　　D．隔离

16．作业场所毒物浓度很高时最好选用（　　）。

A．过滤式防毒面具　　B．隔离式防毒面具
C．防毒服　　D．简易防毒口罩

二、判断题

1．扩散火焰燃烧速度取决于气体扩散速度，混合火焰燃烧速度取决于本身的化学反应速率。（　　）

2．液体燃烧前必须先蒸发而后燃烧。（　　）

3．爆炸下限大于10%的可燃气体为甲类危险火灾，爆炸下限小于10%的可燃气体为乙类

危险火灾。（　　）

4．爆炸反应的实质就是瞬间的剧烈燃烧反应，因而爆炸需要外界供给助燃剂（空气或氧气）。（　　）

5．爆炸物品、一级易燃物品、遇湿燃烧物品和剧毒物品在采取有效的防护措施的条件下可露天堆放。（　　）

6．生产性毒物对机体的作用很大程度上取决于毒物的浓度、剂量与接触时间。（　　）

7．车间空气中有害物质的最高容许浓度是衡量车间空气污染程度的卫生标准，但它不是安全与否的绝对界限。（　　）

8．有可能泄漏液态剧毒物质的高风险作业场所，应专设泄险区等应急设施。（　　）

9．经皮肤吸收是毒物进入人体最主要途径。（　　）

10．呈气体、蒸气、气溶胶（粉尘、烟、雾）状态的毒物均可经呼吸道进入人体。（　　）

第五章 危险化学品重大危险源安全管理

第一节 重大危险源辨识与分级

目前,我国有关危险化学品重大危险源普查辨识的法规及规范标准主要有《危险化学品重大危险源监督管理暂行规定》《关于开展重大危险源监督管理工作的指导意见》和《危险化学品重大危险源辨识》(GB 18218—2018)。《危险化学品重大危险源辨识》(GB 18218—2018)列出了危险化学品重大危险源的辨识方法,并提供了85种常见危险化学品的具体临界量(见表5-1)与依据健康危害和物理危险划分的不同类别物质的临界量(见表5-2)。

一、重大危险源的辨识

1. 危险化学品重大危险源

根据《危险化学品重大危险源辨识》(GB 18218—2018)的规定,危险化学品重大危险源是指长期地或临时地生产、储存、使用或经营危险化学品,且危险化学品的数量等于或超过临界量的单元。

单元是指涉及危险化学品的生产、储存装置、设施或场所,分为生产单元和储存单元。生产单元是指危险化学品的生产、加工及使用等的装置及设施,当装置及设施之间有切断阀时,以切断阀作为分隔界限划分为独立的单元。储存单元是指用于储存危险化学品的储罐或仓库组成的相对独立的区域,储罐区以储罐区防火堤为界限划分为独立的单元,仓库以独立库房(独立建筑物)为界限划分为独立的单元。

2. 重大危险源的辨识方法

危险化学品应依据其危险特性及其数量进行重大危险源辨识,主要通过计算单元内拥有的危险物质的数量是否超过临界量来界定。危险化学品的纯物质及其混合物应按 GB 30000.2~30000.16—2013 和 GB 30000.18—2013 的规定进行分类。临界量是对于某种或某类危险化学品规定的数量,具体见表5-1和表5-2。

危险化学品临界量的确定方法如下:

① 在表5-1范围内的危险化学品,其临界量按表5-1确定;

② 未在表 5-1 范围内的危险化学品，依据其危险性，按表 5-2 确定临界量；若一种危险化学品具有多种危险性，按其中最低的临界量确定。

表 5-1 危险化学品名称及其临界量

序号	危险化学品名称和说明	别名	CAS 号	临界量/t
1	氨	液氨；氨气	7664-41-7	10
2	二氟化氧	一氧化二氟	7783-41-7	1
3	二氧化氮		10102-44-0	1
4	二氧化硫	亚硫酸酐	7446-09-5	20
5	氟		7782-41-4	1
6	碳酰氯	光气	75-44-5	0.3
7	环氧乙烷	氧化乙烯	75-21-8	10
8	甲醛（含量>90%）	蚁醛	50-00-0	5
9	磷化氢	磷化三氢；膦	7803-51-2	1
10	硫化氢		7783-06-4	5
11	氯化氢（无水）		7647-01-0	20
12	氯	液氯；氯气	7782-50-5	5
13	煤气（CO，CO 和 H_2、CH_4 的混合物等）			20
14	砷化氢	砷化三氢、胂	7784-42-1	1
15	锑化氢	三氢化锑；锑化三氢；䏽	7803-52-3	1
16	硒化氢		7783-07-5	1
17	溴甲烷	甲基溴	74-83-9	10
18	丙酮氰醇	丙酮合氰化氢；2-羟基异丁腈；氰丙醇	75-86-5	20
19	丙烯醛	丙烯醛；败脂醛	107-02-8	20
20	氟化氢		7664-39-3	1
21	1-氯-2,3-环氧丙烷	环氧氯丙烷（3-氯-1,2-环氧丙烷）	106-89-8	20
22	3-溴-1,2-环氧丙烷	环氧溴丙烷；溴甲基环氧乙烷；表溴醇	3132-64-7	20
23	甲苯二异氰酸酯	二异氰酸钾苯酯；TDI	26471-62-5	100
24	一氯化硫	氯化氢	10025-67-9	1
25	氰化氢	无水氢氰酸	74-90-8	1
26	三氧化硫	硫酸酐	7446-11-9	75
27	3-氨基丙烯	烯丙胺	107-11-9	75
28	溴	溴素	7726-95-6	20
29	乙撑亚胺	吖丙啶；1-氮杂环丙烷；氮丙啶	151-56-4	20
30	异氰酸甲酯	甲基异氰酸酯	624-83-9	0.75
31	叠氮化钡	叠氮钡	18810-58-7	0.5

续表

序号	危险化学品名称和说明	别名	CAS 号	临界量/t
32	叠氮化铅		13424-46-9	0.5
33	雷汞	二雷酸汞;雷酸汞	628-86-4	0.5
34	三硝基苯甲醚	三硝基茴香醚	28653-16-9	5
35	2,4,6-三硝基甲苯	梯恩梯;TNT	118-96-7	5
36	硝化甘油	硝化三丙醇;甘油三硝酸酯	55-63-0	1
37	硝化纤维素[干的或含水(或乙醇)＜25%]	硝化棉	9004-70-0	1
38	硝化纤维素(未改型的,或增塑的,含增塑剂＜18%)			1
39	硝化纤维素(含乙醇≥25%)			10
40	硝化纤维素(含氮≤12.6%)			50
41	硝化纤维素(含水≥25%)			50
42	硝化纤维素溶液(含氮量≤12.6%,含硝化纤维素≤55%)	硝化棉溶液	9004-70-0	50
43	硝酸铵(含可燃物＞0.2%,包括以碳计算的任何有机物,但不包括任何其他添加剂)		6484-52-2	5
44	硝酸铵(含可燃物≤0.2%)		6484-52-2	50
45	硝酸铵肥料(含可燃物≤0.4%)			200
46	硝酸钾		7757-79-1	1000
47	1,3-丁二烯	联乙烯	106-99-0	5
48	二甲醚	甲醚	115-10-6	50
49	甲烷,天然气		74-82-8(甲烷) 8006-14-2(天然气)	50
50	氯乙烯	乙烯基氯	75-01-4	50
51	氢	氢气	1333-74-0	5
52	液化石油气(含丙烷、丁烷及其混合物)	石油气(液化的)	68476-85-7 74-98-6(丙烷) 106-97-8(丁烷)	50
53	一甲胺	氨基甲烷;甲胺	74-89-5	5
54	乙炔	电石气	74-86-2	1
55	乙烯		74-85-1	50
56	氧(压缩的或液化的)	液氧;氧气	7782-44-7	200
57	苯	纯苯	71-43-2	50
58	苯乙烯	乙烯苯	100-42-5	500
59	丙酮	二甲基酮	67-64-1	500
60	2-丙烯腈	丙烯腈;乙烯基氰;氰基乙烯	107-13-0	50
61	二硫化碳		75-15-0	50
62	环己烷	六氢化苯	110-82-7	500

续表

序号	危险化学品名称和说明	别名	CAS 号	临界量/t
63	1,2-环氧丙烷	氧化丙烯；甲基环氧乙烷	75-56-9	10
64	甲苯	甲基苯；苯基甲烷	108-88-3	500
65	甲醇	木醇；木精	67-56-1	500
66	汽油（乙醇汽油、甲醇汽油）		86290-81-5（汽油）	200
67	乙醇	酒精	64-17-5	500
68	乙醚	二乙基醚	60-29-7	10
69	乙酸乙酯	醋酸乙酯	141-78-6	500
70	正己烷	己烷	110-54-3	500
71	过乙酸	过醋酸；过氧乙酸；乙酰过氧化氢	79-21-0	10
72	过氧化甲基乙基酮（10%＜有效含氧量≤10.7%，含 A 型稀释剂≥48%）		1338-23-4	10
73	白磷	黄磷	12185-10-3	50
74	烷基铝	三烷基铝		1
75	戊硼烷	五硼烷	19624-22-7	1
76	过氧化钾		17014-71-0	20
77	过氧化钠	双氧化钠；二氧化钠	1313-60-6	20
78	氯酸钾		3811-04-9	100
79	氯酸钠		7775-09-9	100
80	发烟硝酸		52583-42-3	20
81	硝酸（发红烟的除外，含硝酸＞79%）		7697-37-2	100
82	硝酸胍	硝酸亚氨脲	506-93-4	50
83	碳化钙	电石	75-20-7	100
84	钾	金属钾	7440-09-7	1
85	钠	金属钠	7440-23-5	10

表 5-2　未在表 5-1 中列举的危险化学品类别及其临界量

类别	符号	危险性分类及说明	临界量/t
健康危害	J（健康危险性符号）	—	
急性毒性	J1	类别 1，所有暴露途径，气体	5
	J2	类别 1，所有暴露途径，固体、液体	50
	J3	类别 2、类别 3，所有暴露途径，气体	50
	J4	类别 2、类别 3，吸入途径，液体（沸点≤35℃）	50
	J5	类别 2，所有暴露途径，液体（J4 外）、固体	500
物理危险	W（物理危险性符号）	—	

续表

类别	符号	危险性分类及说明	临界量/t
爆炸物	W1.1	不稳定爆炸物 1.1 项爆炸物	1
爆炸物	W1.2	1.2、1.3、1.5、1.6 项爆炸物	10
爆炸物	W1.3	1.4 项爆炸物	50
易燃气体	W2	类别 1 和类别 2	10
气溶胶	W3	类别 1 和类别 2	150（净重）
氧化性气体	W4	类别 1	50
易燃液体	W5.1	类别 1 类别 2 和 3，工作温度高于沸点	10
易燃液体	W5.2	类别 2 和 3，具有引发重大事故的特殊工艺条件 包括危险化工工艺、爆炸极限范围或附近操作、操作压力大于 1.6MPa 等	50
易燃液体	W5.3	不属于 W5.1 或 W5.2 的其他类别 2	1000
易燃液体	W5.4	不属于 W5.1 或 W5.2 的其他类别 3	5000
自反应物质和混合物	W6.1	A 型和 B 型自反应物质和混合物	10
自反应物质和混合物	W6.2	C 型、D 型和 E 型自反应物质和混合物	50
有机过氧化物	W7.1	A 型和 B 型有机过氧化物	10
有机过氧化物	W7.2	C 型、D 型、E 型、F 型有机过氧化物	50
自燃液体和自燃固体	W8	类别 1 自燃液体 类别 1 自燃固体	50
氧化性固体和液体	W9.1	类别 1	50
氧化性固体和液体	W9.2	类别 2、类别 3	200
易燃固体	W10	类别 1 易燃固体	200
遇水放出易燃气体的物质和混合物	W11	类别 1 和类别 2	200

生产单元、储存单元内存在危险化学品的数量等于或超过表 5-1、表 5-2 规定的临界量，即被定为重大危险源。单元内存在的危险化学品的数量根据处理危险化学品种类的多少区分为以下两种情况。

① 生产单元、储存单元内存在的危险化学品为单一品种，则该危险化学品的数量即为单元内危险化学品的总量；若等于或超过相应的临界量，则定为重大危险源。

② 生产单元、储存单元内存在的危险化学品为多品种时，则按式（5-1）计算，若满足式（5-1）则定为重大危险源：

$$q_1/Q_1 + q_2/Q_2 + \cdots + q_n/Q_n \geqslant 1 \tag{5-1}$$

式中 $q_1, q_2, \ldots q_n$——每种危险化学品实际存在量，t；

Q_1,Q_2,…Q_n——与各危险化学品相对应的临界量,t。

危险化学品储罐以及其他容器、设备或仓储区的危险化学品的实际存在量按设计最大量确定。

对于危险化学品混合物,如果混合物与其纯物质属于相同危险类别,则视混合物为纯物质,按混合物整体进行计算;如果混合物与其纯物质不属于相同危险类别,则应按新危险类别考虑其临界量。

危险化学品重大危险源的辨识流程见图 5-1。

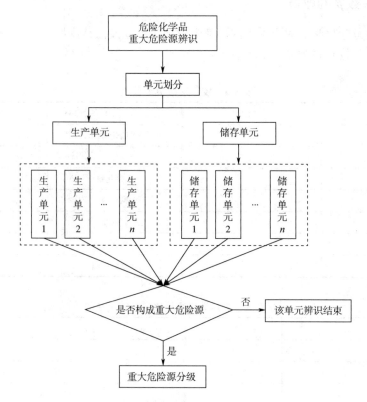

图 5-1 危险化学品重大危险源的辨识流程

二、重大危险源的分级

根据原国家安全生产监督管理总局(现中华人民共和国应急管理部)令第 40 号令《危险化学品重大危险源监督管理暂行规定》第八条规定:危险化学品单位应当对重大危险源进行安全评估并确定重大危险源等级。

重大危险源根据其危险程度,可定量划分为四级,一级为最高级别。

1. 分级指标

采用单元内各种危险化学品实际存在(在线)量与其在《危险化学品重大危险源辨识》(GB 18218—2018)中规定的临界量比值,经校正系数校正后的比值之和 R 作为分级指标。R 的计算方法为:

$$R = \alpha \left(\beta_1 \frac{q_1}{Q_1} + \beta_2 \frac{q_2}{Q_2} + \cdots + \beta_n \frac{q_n}{Q_n} \right) \tag{5-2}$$

式中　$q_1, q_2, \ldots q_n$——每种危险化学品实际存在量，t；

$Q_1, Q_2, \ldots Q_n$——与各危险化学品相对应的临界量，t。

$\beta_1, \beta_2, \ldots \beta_n$——与各危险化学品相对应的校正系数；

α——该危险化学品重大危险源厂区外暴露人员的校正系数。

2. 校正系数 β 的取值

根据单元内危险化学品的类别不同，确定校正系数 β 值，具体见表 5-3，未在表 5-3 中列举的危险化学品的校正系数 β 取值见表 5-4。

表 5-3　校正系数 β 取值表

名称	校正系数 β	名称	校正系数 β
一氧化碳	2	硫化氢	5
二氧化硫	2	氟化氢	5
氨	2	二氧化氮	10
环氧乙烷	2	氰化氢	10
氯化氢	3	碳酰氯	20
溴甲烷	3	磷化氢	20
氯	4	异氰酸甲酯	20

表 5-4　未在表 5-3 中列举的危险化学品校正系数 β 取值表

类别	符号	β 校正系数	类别	符号	β 校正系数
急性毒性	J1	4	自反应物质和混合物	W6.1	1.5
	J2	1		W6.2	1
	J3	2	有机过氧化物	W7.1	1.5
	J4	2		W7.2	1
	J5	1	自燃液体和自燃固体	W8	1
爆炸物	W1.1	2	氧化性固体和液体	W9.1	1
	W1.2	2		W9.2	1
	W1.3	2	易燃固体	W10	1
易燃气体	W2	1.5	遇水放出易燃气体的物质和混合物	W11	1
气溶胶	W3	1			
氧化性气体	W4	1			
易燃液体	W5.1	1.5			
	W5.2	1			
	W5.3	1			
	W5.4	1			

3. 校正系数 α 的取值

根据重大危险源的厂区边界向外扩展 500m 范围内常住人口数量，设定厂外暴露人员校正系数 α 值，具体见表 5-5。

表 5-5 校正系数 α 取值表

厂外可能暴露人员数量	α
100 人以上	2.0
50~99 人	1.5
30~49 人	1.2
1~29 人	1.0
0 人	0.5

4. 分级标准

根据计算出来的 R 值，按表 5-6 确定危险化学品重大危险源的级别。

表 5-6 危险化学品重大危险源级别和 R 值的对应关系

危险化学品重大危险源级别	R 值
一级	$R \geqslant 100$
二级	$100 > R \geqslant 50$
三级	$50 > R \geqslant 10$
四级	$R < 10$

三、重大危险源辨识与分级实例

某化工企业的生产过程主要涉及戊烷和石脑油 2 种危险化学品，依据企业的实际情况，将厂区划分为戊烷装置球罐区（储存单元）和戊烷装置装置区（生产单元），进行危险化学品重大危险源辨识。

厂区生产单元及储存单元涉及的危险化学品被列入该 GB 18218—2018 辨识标准的物质及其最大储量见表 5-7 所示。

表 5-7 生产单元及储存单元涉及危险化学品情况表

序号	单元		物质名称	GB 18218 危险化学品类别	实际存在量 q/t	临界量 Q/t
1	储存单元	戊烷装置球罐区	戊烷	表 5-4 易燃液体，W5.1	2032	10
2	生产单元	戊烷装置装置区	戊烷	表 5-4 易燃液体，W5.1	40	10
3			石脑油	表 5-4 易燃液体，W5.3	144	1000

1. 储存单元重大危险源辨识与分级

（1）储存单元重大危险源辨识　依据表 5-7，储存单元内只有戊烷一种需辨识的危险化学品，其实际最大存在量为 2032t，临界量为 10t，2032/10=203.2 >1，所以该单元为重大危险源。

辨识结论：通过以上辨识结果可知，该化工企业的戊烷装置球罐区已构成了危险化学品重大危险源。

（2）储存单元重大危险源分级　戊烷在表 5-4 中的类别属于易燃液体中的 W5.1 类，因此，可确定校正系数 β=1.5。

根据该企业戊烷装置周围 500m 范围内各装置或办公场所的人员组成情况，推断可能暴露的常住人口数量为 50~99 人，因此，根据表 5-5，可确定重大危险源厂区可能外暴露人员的校正系数 α=1.5。

由此计算出 R=1.5×1.5×203.2/10=457.2>100。

依据表 5-6 中重大危险源级别与 R 值的对应关系，该企业戊烷装置球罐区（储存单元）危险化学品重大危险源级别为一级重大危险源。储存单元重大危险源分级计算结果汇总信息见表 5-8。

2. 生产单元重大危险源辨识与分级

（1）生产单元重大危险源辨识　依据表 5-7，生产单元内有戊烷和石脑油 2 种需辨识的危险化学品，其实际最大存在量分别为 40t 和 144t，对应的临界量分为 10t 和 1000t，依据重大危险源辨识公式，40/10+144/1000=4.144>1，所以该单元为重大危险源。

辨识结论：通过以上辨识结果可知，该化工企业的戊烷装置装置区已构成了危险化学品重大危险源。

（2）生产单元重大危险源分级　戊烷和石脑油在表 5-4 中的类别分别属于易燃液体中的 W5.1 类和 W5.3 类，因此，可确定戊烷的校正系数 β=1.5，石脑油的校正系数 β=1。

根据该企业戊烷装置周围 500m 范围内各装置或办公场所的人员组成情况，推断可能暴露的常住人口数量为 50~99 人，因此，根据表 5-5，可确定重大危险源厂区可能外暴露人员的校正系数 α=1.5。

由此计算出 R=1.5×（1.5×40/10+1×144/1000）=9.216<10。

依据表 5-6 中重大危险源级别与 R 值的对应关系，该企业戊烷装置装置区（生产单元）危险化学品重大危险源级别为四级重大危险源。生产单元重大危险源分级计算结果汇总信息见表 5-8。

表 5-8　重大危险源分级计算结果汇总表

序号	单元	危化品名称	危险性类别	β值	临界量比 q/Q	校正系数 α 值	R	重大危险源级别
1	戊烷装置球罐区	戊烷	表 5-4，易燃液体，W5.1	1.5	203.2	1.5	457.2	一级
2	戊烷装置装置区	戊烷	表 5-4，易燃液体，W5.1	1.5	4	1.5	9.216	四级
3		石脑油	表 5-4，易燃液体，W5.3	1	0.144	1.5		

第二节 重大危险源安全管理

为了加强危险化学品重大危险源的安全监督管理，防止和减少危险化学品事故的发生，根据《中华人民共和国安全生产法》和《危险化学品安全管理条例》等有关法律、行政法规，2011年12月1日颁布实施了《危险化学品重大危险源监督管理暂行规定》（原国家安全生产监督管理总局令第40号），从事危险化学品生产、储存、使用和经营的单位的危险化学品重大危险源的辨识、评估、登记建档、备案、核销及其监督管理，均适用本规定。

一、重大危险源的安全评估

《危险化学品重大危险源监督管理暂行规定》第八条规定：危险化学品单位应当对重大危险源进行安全评估并确定重大危险源等级。危险化学品单位可以组织本单位的注册安全工程师、技术人员或者聘请有关专家进行安全评估，也可以委托具有相应资质的安全评价机构进行安全评估。

依照法律、行政法规的规定，危险化学品单位需要进行安全评价的，重大危险源安全评估可以与本单位的安全评价一起进行，以安全评价报告代替安全评估报告，也可以单独进行重大危险源安全评估。

《危险化学品重大危险源监督管理暂行规定》第十条规定：重大危险源安全评估报告应当客观公正、数据准确、内容完整、结论明确、措施可行，并包括下列内容。

① 评估的主要依据。
② 重大危险源的基本情况。
③ 事故发生的可能性及危害程度。
④ 个人风险和社会风险值（仅适用定量风险评价方法）。
⑤ 可能受事故影响的周边场所、人员情况。
⑥ 重大危险源辨识、分级的符合性分析。
⑦ 安全管理措施、安全技术和监控措施。
⑧ 事故应急措施。
⑨ 评估结论与建议。

危险化学品单位以安全评价报告代替安全评估报告的，其安全评价报告中有关重大危险源的内容应当符合本条第一款规定的要求。

二、重大危险源的安全管理

危险化学品重大危险源安全管理应从以下几方面着手。

① 危险化学品单位应当建立并完善重大危险源安全管理规章制度和安全操作规程，并采取有效措施保证其得到执行。
② 危险化学品单位应当根据构成重大危险源的危险化学品种类、数量、生产、使用工艺（方

式）或者相关设备、设施等实际情况，按照下列要求建立健全安全监测监控体系，完善控制措施。

　　a. 重大危险源配备温度、压力、液位、流量、组分等信息的不间断采集和监测系统以及可燃气体和有毒有害气体泄漏检测报警装置，并具备信息远传、连续记录、事故预警、信息存储等功能；一级或者二级重大危险源，具备紧急停车功能。记录的电子数据的保存时间不少于30d。

　　b. 重大危险源的化工生产装置装备满足安全生产要求的自动化控制系统；一级或者二级重大危险源，装备紧急停车系统。

　　c. 对重大危险源中的毒性气体、剧毒液体和易燃气体等重点设施，设置紧急切断装置；毒性气体的设施，设置泄漏物紧急处置装置。涉及毒性气体、液化气体、剧毒液体的一级或者二级重大危险源，配备独立的安全仪表系统（SIS）。

　　d. 重大危险源中储存剧毒物质的场所或者设施，设置视频监控系统。

　　e. 安全监测监控系统符合国家标准或者行业标准的规定。

　　③ 定期对重大危险源的安全设施和安全监测监控系统进行检测、检验，并进行经常性维护、保养，保证重大危险源的安全设施和安全监测监控系统有效、可靠运行。维护、保养、检测应当做好记录，并由有关人员签字。

　　④ 明确重大危险源中关键装置、重点部位的责任人或责任部门，并对重大危险源的安全生产状况进行定期检查，及时采取措施消除事故隐患。事故隐患难以立即排除的，应当及时制订治理方案，落实整改措施、责任、资金、时限和预案。

　　⑤ 对重大危险源的管理和操作岗位人员进行安全操作技能培训，使其了解重大危险源的危险特性，熟悉重大危险源安全管理规章制度和安全操作规程，掌握本岗位的安全操作技能和应急措施。

　　⑥ 在重大危险源所在场所设置明显的安全警示标志，写明紧急情况下的应急处置办法。

　　⑦ 将重大危险源可能发生的事故后果和应急措施等信息，以适当方式告知可能受影响的部门及人员。

　　⑧ 依法制定重大危险源事故应急预案，建立应急救援组织或者配备应急救援人员，配备必要的防护装备及应急救援器材、设备、物资，并保障其完好和方便使用。

　　a. 存在吸入性有毒、有害气体的重大危险源，应当配备便携式浓度检测设备、空气呼吸器、化学防护服、堵漏器材等应急器材和设备。

　　b. 存在剧毒气体的重大危险源，还应当配备两套及以上气密型化学防护服。

　　c. 存在易燃易爆气体或者易燃液体蒸气的重大危险源，还应当配备一定数量的便携式可燃气体检测设备。

　　⑨ 制定重大危险源事故应急预案演练计划，并按照下列要求进行事故应急预案演练。

　　a. 对重大危险源专项应急预案，每年至少进行一次。

　　b. 对重大危险源现场处置方案，每半年至少进行一次。

　　应急预案演练结束后，对应急预案演练效果进行评估，撰写应急预案演练评估报告，分析存在的问题，对应急预案提出修订意见，并及时修订完善。

　　⑩ 确认为重大危险源的，应及时、逐项进行登记建档。重大危险源档案应当包括下列文件、资料。

　　a. 辨识、分级记录。

　　b. 重大危险源基本特征表。

　　c. 涉及的所有化学品安全技术说明书。

d. 区域位置图、平面布置图、工艺流程图和主要设备一览表。
e. 重大危险源安全管理规章制度及安全操作规程。
f. 安全监测监控系统、措施说明、检测、检验结果。
g. 重大危险源事故应急预案、评审意见、演练计划和评估报告。
h. 安全评估报告或者安全评价报告。
i. 重大危险源关键装置、重点部位的责任人、责任机构名称。
j. 重大危险源场所安全警示标志的设置情况。
k. 其他文件、资料。

⑪ 危险化学品单位新建、改建和扩建危险化学品建设项目，应当在建设项目竣工验收前完成重大危险源的辨识、安全评估和分级、登记建档工作，并向所在地县级人民政府安全生产监督管理部门备案。

本章小结　本章第一节主要介绍了危险化学品重大危险源的辨识和评估分级相关的知识；第二节主要介绍了危险化学品重大危险源的安全评估和安全管理相关的知识。通过危险化学品重大危险源辨识与评估分级过程实例的展示，可以帮助读者深入学习和掌握危险化学品重大危险源的安全评估和安全管理相关的知识点。

拓展阅读

河北张家口 "11·28" 重大爆燃事故案例

一、事故概况

2018年11月27日23时，位于河北张家口望山循环经济示范园区的中国化工集团某化工有限公司聚氯乙烯车间氯乙烯工段丙班接班。班长李某某、精馏DCS（自动化控制技术中的集散控制系统）操作员袁某某、精馏巡检工郭某和张某某、转化岗DCS操作员孟某某上岗。当班调度为侯某某、冯某，车间值班领导为副主任刘某某。接班后，袁某某在中控室盯岗操作，李某某在中控室查看转化及精馏数据，未见异常。从生产记录、DCS运行数据记录、监控录像及询问交、接班人员等情况综合分析，接班时生产无异常。27日23时20分左右，郭某和张某某从中控室出来，直接到巡检室。27日23时40分左右，李某某到冷冻机房检查未见异常，之后在冷冻机房用手机看视频。28日零时36分53秒，DCS运行数据记录显示，压缩机入口压力降至0.05kPa。中控室视频显示，袁某某在之后3min进行了操作；DCS运行数据记录显示，回流阀开度在约3min时间内由30%调整至80%。28日零时39分19秒，DCS运行数据记录显示，气柜高度快速下降，袁某某用对讲机呼叫郭某，汇报气柜波动，通知其去检查。随后袁某某用手机向李某某汇报气柜波动大。李某某在零时41分左右，听见爆炸声，看见厂区南面起火，立即赶往中控室通知调度侯某某。侯某某电话请示生产运行总监郭某某后，通知转化岗DCS操作员孟某某启动紧急停车程序，孟某某使用固定电话通知乙炔、烧碱和合成工段紧急停车，停止输气。

同时，李某某、郭某、张某某一起打开球罐区喷淋水，随后对氯乙烯打料泵房及周围进行灭火，在灭掉氯乙烯打料泵房及周围残火后，返回中控室。调取气柜东北角的监控视频（视频时间比北京时间慢7分2秒），显示1#氯乙烯气柜发生过大量泄漏；零时40分55秒观察到气柜南侧厂区外火光映入视频画面，零时42分44秒，气柜区起火。

二、事故造成人员伤亡和经济损失情况

事故造成24人死亡（其中1人后期医治无效死亡）、21人受伤（4名轻伤人员康复出院），38辆大货车和12辆小型车损毁。损毁的38辆大货车有31辆大货车沿310省道南侧自该化工公司东门西侧至西门东侧，车头向东依次排列，前后延续约450m，其中沿省道南侧主路停放19辆、沿南侧辅路停放12辆；有7辆停放在停车场，5辆车头向西、南北排列，2辆车头向南、东西排列。损毁的12辆小型车：有1辆停放在该化工公司西门前北侧辅路，车头向西；2辆停放在该化工公司西门东侧，车头向西；1辆位于西门偏东30m左右路中偏南，车头向东南；2辆停放在海珀尔公司东门东侧辅路，车头向东；1辆停放在停车场入口西侧，车头向北；5辆停放在停车场内西侧，车头向西、南北排列。最终经事故调查组核定造成的直接经济损失超过4000万元人民币。

三、事故直接原因

该化工公司违反《气柜维护检修规程》（SHS 01036—2004）第2.1条①和《某化工公司低压湿式气柜维护检修规程》②的规定，聚氯乙烯车间的1#氯乙烯气柜长期未按规定检修，事发前氯乙烯气柜卡顿、倾斜，开始泄漏，压缩机入口压力降低，操作人员没有及时发现气柜卡顿，仍然按照常规操作方式调大压缩机回流，进入气柜的气量加大，加之调大过快，氯乙烯冲破环形水封泄漏，向厂区外扩散，遇火源发生爆燃。

四、事故间接原因和事故性质

1. 事故间接原因

（1）企业不重视安全生产　中国化工集团有限公司违反《安全生产法》第二十一条和《中央企业安全生产监督管理暂行办法》第七条的规定，未设置负责安全生产监督管理工作的独立职能部门，对下属企业长期存在的安全生产问题管理指导不力。新材料公司未设置负责安全生产监督管理工作的独立职能部门，下属该化工公司主要负责人及部分重要部门负责人长期不在该化工公司，对安全生产管理混乱、隐患排查治理不到位、安全管理缺失等问题失察失管。

（2）该化工公司安全管理混乱　违反《安全生产法》第二十二条的规定，主要负责人及重要部门负责人长期不在公司，劳动纪律涣散，员工在上班时间玩手机、脱岗、睡岗现象普遍存在，不能对生产装置实施有效监控；工艺管理形同虚设，操作规程过于简单，没有详细的操作步骤和调控要求，不具有操作性；操作记录流于形式，装置参数记录简单；设备设施管理缺失，违反《气柜维护检修规程》（SHS 01036—2004）第2.1条和《某化工公司低压湿式气柜维护检修规程》的规定，气柜应1~2年中修，5~6年大修，至事故发生，投用6年未检修；违反《危险化学品重大危险源监督管理暂行规定》（原国家安全监督管理总局令第40号）第十三条第（一）项的规定，安全仪表管理不规范，中控室经常关闭可燃、有毒气体报警声音，对各项报警习以为常，无法及时应对。

（3）该化工公司安全投入不足　违反《安全生产法》第二十条的规定，安全专项资金不能保证专款专用，检修需用的材料不能及时到位，腐蚀、渗漏的装置不能及时维修；安全防护装置、检测仪器、联锁装置等购置和维护资金得不到保障。

（4）该化工公司教育培训不到位　违反《安全生产法》第二十五条第一款的规定，安全教育培训走过场，生产操作技能培训不深入，部分操作人员岗位技能差，不了解工艺指标设定的意义，不清楚岗位安全风险，处理异常情况能力差。

（5）该化工公司风险管控能力不足　违反《河北省安全生产条例》第十九条的规定，对高风险装置设施重视不够，风险管控措施不足，多数人员不了解氯乙烯气柜泄漏的应急救援预案，对环境改变带来的安全风险认识不够，意识淡薄，管控能力差。

（6）该化工公司应急处置能力差　违反《生产安全事故应急预案管理办法》第十二条、三十条的规定，应急预案如同虚设，应急演练流于形式，操作人员对装置异常工况处置不当，泄漏发生后，企业应对不及时、不科学，没有相应的应急响应能力。

（7）该化工公司生产组织机构设置不合理　该化工公司撤销了专门的生产技术部门、设备管理部门，相关管理职责不明确，职能弱化，专业技术管理差。

（8）该化工公司隐患排查治理不到位　违反《安全生产法》第三十八条第一款的规定，未认真落实隐患排查治理制度，工作开展不到位、不彻底，同类型、重复性隐患长期存在，"大排查、大整治"攻坚行动落实不到位，致使上述问题不能及时发现并消除。

2．事故性质

经调查认定，河北张家口中国化工集团某化工公司"11•28"重大爆燃事故是一起重大危险化学品爆燃责任事故。

> 通过这个案例，请对照《危险化学品重大危险源监督管理暂行规定》的要求，分析总结发生事故的企业在危险化学品重大危险源管理方面应该做好哪些工作？

思考题

1．《危险化学品重大危险源辨识》（GB 18218—2018）标准适用于哪些领域？
2．在危险化学品重大危险源辨识过程中，对生产单元和储存单元划分的依据是什么？
3．危险化学品重大危险源可划分为几个等级？哪个级别潜在的安全风险最高？
4．危险化学品重大危险源安全评估报告应包括哪些内容？
5．危险化学品重大危险源安全管理应从哪些方面着手？
6．危险化学品重大危险源档案应包括哪些文件？

拓展练习题

一、选择题

1．生产经营单位对（　　）应当登记建档，定期检测、评估、监控，并制定应急预案，告知从业人员和相关人员应当采取的紧急措施。

　　A．事故频发场所　　　　　B．重大事故隐患　　　C．重大危险源

2．《危险化学品重大危险源监督管理暂行规定》适用于危险化学品（　　）单位的危险化学品重大危险源的辨识、评估、登记建档、备案、核销及其监督管理。

　　A．生产、储存、使用和经营

　　B．生产、储存、使用和运输

　　C．生产、储存、使用和废弃处置

3．《危险化学品重大危险源监督管理暂行规定》要求对重大危险源进行分级，由高到低分为（　　）级别，一级为最高级别。

　　A．四个　　　　　　　　　B．三个　　　　　　　C．二个

4．危险化学品单位对重大危险源现场处置方案的演练，每（　　）年至少进行一次。

　　A．半　　　　　　　　　　B．一　　　　　　　　C．二

5．根据《重大危险源辨识》规定，重大危险源辨识依据是（　　）。

　　A．物质的理化性质及其数量

　　B．物质的危险特性及其数量

　　C．物质的理化性质

6．重大危险源（　　）是预防重大事故发生，而且做到一旦发生事故，能将事故危害限制到最低程度。

　　A．控制的目的　　　　　　B．划分的意义　　　　C．评价的依据

7．生产经营单位应对重大危险源建立实时的监控预警系统，通过各参数的变化趋势对危险源安全状况进行实时监控，在企业中特别要严密监视重大危险源的（　　）。

　　A．化学参数变化趋势

　　B．安全状态向事故临界状态转化的各种参数变化趋势

　　C．温度和压力变化趋势

8．重大危险源是指长期或临时地生产、搬运、使用或者储存危险物品，且危险物品的（　　）超过临界量单元（包括场所和设施）。

　　A．数量等于或者　　　　　B．种类等于或者　　　C．危险度等于或者

9．对使用重点监管的危险化学品数量构成重大危险源的企业的生产储存装置，应装备自动化控制系统，实现对温度、压力、（　　）等重要参数的实时监测。

　　A．流量　　　　　　　　　B．水位　　　　　　　C．液位

10．《危险化学品重大危险源辨识》（GB 18218—2018）规定，同一储罐区内汽油和煤油（可划分为一个储存单元）的临界量分别为20t和100t。下列储罐区，构成重大危险源的是（　　）。

　　A．一个15t的汽油储罐和一个20t的煤油储罐

　　B．一个15t的汽油储罐和一个20t的煤油储罐

　　C．一个10t的汽油储罐和一个50t的煤油储罐

二、判断题

1．生产经营单位对重大危险源，重大事故隐患，必须登记建档、评估、制定应急预案。（　　）

2．依据《危险化学品重大危险源辨识》（GB 18218—2018），危险化学品重大危险源是

指长期地或者临时地生产、搬运、使用或者储存危险物品,且危险物品的数量等于或者超过(临界量)的单元(包括场所和设施),单元分为生产单元和储存单元。(　　)

3．储存数量构成重大危险源的危险化学品储存设施(仓库)的选址,应当避开地震活动断层和容易发生洪灾、地质灾害的区域。(　　)

4．必须在重大危险源、存在严重职业病危害的场所设置明显标志,标明风险内容、危险程度、安全距离、防控办法、应急措施等内容。(　　)

5．重大危险源是客观存在的,只要进行生产经营活动就有可能存在重大危险源。(　　)

6．重大危险源的特点是储存物质一般为易燃、易爆、有毒、有害物质,且存储量较大。(　　)

7．对于某一种类的风险,生产经营单位应当根据存在的重大危险源和可能发生的事故类型,制定相应的专项应急预案。(　　)

第六章 化学实验室安全

第一节 化学实验室安全概述

一、化学实验室的特点

在化学实验室中，储存摆放着各种各样的化学药品，进行着各类化学试验。在试验过程中要接触一些易燃、易爆、有毒、有害、有腐蚀性的药品，且经常使用水、气、火、电等，存在着诸如爆炸、着火、中毒、灼伤、割伤、触电等潜在危险性事故，而这些事故的发生常会给人们带来严重的人身伤害和财产损失。如果我们掌握了相关的实验室安全知识以及事故发生时的应急处理措施，就能够正确、安全地使用化学药品及实验器械，从而可以减少和避免发生实验室安全事故，即使在发生紧急事故时，也能够从容应对，把伤害和损失减小到最低程度。

二、化学实验室安全的重要性

实验室是教学、科研的重要实践场地，实验室的安全是实验工作正常进行的基本保证。随着实验室规模的不断扩大，功能逐步提升，教学、科研任务越来越繁重，参与实验室工作的人员越来越多，接触有毒、有害、有污染的物质越来越频繁，实验室的安全与环境问题也日渐显现。

化学实验室往往要使用大量的化学试剂，危险化学品的安全管理至关重要。这方面的管理具体涉及以下事项。

（1）危险化学品的储存　危险化学品储存场所应符合国家有关规定，储存场所必须安装通风装置。根据危险化学品的种类、性能，对性质相抵触的危险化学品要严格分类存放；对易燃、易爆、剧毒、致病微生物、麻醉品和放射性物质等危险品，要按规定设专用库房，做到专室专柜储存，并指定专人、双人双锁妥善保管；根据储存仓库条件安装自动监测和火灾报警系统，配备相应的消防设备，安装防盗装置加以监控。

（2）危险化学品的安全使用　使用人员应对所涉及的每一种危险化学品的化学特性、危险特性、防范措施等有清楚的认识。使用易挥发、易燃、易爆有毒危险化学品时，应采取必要的安全防护措施和用具，在有安全防护设备的通风橱中小心操作，确保实验安全；实验操作室内仅能存放少量实验需要的试剂或有机溶剂,不可储存大量的危险化学品,如有需要,现用现领;对使用剩余部分不能随意存放,必须及时退还仓库或者放入保险柜,妥善保管安置;防止外人接触和进入实验室,杜绝危险物品的流失和不正当使用。

(3) 危险化学品的处理和处置　对过期失效的废弃危险化学品不能随意倾倒、掩埋,应集中妥善保管,定期消纳处理。剧毒品残留物和剩余物必须做无害化处理。对有燃烧、爆炸、中毒和其他危险的废弃危险物品的销毁、处理,需征得安全和环境保护部门同意后,请有资质的单位进行处理和处置。

另外,实验室内也存放有大量的仪器设备等用电设施,各类仪器设备在使用后忘记关电源,致使仪器设备、电器等通电时间过长,温度过高,会引起着火;或者供电线路已老化,导致发热、短路引起火灾;使用大功率电器,过载引起短路着火;使用电炉、高温加热等用电设备时实验人员脱岗,可能引起火灾等事故也应引起足够的重视。

三、化学实验室安全操作常识

化学实验室操作和实验室内储存、使用及弃置化学品的安全操作规程,实验室人员必须遵守。化学品是指由各种元素组成的化合物和混合物,无论是天然的还是人造的,都属于化学品。大多数化学品都具有毒性、刺激性、腐蚀性、致癌性、易燃性或爆炸性等危险危害性。有些化学品单独使用时是安全的,但实验中按实验安排或意外与其他化学品混合,却可能有危险。故接触和使用化学品的人员必须清楚掌握化学品单独使用或其他化学效应可能引起的危险情况,并采取适当的控制和预防措施。

在化学实验过程中,常常存在着诸如爆炸、着火、中毒、灼伤、割伤、触电等潜在的危险性事故,如何防止事故的发生以及事故发生后如何来急救,这些都是每一位实验者必须掌握的技能。

1. 安全用电常识

违章用电常常可能引起火灾、损坏仪器设备等严重事故,更严重的还会造成人身伤亡。化学实验室使用电器较多,特别要注意安全用电。为了保障人身安全,一定要遵守实验室安全规则。

(1) 防止触电
① 不用潮湿的手接触电器。
② 电源裸露部分应有绝缘装置(例如电线接头处应裹上绝缘胶布)。
③ 所有电器的金属外壳都应保护接地。
④ 实验时,应先连接好电路后才接通电源。实验结束时,先切断电源再拆线路。
⑤ 修理或安装电器时,应先切断电源。
⑥ 不能用试电笔去试高压电。使用高压电源应有专门的防护措施。
⑦ 如有人触电,应迅速切断电源,然后进行抢救。

(2) 防止引起火灾
① 使用的保险丝要与实验室允许的用电量相符。
② 电线的安全通电量应大于用电功率。
③ 室内若有氢气、煤气等易燃易爆气体,应避免产生电火花。继电器工作和开关电闸时,

易产生电火花,要特别小心。电器接触点(如电插头)接触不良时,应及时修理或更换。

④ 如遇电线起火,立即切断电源,用沙土或二氧化碳、四氯化碳灭火器灭火,禁止用水或泡沫灭火器等导电液体灭火。

(3)防止短路

① 线路中各接点应牢固,电路元件两端接头不要互相接触,以防短路。

② 电线、电器不要被水淋湿或浸在导电液体中,例如实验室加热用的灯泡接口不要浸在水中。

(4)电器仪表的安全使用

① 在使用前,先了解电器仪表要求使用的电源是交流电还是直流电,是三相电还是单相电以及电压的大小(380V、220V、110V或6V)。须弄清电器功率是否符合要求及直流电器仪表的正、负极。

② 仪表量程应大于待测量。若待测量大小不明时,应从最大量程开始测量。

③ 实验之前要检查线路连接是否正确。经教师检查合格后方可接通电源。

④ 在电器仪表使用过程中,如发现有不正常声响、局部温升或嗅到绝缘漆过热产生的焦味,应立即切断电源,并报告教师进行检查。

2. 使用化学药品的安全防护

(1)防毒

① 实验前,应了解所用药品的毒性及防护措施。

② 操作有毒气体(如 H_2S、Cl_2、Br_2、NO_2、浓 HCl 和 HF 等)应在通风橱内进行。

③ 苯、四氯化碳、乙醚、硝基苯等的蒸气会引起中毒。它们虽有特殊气味,但久嗅会使人嗅觉减弱,所以应在通风良好的情况下使用。

④ 有些药品(如苯、有机溶剂、汞等)能透过皮肤进入人体,应避免与皮肤接触。

⑤ 氰化物、高汞盐[$HgCl_2$、$Hg(NO_3)_2$ 等]、可溶性钡盐($BaCl_2$)、重金属盐(如镉、铅盐)、三氧化二砷等剧毒药品,应妥善保管,使用时要特别小心。

⑥ 禁止在实验室内喝水、吃东西。饮食用具不要带进实验室,以防毒物污染,离开实验室及饭前要洗净双手。

(2)防爆 可燃气体与空气混合,当两者比例达到爆炸极限时,受到热源(如电火花)的诱发,就会引起爆炸。

① 使用可燃性气体时,要防止气体逸出,室内通风要良好。

② 操作大量可燃性气体时,严禁同时使用明火,还要防止发生电火花及其他撞击火花。

③ 有些药品如叠氮铝、乙炔银、乙炔铜、高氯酸盐、过氧化物等受震和受热都易引起爆炸,使用时要特别小心。

④ 严禁将强氧化剂和强还原剂放在一起。

⑤ 久藏的乙醚使用前应除去其中可能产生的过氧化物。

⑥ 进行容易引起爆炸的实验时,应有防爆措施。

(3)防火

① 许多有机溶剂如乙醚、丙酮、乙醇、苯等非常容易燃烧,大量使用时室内不能有明火、电火花或静电放电。实验室内不可存放过多的这类药品,用后还要及时回收处理,不可倒入下水道,以免聚集引起火灾。

② 有些物质如磷、金属钠钾、电石及金属氢化物等,在空气中易氧化自燃。还有一些金

属如铁、锌、铝等粉末，比表面积大、易在空气中氧化自燃。这些物质要隔绝空气保存，使用时要特别小心。

实验室如果着火不要惊慌，应根据情况进行灭火，常用的灭火剂有：水、沙、二氧化碳灭火器、四氯化碳灭火器、泡沫灭火器和干粉灭火器等。可根据起火的原因选择使用，以下几种情况不能用水灭火：

　　a. 金属钠、钾、镁、铝粉、电石、过氧化钠着火，应用干沙灭火。
　　b. 比水轻的易燃液体，如汽油、苯、丙酮等着火，可用泡沫灭火器灭火。
　　c. 有灼烧的金属或熔融物的地方着火时，应用干沙或干粉灭火器灭火。
　　d. 电器设备或带电系统着火，可用二氧化碳灭火器或四氯化碳灭火器灭火。

（4）防灼伤　强酸、强碱、强氧化剂、溴、磷、钠、钾、苯酚、冰醋酸等都会腐蚀皮肤，特别要防止溅入眼内。液氧、液氮等低温化学品也会严重灼伤皮肤，使用时要小心，一旦出现灼伤，应及时治疗。

3. 汞的安全使用

汞中毒分急性和慢性两种。急性中毒多为高汞盐，如 $HgCl_2$ 经口，0.1~0.3g 即可致死。吸入汞蒸气会引起慢性中毒，症状有：食欲不振、恶心、便秘、贫血、骨骼和关节疼、精神衰弱等。汞蒸气的最大安全浓度为 $0.1mg/m^3$，而 20℃时汞的饱和蒸气压为 0.0012mmHg（1mmHg=13.322Pa），超过安全浓度 100 倍。所以使用汞必须严格遵守安全用汞操作规定。

① 不要让汞直接暴露于空气中，盛汞的容器应在汞面上加盖一层水。
② 装汞的仪器下面一律放置浅瓷盘，防止汞滴散落到桌面和地面。
③ 一切转移汞的操作，也应在浅瓷盘内进行（盘内装水）。
④ 实验前要检查装汞的仪器是否放置稳固。橡胶管或塑料管连接处要缚牢。
⑤ 储汞的容器要用厚壁玻璃器皿或瓷器。用烧杯暂时盛汞，不可多装以防破裂。
⑥ 若有汞掉落在桌上或地面上，先用吸汞管尽可能将汞珠收集起来，然后用硫黄盖在汞溅落的地方，并摩擦使之生成 HgS，也可用 $KMnO_4$ 溶液使其氧化。
⑦ 擦过汞或汞齐（汞合金）的滤纸或布必须放在有水的瓷缸内。
⑧ 盛汞器皿和有汞的仪器应远离热源，严禁把有汞仪器放进烘箱。
⑨ 使用汞的实验室应有良好的通风设备，纯化汞应有专用的实验室。
⑩ 手上若有伤口，切勿接触汞。

4. 高压钢瓶的使用及注意事项

（1）气体钢瓶的颜色、标记　我国气体钢瓶常用的颜色、标记见表 6-1。

表 6-1　我国气体钢瓶常用的颜色、标记

序号	充装气体名称	化学式	瓶色	字样	字色
1	乙炔	C_2H_2	白	乙炔不可近火	大红
2	氢	H_2	淡绿	氢	大红
3	氧	O_2	淡（酞）蓝	氧	黑
4	氮	N_2	黑	氮	淡黄
5	二氧化碳	CO_2	铝白	液化二氧化碳	黑

续表

序号	充装气体名称	化学式	瓶色	字样	字色
6	氦	He	银灰	氦	深绿
7	压缩空气		黑	压缩气体	白

（2）气体钢瓶的使用

① 在钢瓶上装上配套的减压阀。检查减压阀是否关紧，方法是逆时针旋转调压手柄至螺杆松动为止。

② 打开钢瓶总阀门，此时高压表显示出瓶内储气总压力。

③ 慢慢地顺时针转动调压手柄，至低压表显示出实验所需压力为止。

④ 停止使用时，先关闭总阀门，待减压阀中余气逸尽后，再关闭减压阀。

（3）注意事项

① 钢瓶应存放在阴凉、干燥、远离热源的地方。可燃性气瓶应与氧气瓶分开存放。

② 搬运钢瓶要小心轻放，钢瓶帽要旋上。

③ 使用时应装减压阀和压力表。可燃性气瓶（如 H_2、C_2H_2）气门螺丝为反丝，不燃性或助燃性气瓶（如 N_2、O_2）为正丝。各种压力表一般不可混用。

④ 不要让油或易燃有机物沾染在气瓶上（特别是气瓶出口和压力表上）。

⑤ 开启总阀门时，不要将头或身体正对总阀门，防止万一阀门或压力表冲出伤人。

⑥ 使用中的气瓶每三年应检查一次，装腐蚀性气体的钢瓶每两年检查一次，不合格的气瓶不可继续使用。

⑦ 氢气瓶应放在远离实验室的专用小屋内，用紫铜管引入实验室，并安装防止回火装置；

⑧ 钢瓶内气体不能全部用尽，要留下一些气体，以防止外界空气进入气体钢瓶，一般应保持 0.5MPa 表压以上的残留压力。

⑨ 钢瓶须定期送交检验，合格钢瓶才能充气使用。

5. 氧气使用操作规程

由电解水或液化空气能得到纯氧气，压缩后，储于钢瓶中备用。从气体厂刚充满氧的钢瓶压力可达 15MPa，使用氧气时需用氧气压力表。

使用氧气时，必须遵守以下规则：

① 搬运钢瓶时，防止剧烈振动，严禁连氧气表一起装车运输。

② 严禁与氢气在同一个实验室里使用。

③ 尽可能远离热源。

④ 在使用时特别注意手上、工具上、钢瓶和周围不能沾有油污，扳手上的油可用酒精洗去，待干后使用，以防燃烧和爆炸。

⑤ 氧气瓶应与氧气表一起使用，氧气表需仔细保护，不能随便用在其他钢瓶上。

⑥ 开阀门及调压时，人不要站在钢瓶出气口处，头不要在瓶头之上，而应在瓶之侧面，以保证人身安全。

⑦ 开气瓶总阀之前，必须首先检查氧气表调压阀门是否处于关闭（手把松开是关闭）状态。不要在调压阀开放（手把顶紧是开放）状态，突然打开气瓶总阀，否则会将氧气表打坏或发生其他事故。

⑧ 防止漏气，若漏气应将螺旋旋紧或更换皮垫。
⑨ 钢瓶内压力在 6.5MPa 以下时，不能再用，应该及时灌气。

6. X 射线的防护

X 射线被人体组织吸收后，对人体健康是有害的。一般晶体 X 射线衍射分析用的软 X 射线（波长较长、穿透能力较低）比医院透视用的硬 X 射线（波长较短、穿透能力较强）对人体组织的伤害更大。轻的造成局部组织灼伤，如果长时期接触可造成白细胞下降，毛发脱落，发生严重的射线病。但若采取适当的防护措施，上述危害是可以避免的。最基本的一条是防止身体各部（特别是头部）受到 X 射线照射，尤其是受到 X 射线的直接照射。因此要注意在 X 光管窗口附近用铅皮（厚度在 1mm 以上）挡好，使 X 射线尽量限制在局部小范围内，不让它散射到整个房间，在进行操作（尤其是对光）时，应戴上防护用具（特别是铅玻璃眼镜）。操作人员的位置应避免直接照射。操作完，用铅屏把人与 X 光机隔开。暂时不工作时，应关好窗口，非必要时，人员应尽量不要在 X 射线实验室停留。室内应保持良好通风，以减少由于高电压和 X 射线电离作用产生的有害气体对人体的影响。发生射线事故应立即使患者脱离现场，脱去污染衣服，用肥皂水（忌用热水）彻底清洗污染的皮肤、头发、指甲等。

四、危险化学品实验安全操作注意事项

化学实验过程通常会涉及危险化学品，如果实验人员在实验过程中操作不当或遇到突发情况时处置不当，可能会引发火灾、爆炸、中毒、灼伤等安全事故，从而造成一定的人员伤亡和财产损失。因此，充分了解各种危险化学品的理化性质及安全操作注意事项是十分必要的。

化学实验中通用的安全操作注意事项如下：

1. 强酸类物质的实验安全操作

（1）工程防护：密闭操作，注意通风。尽可能机械化、自动化。配备安全淋浴和洗眼设备。

（2）个人防护：可能接触其烟雾时，佩戴自吸过滤式防毒面具（全面罩）或空气呼吸器。紧急事态抢救或撤离时，建议佩戴氧气呼吸器；穿橡胶耐酸碱服；戴橡胶耐酸碱手套。工作现场严禁吸烟、进食和饮水。工作完毕，淋浴更衣。单独存放被毒物污染的衣服，洗后备用。保持良好的卫生习惯。

（3）泄漏处理：迅速撤离泄漏污染区人员至安全区，并进行隔离，严格限制出入。应急处理人员应穿防酸碱工作服，不要直接接触泄漏物。尽可能切断泄漏源，防止进入下水道、排洪沟等限制性空间。小量泄漏：用砂土、干燥石灰或苏打灰混合。也可以用大量水冲洗，洗水稀释后放入废水系统。大量泄漏：构筑围堤或挖坑收容；用泵转移至槽车或专用收集器内。回收或运至废物处理场所处置。

（4）急救处理：皮肤接触时，立即脱出被污染的衣着。用大量流动清水冲洗，至少 15min，就医。眼睛接触时，立即提起眼睑，用大量流动清水或生理盐水彻底冲洗至少 15min，就医。吸入时，迅速脱离现场至空气新鲜处，保持呼吸道通畅。如呼吸困难，给输氧。如呼吸停止，立即进行人工呼吸，就医。

2. 强碱类物质的实验安全操作

（1）工程防护：密闭操作，配备安全淋浴和洗眼设备。

（2）个人防护：可能接触其粉尘时，必须佩戴头罩型电动送风过滤式防尘呼吸器。必要时，佩戴空气呼吸器；穿橡胶耐酸碱服；戴橡胶耐酸碱手套。工作现场严禁吸烟、进食和饮水。工作完毕，淋浴更衣。注意个人清洁卫生。

（3）泄漏处理：隔离泄漏污染区，限制出入。建议应急处理人员戴自给式呼吸器，穿防酸碱工作服。不要直接接触泄漏物。小量泄漏：避免扬尘，用洁净的铲子收集于干燥、洁净、有盖的容器中。也可以用大量水冲洗，洗水稀释后放入废水系统。大量泄漏：收集回收或运至废物处理场所处置。

（4）急救处理：皮肤接触时，立即脱出被污染的衣着。用大量流动清水冲洗，至少15min，就医。眼睛接触时，立即提起眼睑，用大量流动清水或生理盐水彻底冲洗至少15min，就医。吸入时，迅速脱离现场至空气新鲜处，保持呼吸道通畅。如呼吸困难，给输氧。如呼吸停止，立即进行人工呼吸，就医。

3. 毒性物质的实验安全操作

（1）工程控制：生产过程密闭，全面通风。

（2）个人防护：空气中浓度超标时，佩戴过滤式防毒面具（半面罩），高浓度接触时可戴安全防护眼镜。穿防毒工作服，戴橡胶手套。不要直接接触泄漏物，注意个人卫生，避免长期反复接触。

（3）泄漏处理：迅速撤离泄漏污染区人员至安全区，并进行隔离，严格限制出入。建议应急处理人员戴自给正压式呼吸器，穿防毒工作服。尽可能切断泄漏源，防止进入下水道、排洪沟等限制性空间。小量泄漏：用砂土或其他不燃材料吸附或吸收。也可以用大量水冲洗，洗水稀释后放入废水系统。大量泄漏：构筑围堤或挖坑收容；用泡沫覆盖，降低蒸气灾害。用防爆泵转移至槽车或专用收集器内，回收或运至废物处理场所处置。

（4）急救处理：皮肤接触时，脱去被污染的衣着，用肥皂水和清水彻底冲洗皮肤。眼睛接触时，提起眼睑，用流动清水或生理盐水冲洗，就医。吸入时，迅速脱离现场至空气新鲜处。保持呼吸道畅通。如呼吸困难，给输氧。如呼吸停止，立即进行人工呼吸，就医。

4. 易燃易爆气体的实验安全操作

（1）工程控制：密闭系统，通风，防爆电器与照明。

（2）个人防护：高浓度接触时可佩戴空气呼吸器，穿防静电工作服，戴一般作业防护手套。工作现场严禁吸烟。避免长期反复接触。进限制性空间或其他高浓度区作业，须有人监护。

（3）泄漏处理：迅速撤离泄漏污染区人员至上风处，并进行隔离，严格限制出入。切断火源，建议应急处理人员戴自给正压式呼吸器，穿消防防护服。尽可能切断泄漏源。合理通风，加速扩散。喷雾状水稀释、溶解。构筑围堤或挖坑收容产生的大量废水。如有可能，将漏出气用排风机送至空旷地方或装设适当喷头烧掉。漏气容器要妥善处理，修复、检验后再用。

（4）急救处理：迅速脱离现场至空气新鲜处，保持呼吸道通畅。如呼吸困难，给输氧。如呼吸停止，立即进行人工呼吸，就医。

5. 易燃液体的实验安全操作

（1）工程控制：生产过程密闭，加强通风。配备安全淋浴和洗眼设备。

（2）个人防护：可能接触其蒸气时，应该佩戴过滤式防毒面具（半面罩）。紧急事态抢救或撤离时，建议佩戴空气呼吸器。戴化学安全防护眼镜。穿防静电工作服；戴橡胶手套。工作现场严禁吸烟、进食和饮水。工作完毕，淋浴更衣。

（3）泄漏处理：迅速撤离泄漏污染区人员至安全区，并进行隔离，严格限制出入。切断火源。建议应急处理人员戴自给正压式呼吸器，穿防静电工作服。尽可能切断泄漏源。防止进入下水道、排洪沟等限制性空间。小量泄漏：用砂土或其他不燃材料吸附或吸收。也可以用大量水冲洗，洗水稀释后放入废水系统。大量泄漏：构筑围堤或挖坑收容；用泡沫覆盖，降低蒸气灾害。用防爆泵转移至槽车或专用收集器内，回收或运至废物处理场所处置。

（4）急救处理：皮肤接触时，脱出被污染的衣着，用肥皂水和清水彻底冲洗皮肤。眼睛接触时，提起眼睑，用流动清水或生理盐水冲洗，就医。吸入时，迅速脱离现场至空气新鲜处，保持呼吸道通畅。如呼吸困难，给输氧。如呼吸停止，立即进行人工呼吸，就医。

化学实验中部分常见危险化学品的理化性质及其安全操作注意事项见附录文件，供实验操作人员参考。

五、离开化学实验室的注意事项

实验完毕后，离开实验室之前，应及时关闭仪器电源，清洗实验器皿，实验物品归位，整理实验台面；关闭水、电、气；洗净双手；打扫实验室，倾倒废物桶，整理公用仪器及物品，检查水、电、气，关好门窗。

第二节　化学实验室安全规范化管理

一、化学实验室规范要求

化学实验室与其他实验室（如物理实验室、电工实验室、机电实验室、信息实验室等）有所不同，是一个相对高风险的场所。在化学实验室中有许多易燃、易爆、剧毒、强腐蚀性化学药品和试剂，在蒸馏、回流、萃取和电解等化学反应中经常要用明火或通电进行加热，有些化学反应还需要高温和高压，这些都给化学实验室的安全防范带来了许多困难。因此，化学实验室安全管理是一项复杂的系统工程，包括防火、防盗、防爆、防毒、防污染、防放射等。而对如何构建安全、环保的化学实验室还没有统一的、国际认可的标准。国际权威认证机构 ABET（Accreditation Board for Engineering and Technology，工程与技术认证委员会）在对实验室安全、环保的评估中只有一条原则，即无任何安全隐患的实验室才是合格的安全、环保的实验室。

针对化学实验室的安全特征和管理现状，化学实验室安全管理的对策要突出"以人为本、预防在先"的安全思想。要以人为本，建设安全规范的化学实验室，建立健全化学实验室安全管理规章制度，建立有效的安全管理体制和机制，建立科学的化学实验室"准入制"，建立必要的化学实验室安全应急机制，以预防为主，营造化学实验室安全环境与文化氛围。

二、实验室的布局和安全设施

实验室的建设，无论是新建、扩建或是改建项目，不单纯是选购合理的仪器设备，还要综合考虑实验室的总体规划、合理布局和平面设计，以及供电、供水、供气、通风、空气净化、安全措施、环境保护等基础设施和基本条件。

实验室建设是一项复杂的系统工程，在现代实验室里，先进的科学仪器和优越完善的实验设施是提升现代化科技水平，促进科研成果增长的必备条件。"以人为本，人与环境"已成为人们高度关注的课题，本着"安全、环保、实用、耐久、美观、经济、卓越、领先"的规划设计理念，化学实验室的规划设计主要分为平面设计系统、单台结构功能设计系统、供排水设计系统、电控系统、特殊气体配送系统、有害气体输出系统六个方面。下面就以化学分析实验室及仪器分析实验室为典型进行有关实验室布局及安全设施的介绍。

1. 化学分析实验室布局及安全设施

在化学分析实验室（简称化验室）中进行样品的化学处理和分析测定，工作中常使用一些小型的电器设备及各种化学试剂，如操作不慎也具有一定的危险性，针对这些使用特点，在化学分析实验室设计上应注意以下要求：

（1）建筑要求　化验室的建筑应耐火或用不易燃的材料建成，隔断和顶棚也要考虑防火性能。可采用水磨石地面，窗户要能防尘，室内采光要好，门应向外开，大实验室应设两个出口，以利于发生意外时人员的撤离。

（2）供水和排水　供水要保证必需的水压、水质和水量，以满足仪器设备正常运行的需要，室内总阀门应设在易操作的显著位置，下水道应采用耐酸碱腐蚀的材料，地面应有地漏。

（3）通风设施　由于化验工作中常常会产生有毒或易燃的气体，因此化验室要有良好的通风条件，通风设施一般有以下三种：

① 全室通风。采用排气扇或通风竖井，换气次数一般为 5 次/h。

② 局部排气罩。一般安装在大型仪器产生有害气体部位的上方，或在教学实验室中产生有害气体的上方，设置局部排气罩以减少室内空气的污染。

③通风柜。这是实验室常用的一种局部排风设备。内有加热源、水源、照明等装置。可采用防火防爆的金属材料制作通风柜，内涂防腐涂料，通风管道要能耐酸碱气体腐蚀。风机可安装在顶层机房内，并应有减少振动和噪声的装置，排气管应高于屋顶 2m 以上。一台排风机最好连接一个通风柜，不同房间共用一台风机和通风管道易发生交叉污染。通风柜在室内的正确位置是放在空气流动较小的地方，最好采用狭缝式通风柜。通风柜台面高 800mm、宽 750mm，柜内净高 1200~1500mm，操作口高 800mm，柜长 1200~1800mm。条缝处风速为 0.3~0.5m/s，开启高度视窗为 300~500mm。挡板后风道宽度等于缝宽 2 倍以上。

（4）供电　化验室的电源分照明用电和设备用电。照明最好采用荧光灯。设备用电中，24h 运行的电器如冰箱单独供电，其余电器设备均由总开关控制，烘箱、高温炉等电热设备应有专用插座、开关及熔断器。在室内及走廊上安装应急灯，以备夜间突然停电时使用。

（5）实验台要求　实验台主要由台面、台下的支架和器皿柜组成，为方便操作，台上可设置药品架，台的两端可安装水槽。实验台面一般宽 750mm，长根据房间尺寸可为 1500~3000mm，高可为 800~850mm。台面常用贴面理化板、实心理化板、耐腐人造石或水磨石预制板等制成。理想的台面应平整、不易碎裂、耐酸碱及溶剂腐蚀、耐热、不易碰碎玻璃器皿等。

除了以上部分，化学实验室还需要一些辅助实验间，例如：

① 药品储藏间。由于很多化学试剂属于易燃、易爆、有毒或腐蚀性物品，故不要购置过多。储藏间仅用于存放少量近期要用的化学药品，且要符合危险品存放安全要求。要具有防明火、防潮湿、防高温、防日光直射、防雷电的功能。药品储藏室房间应朝北、干燥、通风良好，顶棚应遮阳隔热，门窗应坚固，窗应为高窗，门窗应设遮阳板，门应朝外开。易燃液体储藏间室温一般不超过 28℃，爆炸品不超过 30℃。少量危险品可用铁板柜或水泥柜分类隔离储存。室内设排气降温风扇，采用防爆型照明灯具，备有消防器材。符合上述条件的半地下室可作为药品储藏间。

② 钢瓶室。易燃或助燃气体钢瓶要求安放在室外的钢瓶室内，钢瓶室要求远离热源、火源及可燃物仓库。钢瓶室要用非燃或难燃材料构造，墙壁用防爆墙，轻质顶盖，门朝外开。要避免阳光照射，并有良好的通风条件。钢瓶距明火热源 10m 以上，室内设有直立稳固的铁架用于放置钢瓶。

2．仪器分析实验室布局及安全设施

精密仪器室要求具有防火、防震、防电磁干扰、防噪声、防潮、防腐蚀、防尘、防有害气体侵入的功能，室温尽可能保持恒定。为保持一般仪器良好的使用性能，温度应在 15~30℃，有条件的最好控制在 18~25℃。湿度在 60%~70%，需要恒温的仪器室可装双层门窗及空调装置。

仪器室可用水磨石地板或防静电地板，不推荐使用地毯，因地毯易积聚灰尘，还会产生静电。大型精密仪器室的供电电压应稳定，一般允许电压波动范围为±10%，必要时要配备附属设备（如稳压电源等）。为保证供电不间断，可采用双电源供电。应设计有专用地线，接地极电阻小于 40Ω。

气相色谱室及原子吸收分析室因要用到高压钢瓶，最好设在就近处且能建钢瓶室（方向朝北）的位置。放仪器用的实验台与墙距离 500mm，以便于操作与维修，室内有良好的通风，原子吸收仪器上方设局部排气罩。

微型计算机和微机控制的精密仪器对供电电压和频率有一定要求。为防止电压瞬变、瞬时停电、电压不足等影响仪器使用，可根据需要选用不间断电源（UPS）。

在设计专用的仪器分析室的同时，就近配套设计相应的化学处理室，这在保护仪器和加强管理上是非常必要的。

三、化学实验室人员的安全防护

化学实验室承载着科研和教学职能，是进行项目研发和教学工作的场所，须保持清洁、整齐、安静。禁止在实验室饮食及会客，禁止将无关的物品带入实验室。

实验人员进入实验室应穿工作服或防护服，戴手套、口罩等，必要时佩戴有护罩的安全眼镜。离开实验室时，工作服、帽子、口罩、手套等必须脱下并留在实验区内，不得穿着工

作服进入生活区或办公区。一般同时使用一双一次性乳胶橡胶手套和一双一次性薄膜手套防护。在操作过程中必要时更换外层手套，手套只能一次性使用，不可重复使用。不得戴手套离开实验室区域。手套使用过程中如有撕破、损坏或污染时应及时更换。在更换手套前不可触摸鼻子、面部等处的其他个人防护装备。实验人员应规范操作，严防利器损伤、烫伤及火灾等情况的发生。

四、化学实验室事故预防及处理

实验室发生安全事故，受伤的可能不仅仅是实验室的工作人员，损失的可能也不仅是实验室的设备，考验的是人员的自我保护意识，提高他们对付突发性灾害的应变能力，做到遇灾不慌、临阵不乱、正确判断、正确处理、减少伤亡和其他损失。

1. 化学实验室如何避免灾害

只要人们了解各种化学实验事故发生的原因，遵循操作规程，认真仔细进行操作，就可最大程度地避免各种事故的发生，做到安全实验。

（1）实验室设置安全设施　建立安全报警系统，安装室内外事故报警电话，实验室建设抽风排气系统。另外，实验室应安置通风橱、换气扇。

（2）设置急救箱　实验室应设有急救箱，箱内备有必需的药剂和用品。例如消毒剂（红药水、紫药水、75%医用酒精、3%碘酒等）、外伤药（止血贴等）、烫伤药（烫伤膏等）、医用双氧水、消毒纱布、消毒棉、创可贴、剪刀、镊子等。

（3）强化安全意识　通过各类安全教育培训，使实验室运行所涉及的科研工作人员、教师和学生都能将安全意识内化于心、外化于行。

（4）规范实验操作　实验操作时要规范，绝大部分实验室事故均起因于实验操作的不正当和不规范。

（5）遵守实验室安全管理制度　如服从化学药品管理制度、实验室内安全操作管理制度等。

2. 化学实验室发生灾害时的处理方法

当发生火灾、化学或放射性物质泄漏事故时，先自行选用合适的方法进行处理，同时打急救电话（119）求救，讲清报告人的姓名、发生事件的地点、事件的原因、此事件可能会引起的后果；若有人受伤或中毒，先采取措施进行应急救援，同时拨打120，送医院治疗。以下分别介绍化学实验室易发生的5种安全事故的应急处理。

（1）火灾类事故处理　扑救火灾总的要求是：先控制，后消灭。实验中一旦发生了火灾，切不可惊慌失措，应保持镇静，正确判断、正确处理，增强人员自我保护意识，减少伤亡。发生火灾时要做到三会：会报火警、会使用消防设施扑救初起火灾、会自救逃生。灭火人员不应个人单独灭火，要选择正确的灭火剂和灭火方式，出口通道应始终保持清洁和畅通。

① 火灾初起时采取的措施。火灾初起时，应立即组织人员扑救，同时报警。救助人员要立即切断电源，熄灭附近所有火源，移开未着火的易燃易爆物，查明燃烧范围、燃烧物品及其周围物品的品名、主要危险特性以及火势蔓延的主要途径等，根据起火或爆炸原因及火势采取不同的方法灭火。扑救时要注意可能发生的爆炸和有毒烟雾气体、强腐蚀化学品对人体的伤害。

② 火灾蔓延时采取的措施。如火势已扩大，在场人员已无力将火扑灭时，要采取措施制止火势蔓延，例如切断电源、搬走着火点附近的可燃物，阻止可燃液体流淌、配合消防灭火。

(2) 爆炸类事故处理　发生爆炸时，要迅速判断和查明发生二次爆炸的可能性和危险性，紧紧抓住爆炸后和再次发生爆炸之前的有利时机，采取一切可能的措施，全力制止二次爆炸的发生。

① 保护自己。立即卧倒，或手抱头部迅速蹲下，或借助其他物品掩护，迅速就近找掩蔽体掩护，爆炸引起火灾烟雾弥漫时，要作适当防护，尽量不要吸入烟尘，防止灼伤呼吸道；爆炸时会有大量的有毒气体产生，不要站在下风口，扑救火灾时要先打开门窗，最好佩戴防毒面具，防止中毒。

② 救护他人。事故中有受伤人员的，应拨打救援电话求助，并将伤者送到安全地方，迅速采取救治措施，送医院救治。对于被埋压在倒塌的建筑物底下的人员，要尽快了解数量和所在位置，采取有效措施予以救治。

③ 灭火。要抓紧扑灭现场火源，根据发生火灾的不同物品性质，采取科学合理的灭火措施，使用适当的灭火器材和灭火设备，尽快扑灭火源。

以下介绍常用手提式灭火器的使用方法及注意事项。

a. 手提式干粉灭火器使用的基本方法。灭火时，要迅速将灭火器提到火场。在距燃烧处 5m 左右，放下灭火器，先拔出保险销，一手握住开启把，另一只手握在喷射软管前端的喷嘴处。如灭火器无喷射软管，可一手握住开启压把，另一只手扶住灭火器底部的底圈部分。先将喷嘴对准燃烧处，用力握紧开启压把，使灭火器喷射。当被扑救可燃烧液体呈流淌状燃烧时，使用者应对准火焰根部由近而远并左右扫射，向前快速推进，直至火焰全部扑灭。如果可燃液体在容器中燃烧，应对准火焰左右晃动扫射，当火焰被赶出容器时，喷射流跟着火焰扫射，直至把火焰全部扑灭。但应注意不能将喷流直接喷射在燃烧液面上，防止灭火剂的冲力将可燃液体冲出容器而扩大火势，造成灭火困难。如果是扑救可燃性固体物质的初起火灾时，则将喷流对准燃烧最猛烈处喷射，当火焰被扑灭后，应及时采取措施，不让其复燃。

b. 手提式二氧化碳灭火器的使用方法。灭火时，要迅速将灭火器提到火场，在距燃烧物 5m 左右，放下灭火器拔出保险销，一手握住喇叭筒根部的手柄，另一只手紧握启闭阀的压把。对没有喷射软管的二氧化碳灭火器，应把喷射喇叭筒往上扳 $70°\sim 90°$。使用时，不能直接用手抓住喷射喇叭筒外壁或金属连线管，防止手被冻伤。当可燃液体呈流淌状燃烧时，使用者将二氧化碳灭火剂的射流由近而远向火焰喷射。如果可燃液体在容器内燃烧时，使用者应将喷射喇叭筒提起，从容器的一侧上部向燃烧的容器中喷射。但不能将二氧化碳射流直接冲击可燃液面，以防止将可燃液体冲出容器而扩大火势，造成灭火困难。使用二氧化碳灭火器时，在室外使用的，应选择在上风方向喷射；在室内窄小空间使用的，灭火后操作者应迅速离开，以防窒息。

c. 手提式泡沫灭火器的使用方法。可手提筒体上部的提环，迅速奔赴火场。这时应注意不得使灭火器过分倾斜，更不可横拿或颠倒，以免两种药剂混合而提前喷出。当距离着火点 10m 左右时，即可将筒体颠倒过来，一只手紧握提环，另一只手扶住筒体的底圈，将射流对准燃烧物。在扑救可燃液体火灾时，如已呈流淌状燃烧，则将泡沫由远而近喷射，使泡沫完全覆盖在燃烧液面上；如在容器内燃烧，应将泡沫射向容器的内壁，使泡沫沿着内壁流淌，逐步覆盖着火液面。切忌直接对准液面喷射，以免由于射流的冲击，反而将燃烧的液体冲散或冲出容器，扩大燃烧范围。在扑救固体物质火灾时，应将射流对准燃烧最猛烈处。灭火时随着有效喷射距离的缩短，使用者应逐渐向燃烧区靠近，并始终将泡沫喷在燃烧物上，直到扑灭。使用时，灭火器应始终保持倒置状态，否则会中断喷射。

④ 转移爆炸物品。为防止二次爆炸，对发生事故现场及附近未燃烧或爆炸的物品，及时予以转移，或在灭火过程中人为制造隔离，谨防火势的蔓延或二次爆炸，确保安全。

⑤ 警戒。爆炸过后，撤离现场时应尽量保持镇静，听从专业人员的指挥，别乱跑，避免恐慌增加伤亡；除紧急救险人员外，禁止其他任何人员进入警戒保护圈内，防止发生新的伤害事故。

（3）中毒、窒息类事故处理　实验过程中若感觉咽喉灼痛，出现发绀、呕吐、惊厥、呼吸困难和休克等症状时，则可能是中毒所致发生急性中毒事故，应进行现场急救处理后，将中毒者送医院急救，并向医院提供中毒的原因、化学物品的名称等信息以便能对症治疗，若中毒物不明，则需要带该物料及呕吐物的样品，供医院及时检测。在进行现场急救时，实验人员根据化学药品的毒性特点、中毒途径及中毒程度采取相应措施，要立即将患者转移至安全地带，并设法清除其体内的毒物，如服用催吐剂、洗肠、洗胃等，使毒物对人体的损伤减至最小，并立即送医院治疗。

（4）外伤类事故处理

① 割伤处理。首先必须除去碎玻璃片，如果为一般轻伤，应及时挤出污血，并用消过毒的镊子取出玻璃碎片，用蒸馏水洗净伤口，涂上碘酒，再用创可贴或绷带包扎；如果是大伤口，应立即用绷带捆扎起来，使伤口停止流血，急送医务室就诊。

② 烧伤处理。当化学物质接触皮肤后，应立即移离现场，迅速脱去被化学物沾染的衣物。例如被热烫伤，先作局部冷清水冲淋或浸浴，以降低局部温度；如为化学性烧伤，首先清洗皮肤上的化学药品，再用大量水冲洗，一般要持续 15min 以上，然后再根据药品性质及烧伤程度采取相应的措施。重伤者经初步处理后，急送医院救治。

③ 冻伤处理。将冻伤部位放入 38～40℃ 的温水中浸泡 20～30min，即使恢复到正常温度后，将冻伤部位抬高，在常温下，不包扎任何东西，也不用绷带，保持安静。若没有温水或者冻伤部位不便浸水时，则可用体温（如手、腋下）将其暖和。要脱去湿衣物，也可饮适量含酒精的饮料暖和身体。

④ 电击伤处理。切断电源后救治触电者。拉闸是最重要的措施，一时不能切断电源时，用绝缘性能好的物品拨开电源，或用干燥的布带、皮带把触电者从电线上拉开，解开妨碍触电者呼吸的紧身衣服，立即进行抢救，如果触电者停止呼吸或脉搏停跳时，要立即进行人工呼吸或胸外心脏按压，绝不能无故中断。随后应尽快送就近医院处理。

（5）泄漏等其他类事故处理　救援时个人要穿戴好防护用具和防护服。发生核泄漏事故时，人们应尽量留在室内，关闭门窗和所有通风系统，衣服或皮肤被污染时，小心地脱去衣服，迅速用肥皂水洗刷三次并淋浴；身体受到污染，大量饮水，使放射性物质尽快排出体外，并尽快就医。

五、化学实验室事故逃生与心肺复苏术

1. 化学实验室事故的逃生手段

当实验室或周围发生较大火灾时，一定要保持镇定，紧急而有序地进行逃生，避免在逃生中盲目慌乱，做出错误的判断和选择，受到不应有的伤害。

① 发现着火要大声呼喊，让周围人知道着火。

② 熟悉实验楼的疏散通道和安全出口。
③ 中间实验室着火，采取两边逃生；一端实验室着火采取另一端逃生。
④ 逃生时弯腰捂鼻，冷静镇定，有序逃离。
⑤ 逃生后迅速拨打 119 报警。

2. 心肺复苏术

对遭雷击、急性中毒、烧伤、电击伤、心搏骤停等因素引起的抑制或呼吸停止的伤员可采用人工呼吸和体外心脏按压法，有时两种方法可交替进行，称为心肺复苏（CPR）。

人工呼吸是复苏伤员的一种重要的急救措施，其目的就是采取人工的方法来代替肺的呼吸活动，及时而有效地使气体有节律地进入和排出肺部，供给体内足够氧气和充分排出二氧化碳、维持正常的通气功能，促使呼吸中枢尽早恢复功能，使伤员尽快脱离缺氧状态，使机体受抑制的功能得到兴奋，恢复人体自主呼吸。

胸外心脏按压法是指通过人工方法有节律地对心脏按压，来代替心脏的自然收缩，从而达到维持血液循环的目的，进而恢复心脏的自然节律，挽救伤员的生命。

心肺复苏术的主要目的是保证提供最低限度的脑供血。正规操作的 CPR，可以提供正常血供的 25%~30%，心肺复苏分为 C、A、B 三个步骤，即 C 胸外按压、A 开放气道、B 人工呼吸三个步骤。

（1）C 循环（circulation）——胸外按压
① 让患者仰卧在硬板或地上。
② 急救者可采用跪式或踏脚凳等不同体位，将一只手的掌根放在患者胸部的中央、胸骨下半部上，将另一只手的掌根置于第一只手上（图 6-1）。
③ 按压时双肘须伸直，垂直向下用力按压，成人按压频率为至少 100 次/min，下压深度至少为 4~5cm，每次按压之后应让胸廓完全恢复。
④ 按压时间与放松时间各占 50%左右，放松时掌根部不能离开胸壁，以免按压点移位。
⑤ 如若双人或多人施救，应每 2min 或 5 个周期 CPR（每个周期包括 30 次按压和 2 次人工呼吸）更换按压者，并在 5s 内完成转换，因为研究表明，在按压开始 1~2min 后，操作者按压的质量就开始下降（表现为频率和幅度以及胸壁复位情况均不理想）。

（2）A（airway）——开放气道（打开气道）
① 将患者平卧在平地或硬板上，双上股放于身体两侧。
② 急救者用左手置于病人前额向下压，同时右手中食指尖对齐，置于患者下颚的骨性部分，并向上抬起，使头部充分后仰，下颚尖至耳垂连线与平地垂直，完成气道开放（图 6-2）。

图 6-1　胸外按压操作示意图

图 6-2　开放气道操作示意图

（3）B 呼吸（breathing）——人工呼吸

① 撑开患者的口，左手的拇指与食指捏紧患者的鼻孔，防止呼入的气逸出。

② 急救者用自己的双唇包绕患者的口外，形成不透气的密闭状态，吹气次数每分钟成人不少于 14~16 次，儿童不少于 20 次，婴儿不少于 30 次（图 6-3）。

③ 观察患者胸腔是否被吹起。

图 6-3 人工呼吸操作示意图

六、化学实验室常见事故举例

在化学实验室里，常常潜藏着导致爆炸、火灾、中毒、灼伤、割伤、触电等事故的危险因素。相关人员虽然知道许多化学药品易燃易爆，一些化学药品对身体有害，但是每天接触后安全意识也就逐渐淡薄了。有因人员操作不慎、使用不当和粗心大意酿发的人为责任事故；有因仪器设备或各种管线年久老化损坏酿发的设备设施事故；有因自然现象酿发的自然灾害事故。但爆炸性事故的发生，多为人员违反操作规程引燃易燃物品，或仪器设备、管线年久老化损坏酿发的设备设施事故，易燃爆物品泄漏等引起。

1. 火灾类事故

化学实验室常存放一些易燃、易爆药品，而这些化学药品有着不同的特性，如易燃液体、易燃固体、自燃物品、遇湿易燃物品等，这些化学药品容易发生火灾、爆炸事故。由于化学药品本身及其燃烧产物大多具有较强的毒害性和腐蚀性，并且大多数危险化学药品在燃烧时会放出有毒气体或烟雾，极易造成人员中毒、灼伤。化学实验室中的各种用电仪器线路老化也有可能导致火灾事故。

案例 6-1

某高校化学实验室王某将 1L 工业乙醇倒入放在水槽中的塑料盆，然后将金属钠皮用剪刀剪成小块，放入盆中。开始时反应较慢，随后盆内温度升高，反应激烈。当事人立即拉下通风柜。这时水槽边的废溶剂桶外壳突然着火，并迅速引燃了水槽中的乙醇。当事人立刻将燃烧的废溶剂桶拿到走廊上，同时用灭火器扑救水槽中燃烧的乙醇。此时走廊上火势已逐渐扩大，直至引燃了四扇门框。

事故原因：反应时放出氢气和大量的热量，氢气被点燃并引燃了旁边的废溶剂造成事故。

经验教训：处理金属钠时必须清理周围易燃物品；一次处理量不宜过多；注意通风效果，及时排除氢气；或与安全部门联系，在空旷的地方处理。

2. 爆炸类事故

爆炸是物质发生急剧的物理、化学变化，在极短时间内，释放出大量能量，产生高温，并放出大量气体，并伴有巨大声响的过程。实验室中可燃气体、可燃蒸气、可燃粉尘和对摩擦、撞击等敏感的固体易造成爆炸。爆炸的危害极大，可造成房屋坍塌、火灾，造成环境污染和人员伤亡。

常见的爆炸可分为物理性爆炸和化学性爆炸两类。

物理性爆炸是由物理因素如温度、压力等变化而引起的爆炸。爆炸前后物质的性质和化学成分均不改变，如压力容器、气瓶、锅炉等超压发生的爆炸。尤其注意实验室常见的气体钢瓶，钢瓶是储存压缩气体的特制的耐压钢瓶。使用时，通过减压阀有控制地放出气体，由于钢瓶的内压很大（有的高达 15MPa），当钢瓶跌落、遇热甚至不规范操作时都有可能会发生爆炸等危险。

化学性爆炸是实验室常见的爆炸类型，它是由于物质发生激烈的化学反应，使压力急剧上升而引起的爆炸，爆炸前后物质的性质和化学成分均发生了根本变化。具有不稳定结构的化学物，如有机过氧化物、高氯酸盐、三硝基甲苯等易爆物质，它们受震或受热时，易分解为较小的分子而放出热量，这些热量会引起可燃物自燃从而引起爆炸。这类爆炸物是非常危险的，对该类物品进行操作时，要轻拿轻放。可燃气体、易燃液体蒸气或悬浮的可燃粉尘，与空气混合，若达到爆炸浓度极限范围，遇火源后燃烧，由于化学反应速率较快，产生的热量来不及散失冷却，使反应体系中气体膨胀、压力猛升，进而发生爆炸。如氢气、乙炔、环氧乙烷等气体与空气混合达到一定比例时，会生成爆炸性混合物，遇明火即会爆炸。

案例 6-2

李某在通风橱内准备处理一瓶四氢呋喃时，没有仔细核对，误将一瓶硝基甲烷当作四氢呋喃加到氢氧化钠中。约过了一分钟，试剂瓶中冒出了白烟。李某立即将通风橱玻璃门拉下，此时瓶口的烟变成黑色泡沫状液体。李某叫来同事请教解决方法，爆炸就发生了，玻璃碎片将二人的手臂割伤。

事故原因：当事人在加药品时粗心大意，没有仔细核对所用化学试剂。实验台药品杂乱无序、药品过多也是造成本次事故的主要原因。

经验教训：这是一起典型的误操作事故。实验操作过程中的每一个步骤都必须仔细，不能有半点马虎；实验台要保持整洁，不用的试剂瓶要摆放到试剂架上，避免试剂打翻或误用的事故。

案例 6-3

李某在进行实验时，往玻璃封管内加入氨水 20mL、硫酸亚铁 1g、原料 4g，加热至温度 160℃。当事人在观察油浴温度时，封管突然发生爆炸，整个反应体系被完全炸碎。当事人额头受伤，幸亏当时戴了防护眼镜，才使双眼没有受到伤害。

事故原因：玻璃封管不耐高压，且在反应过程中无法检测管内压力。氨水在高温下变为氨气和水蒸气，产生较大的压力，致使玻璃封管爆炸。

经验教训：化学实验必须在通风柜内进行，密闭系统和有压力的实验必须在特种实验室内进行。

3. 中毒、窒息类事故

大多数化学药品都有不同程度的毒性，化学物质潜在的毒性会对身体造成伤害，毒物侵入人体而引起的局部刺激或整个机体功能障碍的任何病症，都称为中毒。化学药品从呼吸道、皮肤或消化道进入人体以后，逐渐进入血液而分布于人体的主要器官，在人体内能引起病变甚至死亡。避免中毒的唯一方法就是防止吸入、吸收有毒化学物质。操作人员必须了解化学药品进入人体的途径、影响毒害的因素、中毒危害，以及预防和急救措施等知识。

4. 外伤类事故

实验室中的外伤事故主要包括割伤、烧伤、冻伤及电击伤。在化学实验室的割伤事故，主要是由玻璃仪器或玻璃管的破碎引发的。烧伤一般是指由热力（包括热液、蒸气、高温气体、火焰、电能、化学物质、放射线、灼热金属液体或固体等）所引起的组织损害，主要是指皮肤或黏膜的损害，严重者也可伤及皮下组织。冻伤一般是由于制冷剂的不正当操作所造成的，液氮和干冰是最常用的冷却剂，异丙醇、乙醇、丙酮通常和干冰混合使用，工业乙醇及丙酮经常与干冰混合使用，一般可达到-78℃的低温。电击伤一般是因为电器的不正当使用造成的，电流为1mA便有麻木不快感，10mA以上人体肌肉会强烈收缩，50mA就可能发生痉挛和心脏停搏，危险很大。

案例 6-4

某军校王某、赵某等人在化学实验室安装高压釜的紧固件和阀门。在前几日拆卸时已将管道内氯硅烷液体放出，为挡灰尘用简易塞将氯硅烷液相管塞住。当时并没有感觉到有压力和液体积存。在安装氯硅烷液相管时，当事人将简易塞拔下的一刹那，突然有一股氯硅烷挥发气体冲出，此时正值王某俯身紧固螺丝，来不及躲闪，正好喷到脸上和两手臂上，将其灼伤。

事故原因：这套高压釜反应装置被安置在棚内，当时又正值高温时节，棚内温度超过40℃，管内残留的氯硅烷变为气体，产生了一定的压力，拔去塞子时氯硅烷气体就冲了出来。

经验教训：对化学试剂可能带来的危险认识不足，科研人员又忽视了防护用品的使用，扩大了受伤部位。

5. 泄漏等其他类事故

放射性是指物质能从原子核内部自行不断地放出具有穿透力，为人们不可见的射线（高速粒子）的性质。随着科技的发展和核技术在各个领域的应用日益广泛，放射性物质的品种和数量不断增加，对放射性物质的需求也不断扩大，当放射性物质泄漏时，其辐射对人体和生物危害很大。

本章小结

本章第一节主要从化学实验室的特点、化学实验室安全的重要性、化学实验室安全操作常识、危险化学品实验安全操作注意事项、离开化学实验室的注意事项等方面对化学实验室安全进行了概述；第二节主要从化学实验室规范要求、实验室的布局和安全设施、化学实验室人员的安全防护、化学实验室事故预防及处理、化学实验室事故逃生与急救等方面对化学实验室安全规范化管理相关知识进行了介绍。通过化学实验室常见事故举例，可以帮助读者深入学习和掌握化学实验室安全相关的知识点。

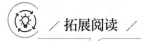

[企业实验室事故案例] 忙下班忘关电源导致砂浴锅过热起火事故

某炼油厂设备研究室化工防腐组一位工程师和一名技术员在实验室进行催化汽油碱渣储藏防腐涂料筛选试验。整个试验在实验室内的通风柜中进行。试验用 1 台 1.5kW 电炉、1 台 1kW 调压器、2 个 500mL 磨口瓶，每个瓶装 250~300g 催化汽油碱渣。碱渣瓶半埋在砂浴锅内，并用电炉在下部加热。当日 17 时 15 分，技术员经工程师同意离开实验室。17 时 56 分，工程师停止试验，离开实验室。走时没有切断电源，反而误操作，在欲关调压器回零时，相反调到了最大位置。20 时 56 分，该实验室着火，被催化剂分厂一位同志发现并报警。经消防队和在场群众扑救，于 21 时 20 分将火扑灭，这次着火烧毁简易房屋 182m²，烧坏仪器仪表 30 余件（台），造成直接经济损失 2.67 万元。

事故原因：

（1）工程师离开实验室时，未能切断电源，致使长时间送电的电炉，在无人操作的情况下，将砂浴锅内试验用磨口瓶烤熔破裂，汽油碱渣燃烧，引燃通风柜，酿成火灾。

（2）试验用 1kW 调压器带 1.5kW 电炉，在电气器材使用不匹配的情况下，将调压器调到最大位置，无人操作引起过载。

[高校实验室事故案例] 某大学"12·26"实验室爆炸事故

2018 年 12 月，某大学市政环境工程系学生在学校东校区 2 号楼环境工程实验室里，进行垃圾渗滤液污水处理科研试验期间，现场发生爆炸，过火面积约 60m²，并造成参与试验的 2 名博士和 1 名硕士死亡。

一、事故直接原因分析

1. 爆炸物质分析

通过理论分析和实验验证，磷酸与镁粉混合会发生剧烈反应并释放出大量氢气和热量。氢气属于易燃易爆气体，爆炸极限范围为 4%~76%（体积分数），最小点火能 0.02mJ，爆炸火焰温度超过 1400℃。因搅拌、反应过程中只有部分镁粉参与反应，料斗内仍剩余大量镁粉。镁粉属于爆炸性金属粉尘，遇点火源会发生爆炸，爆炸火焰温度超过 2000℃。

据模型室视频监控录像显示，9 时 33 分 21 秒至 25 秒之间室内出现两次强光；第一次强光光线颜色发白，符合氢气爆炸特征；第二次强光光线颜色泛红，符合镁粉爆炸特征。综上所述，爆炸物质是搅拌机料斗内的氢气和镁粉。

2．点火源分析

经勘查，料斗内转轴盖片通过螺栓与转轴固定，搅拌机转轴旋转时，转轴盖片随转轴同步旋转，并与固定的转轴护筒（以上均为铁质材料）接触发生较剧烈摩擦。运转一定时间后，转轴盖片上形成较深沟槽，沟槽形成的间隙可使转轴盖片与转轴护筒之间发生碰撞，摩擦与碰撞产生的火花引发搅拌机内氢气发生爆炸。

3．爆炸过程分析

搅拌过程中，搅拌机料斗内上部形成了氢气、镁粉、空气的气固两相混合区；料斗下部形成了镁粉、磷酸镁、氧化镁（镁与水的反应产物）等物质的混合物搅拌区。转轴盖片与护筒摩擦、碰撞产生的火花，点燃了料斗内上部氢气和空气的混合物并发生爆炸（第一次爆炸），爆炸冲击波超压作用到搅拌机上部盖板，使活动盖板的铰链被拉断，并使活动盖板向东侧飞出。同时，冲击波将搅拌机料斗内的镁粉裹挟到搅拌机上方空间，形成镁粉粉尘云并发生爆炸（第二次爆炸）。爆炸产生的冲击波和高温火焰迅速向搅拌机四周传播，并引燃其他可燃物。

4．事故直接原因认定

专家组对提取的物证、书证、证人证言、鉴定结论、勘验笔录、视频资料进行系统分析和深入研究，结合爆炸燃烧模拟结果，确认事故直接原因为：在使用搅拌机对镁粉和磷酸搅拌、反应过程中，料斗内产生的氢气被搅拌机转轴处金属摩擦、碰撞产生的火花点燃爆炸，继而引发镁粉粉尘云爆炸，爆炸引起周边镁粉和其他可燃物燃烧，造成现场 3 名学生烧死。

二、事故间接原因分析

违规开展试验、冒险作业；违规购买、违法储存危险化学品；对实验室和科研项目安全管理不到位是导致本起事故的间接原因。

（1）事发科研项目负责人违规试验、作业；违规购买、违法储存危险化学品；违反《某大学实验室技术安全管理办法》等规定，未采取有效的安全防护措施；未告知试验的危险性，明知危险仍冒险作业。事发实验室管理人员未落实校内实验室相关管理制度；未有效履行实验室安全巡视职责，未有效制止事发项目负责人违规使用实验室，未发现违法储存的危险化学品。

（2）该大学土木建筑工程学院对实验室安全工作重视程度不够；未发现违规购买、违法储存易制爆危险化学品的行为；未对申报的横向科研项目开展风险评估；未按学校要求开展实验室安全自查；在事发实验室主任岗位空缺期间，未按规定安排实验室安全责任人并进行必要培训。土木建筑工程学院下设的实验中心未按规定开展实验室安全检查、对实验室存放的危险化学品底数不清，报送失实；对违规使用教学实验室开展试验的行为，未及时查验、有效制止并上报。

（3）该大学未能建立有效的实验室安全常态化监管机制；未发现事发科研项目负责人违规购买危险化学品，并运送至校内的行为；对土木建筑工程学院购买、储存、使用危险化学品、易制爆危险化学品情况底数不清、监管不到位；实验室日常安全管理责任落实不到位，未能通过检查发现土木建筑工程学院相关违规行为；未对事发科研项目开展安全风险评估；未落实《教育部 2017 年实验室安全现场检查发现问题整改通知书》有关要求。

针对以上 2 个案例，再结合同类的事故案例，请归纳总结要确保化学实验室安全应做好哪些方面的工作？

 / 思考题 /

1. 化学实验室与普通实验室相比有哪些显著特点？
2. 实验人员离开化学实验室时应注意哪些事项？
3. 实验室的布局应考虑哪些方面？
4. 化学实验室操作人员应做好哪些安全防护？
5. 预防化学实验室发生安全事故应做好哪些方面的工作？
6. 心肺复苏急救操作的要点有哪些？

 / 拓展练习题 /

一、选择题

1. 对实验室危险药品的使用规则，下列不对的是（　　）。
   A. 绝不允许把各种化学药品任意混合，以免发生意外事故
   B. 可燃性试剂不能用明火加热，必须用水浴、油浴、沙浴或可调电压的电热套加热
   C. 使用不挥发药品时，试剂瓶盖可敞口至实验结束
   D. 取用钾、钠和白磷等必须使用镊子
2. 大量试剂应放在什么地方？（　　）
   A. 试剂架上　　　　　　　　　　　B. 实验室内试剂柜中
   C. 实验台下柜中　　　　　　　　　D. 试剂库内
3. 实验开始前应该做好哪些准备？（　　）
   A. 须认真预习，理清实验思路
   B. 应仔细检查仪器是否有破损，掌握正确使用仪器的要点，保持清醒头脑，避免违规操作
   C. 了解实验中使用的药品的性能和有可能引起的危害及相应的注意事项
   D. 以上都是
4. 易燃液体的存放必须（　　）。
   A. 与其他化学品一起存放　　　　　B. 储放在危险品仓库内
   C. 放在化学实验室中方便取用的角落　D. 储放在单独的仓库内
5. 易燃、易爆物品和杂物等应该堆放在（　　）。
   A. 烘箱、箱式电阻炉等附近　　　　B. 冰箱、冰柜等附近

C．单独通风的实验室内　　　　　　　　D．通风橱附近

6．为保护实验室工作人员的安全，化学实验室必备的急救保护设施有（　　）。
A．喷淋器、医药箱　　　　　　　　　　B．废液缸、抹布
C．沙子、灭火器　　　　　　　　　　　D．报警器、应急灯

7．人们可能通过下列哪种方式暴露于危险性化学品中？（　　）
A．吸入、接触　　B．食入、针刺　　C．通过破损皮肤　　D．以上均有可能

8．不慎发生意外，下列哪个操作是正确的？（　　）
A．如果不慎将化学品弄洒或污染，立即自行回收或者清理现场，以免对他人产生危险
B．任何时候见到他人洒落的液体应及时用抹布抹去，以免发生危险
C．pH 值中性即意味着液体是水，自行清理即可
D．不慎将化学试剂弄到衣物和身体上，立即用大量清水冲洗 10~15min

9．处理化学液体时，应用（　　）保护面部。
A．太阳镜　　　　B．防护面罩　　　　C．毛巾　　　　D．口罩

10．涉及有毒试剂的操作时，应采取的保护措施包括：（　　）。
A．佩戴适当的个人防护器具　　　　　　B．了解试剂毒性，在通风橱中操作
C．做好应急救援预案　　　　　　　　　D．以上都是

11．盐酸、甲醛溶液、乙醇等易挥发试剂应如何合理存放？（　　）
A．和其他试剂混放　　　　　　　　　　B．放在冰箱中
C．分类存放在干燥通风处　　　　　　　D．放在密闭的柜子中

12．做加热易燃液体实验时（　　）。
A．可用电炉加热，要有人看管　　　　　B．用电热套加热可不用人看管
C．用水浴加热要有人看管　　　　　　　D．可用酒精灯加热

13．辨别罐装化学品的正确方法是（　　）。
A．用嗅觉　　　　　　　　　　　　　　B．凭经验
C．检查容器外的标签内容　　　　　　　D．查看药品颜色、形状

14．如果在试验过程中，闻到烧焦的气味应该（　　）。
A．关机走人　　　　　　　　　　　　　B．打开通风装置通风
C．立即关机并报告相关负责人员　　　　D．请同实验的人帮忙检查

15．安全进行实验室工作，对意外事故要有必要的预防措施，下列哪一项不正确？（　　）
A．在操作易燃溶剂时，切勿将易燃溶剂放在敞口容器内用明火加热或放在密闭容器内加热
B．在进行易燃物质实验时，应先将酒精等易燃物质搬开
C．油浴加热时，只要离开火源即可，少量水滴洒入热油中没影响
D．切勿将易燃溶剂倒入废液缸中，更不能用敞口容器盛装易燃液体

二、判断题

1．不要向浓酸特别是浓硫酸中注水，以免过量放热发生危险。（　　）

2．电气线路着火，要先切断电源，再用干粉灭火器或二氧化碳灭火器灭火，不可直接泼水灭火，以防触电或电气爆炸伤人。（　　）

3．对产生少量有毒气体的实验应在通风橱内进行。通过排风设备将少量毒气排到室外，以免污染室内空气。产生毒气量大的实验必须备有吸收或处理装置。（　　）

4．做需要搅拌的实验时，找不到玻璃棒，可以用温度计代替。（　　）

5．只要不影响实验，可以在实验室洁净区域铺床睡觉。（　　）

6．学生、新工作人员进实验室之前要参加安全教育和培训，经院系、实验室培训、考核合格后方可进入实验室工作；学生要在导师指导下开展实验研究。（　　）

7．实验室工作人员应充分了解所从事实验的性质，并严格按实验操作规程进行实验。（　　）

8．实验室安全工作的中心任务是防止发生人员伤亡和财产损失。（　　）

9．实验室的电源总闸没有必要每天离开时都关闭，只要关闭常用电器的电源即可，经常开关总闸会缩短其使用寿命。（　　）

10．当可燃烧液体呈流淌状燃烧时，应将灭火剂的喷流对准火焰根部由近而远并左右扫射，向前快速推进，直至火焰扑灭。（　　）

11．实验过程中长时间使用恒温水浴锅时，应注意及时加水，避免干烧发生危险。（　　）

12．打开易挥发或浓酸试剂的瓶塞时，瓶口不要对着脸部或其他人。（　　）

13．非一次性防护手套脱下前应用清水冲洗干净，一次性防护手套用后应作为实验垃圾进行处理。（　　）

14．可以采用鼻子远离瓶口，用手在瓶口上方来回扇动的方法简单辨认可疑的低毒性化学试剂。（　　）

15．紧急喷淋洗眼装置不能用于生活洗澡、洗脸，而是在突发险情时全身淋湿、洗眼才使用的应急设施。（　　）

第七章 危险化学品事故应急处置

危险化学品应急处置是指由危险化学品造成或可能造成人员伤害、财产损失和环境污染及较大社会危害时，为及时控制事故源、抢救危害人员、指导群众防护和组织撤离、清除危害后果而组织的活动。

第一节 危险化学品应急处置通用要求

一、危险化学品应急救援的基本任务

① 控制事故源。及时控制事故源，是应急救援工作的首要任务，只有及时控制住事故源，才能及时防止事故的继续扩展，有效地进行救援。

② 抢救受害人员。这是应急救援的重要任务。在应急救援行动中，及时、有序、有效地实施现场急救与安全转送伤员是降低伤亡率、减少事故损失的关键。

③ 指导群众防护，组织群众撤离。由于化学事故发生突然、扩展迅速、涉及面广、危害大，应及时指导和组织群众采取各种措施进行自身防护，并向上风向迅速撤离出危险区域或可能受到危害的区域。在撤离过程中应积极组织群众开展自救和互救工作。

④ 做好现场清消，消除危害后果。对事故外逸的有毒有害物质和可能对人和环境继续造成危害的物质，应及时组织人员予以清除，消除危害后果，防止对人的继续危害和对环境的污染。对于由此发生的火灾，应及时组织力量扑救、洗消。

⑤ 查清事故原因，估算危害程度。事故发生后应及时调查事故的发生原因和事故性质，估算出事故的危害波及范围和危险程度，查明人员的伤亡情况，做好事故调查。

不同的危险化学品其性质不同、危害程度不同，处理方法也不尽相同，但是作为危险化学品事故处置有其共同的规律。化学事故应急救援一般包括报警与接警、应急救援队伍的出动、实施应急处理，即紧急疏散、现场急救、溢出或泄漏处理和火灾控制几个方面。

二、危险化学品应急处置的基本程序

危险化学品应急处置流程如图 7-1 所示。

1. 接警与通知

准确了解事故的性质和规模等初始信息，是决定启动应急救援的关键，接警作为应急响应的第一步，必须对接警与通知要求作业明确规定。

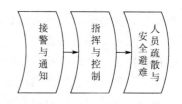

图 7-1　危险化学品应急处置流程

① 应明确 24h 报警电话，建立接警和事故通报程序。

② 列出所有的通知对象及电话，将事故信息及时按对象及电话清单通知。

③ 接警人员必须掌握的情况有：事故发生的时间与地点、种类、强度；已泄漏物质数量以及已知的危害方向。

④ 接警人员在掌握基本事故情况后，立即通知企业领导层，报告事故情况，以及可能的应急响应级别。

⑤ 在进行应急救援行动时，首先是让企业内人员知道发生了紧急情况，此时就要启动警报系统，最常使用的是声音报警。报警有两个目的：

a. 通知应急人员企业发生了事故，要进入应急状态，采取应急行动。

b. 提醒其他无关人员采取防护行动（如转移到更安全的地方或撤离企业）。

⑥ 通知上级机构。根据应急的类型和严重程度，企业应急总指挥或企业有关人员（业主或操作人员）必须按照法律、法规和标准的规定将事故有关情况上报政府安全生产主管部门。

通报信息内容如下：

a. 将要发生或已发生事故或泄漏的企业名称和地址；

b. 通报人的姓名和电话号码；

c. 泄漏化学物质名称，该物质是否为极危险物质；

d. 泄漏事件或预期持续事件；

e. 实际泄漏或估算泄漏量，是否会产生企业以外的效应；

f. 泄漏发生的介质；

g. 已知或预期的事故的急性或慢性健康风险和关于解除人员的医疗建议；

h. 由于泄漏应该采取的预防措施，包括疏散；

i. 获取进一步信息，需联系的人员的姓名和电话号码；

j. 气象条件，包括风向、风速和预期企业外效应。

2. 指挥与控制

重大事故的应急救援往往涉及多个救援部门和机构，因此，对应急行动的统一指挥和协调是有效开展应急救援的关键。建立统一的应急指挥、协调和决策程度，便于对事故进行初始评估，确认紧急状态，从而迅速有效地进行应急响应决策，建立现场工作区域，指挥和协调现场各救援队伍开展救援行动，合理高效地调配和使用应急资源等。

（1）明确应急功能　现场指挥部的设立程序；指挥的职责和权力；指挥系统（谁指挥谁、谁配合谁、谁向谁报告）；启动现场外应急队伍的方法；事态评估与应急决策的程序；现场指挥与应急指挥部的协调；企业应急指挥与应急指挥部的协调。

应急指挥可设立应急指挥和现场应急指挥，应急指挥一般由总经理担任，现场应急指挥一般由生产副总经理或事发单位第一责任人担任,但是,企业在确定总指挥与现场指挥人员时,一定要考虑该人员由于某种原因(如出差等),在事故发生的时候不在场时,由谁来担任指挥的角色,以确保救援行动不出现混乱局面。

(2)明确应急总指挥的职责　负责组织应急救援预案的实施工作,负责指挥、调度各保障小组参加集团公司的应急救援行动;负责发布启动或解除应急救援行动的信息,开设现场指挥机构;向当地政府或驻军通报应急救援行动方案,并提出要求支援的具体事宜。

(3)明确现场指挥的职责　全权负责应急救援现场的组织指挥工作;负责及时向总指挥部报告现场抢险救援工作情况。保证现场抢险救援行动与总指挥部的指挥和各保障系统的工作协调;进行事故的现场评估,并提出抢险救援的相关方案报应急救援总指挥部备案。必要时,与总指挥部的专业技术人员或有关专家进行直接沟通,确定抢险救援方案;必要时,提出现场抢险增援、人员疏散、向政府求援等建议并报总指挥部;参与事故调查处理工作,负责事故现场抢险救援工作的总结。

(4)联合指挥　当企业在救援时用到当地消防、医疗救护等其他应急救援机构时,这些应急机构的指挥系统就会与企业的指挥系统构成联合指挥,并随着各部门的陆续到达,联合指挥逐步扩大。

企业应急指挥应该成为联合指挥中的一员,联合指挥成员之间要协同工作,建立共同的目标和策略,共享信息,充分利用可用资源,提高响应效率。在联合指挥过程中,企业的应急指挥的主要任务是指挥提供救援所需的企业信息,如厂区分布图、重要保护目标、消防设施位置等,还应当配合其他部门开展应急救援,如协助指挥人员疏散等。

当联合指挥成员在某个问题上不能达成一致意见时,负责该问题的联合指挥成员代表通常作出最后决策。

但如果动用其他部门较少,如发生较大火灾事故,没有发生人员伤亡的可能性,仅需要消防机构支援,可以考虑由支援部门指挥,企业为其提供信息、物资等支持。

3. 人员疏散与安全避难(安置)

(1)人员疏散　人群疏散是减少人员伤亡扩大的关键,也是最彻底的应急响应。事故的大小、强度、爆发速度、持续时间及其后果严重程度,是实施人群疏散应予考虑的一个重要因素,它将决定撤退人群的数量、疏散的可用时间及确保安全的疏散距离。

对人群疏散所作的规定和准备应包括:明确谁有权发布疏散命令;明确需要进行人群疏散的紧急情况和通知疏散的方法;列举有可能需要疏散的位置;对疏散人群数量及疏散时间的估测;对疏散路线的规定;对需要特殊援助的群体的考虑,如学校、幼儿园、医院、养老院、监管所,以及老人、残疾人等。

在重大事故应急发生时,可能要求从事故影响区疏散企业人员到其他区域。有时甚至要求全企业人员除了负责控制事故的应急人员外都必须疏散。小企业或事故迅速恶化时,可直接进行全体疏散。被影响区无关人员应该首先撤离,接着是当全面停车时的剩余工人撤离。所有人员应该熟悉关于疏散的有关信息,离开企业时,应该根据指示,关闭所有设施和设备。此外,岗位操作人员应该确切知道如何以安全方式进行应急停车。对于控制主要工艺设备停车的应急设备和公用工程,如果没有通知不能实施停车程序。现场疏散的实际计划通常与企业大小、类型和位置有关。应事先确定出通知企业员工疏散的方法、主要或替换集合点、疏散路线和查点所有员工的程序。应该制订规定以警示和查找企业来访者。保卫人员应该持有这些人的名单，企业陪同人员负责来访者的安全。

如果发生毒气泄漏，应该设计转移企业人员的逃生方法，特别是对于泄漏影响地区。所有在影响区域的人员都应配合应急逃生呼吸器。如果有毒物质泄漏能透过皮肤进入身体，还应该提供其他防护设备。人员应该横向穿过泄漏区下风以减少在危险区的暴露时间。逃生路线、集合地点和企业地图应该在整个企业内设置，并清楚标识出来。此外，晚上应保证照明充足，便于安全逃生。企业内应该设置风标和南北指示标识，让人员辨识逃生方向。

（2）现场安全逃避　当毒物泄漏时，一般有两类保护人员的方法：疏散或现场安全避难。选择正确的保护方案要根据泄漏类型和有关标准，具体见表 7-1。

表 7-1　确定最佳保护行动的标准

保护方式	疏散	现场安全避难
毒物泄漏情况	大量物品长时间地泄漏	物品从容器中一次或全部泄漏
	容器有进一步失效的可能	蒸气云迅速移动、扩散
	避难保护不够充分	天气状况促进气体快速扩散
	持续火灾伴有毒烟	泄漏容易控制
	天气状况不利于蒸气快速扩散	没有爆炸性或易燃性气体存在

当人员受到毒物泄漏的威胁，且疏散又不可行时，短期安全避难可给人员提供临时保护。

如果有毒气体渗入量在标准范围内，大多数建筑都可提供一定程度保护。行政管理楼内也可设置避难所。

短期避难所通常是具有空气供给的密封室，空气可由瓶装压缩空气提供。一般控制室设计为短期避难所，使操作人员在紧急时安全使用。有些控制室如果为保证有序停车防止发生更大事故，需要设计为能够防止有毒气体的渗入。选择短期避难所的另一个原因是人员到达可长期避难场所的距离过远，或因缺少替代疏散路线而不能安全疏散。

指挥者根据事故区域大小、相对距离的远近和主导风向，为其员工选择短期避难所。避难不应过远，以免使人员不能及时到达。在选定某建筑作为短期避难所前，指挥者应该考虑一下其设计是否具有如下特点。

① 结构良好，没有明显的洞、裂口或其他可能使危险气体进入体内的结构弱点。
② 门窗有良好的密封。
③ 通风系统可控制。

短期避难所不能长期驻留。如果需要长期避难设施，在计划和设计时必须保证安全的室内空气供给和其他支持系统。

避难场所应该能提供限定人员足够呼吸的空气量和足够长的时间下的有效保护。对大多数常见情况，临时避难所是窗户和门都关闭的任何一个封闭空间。

在许多情况下（如快速、短暂的气体泄漏等），采取安全避难是一个很有效的方法，特别是与疏散相比它具有实施所需时间短的优点。

（3）企业外疏散和安全避难　在紧急情况下，尤其是发生毒物泄漏时，应急指挥者的首要任务是向外报警，并建议政府主管部门采取行动保护公众。

接到企业通报，地方政府主管部门应决定是否启动企业外应急行动，协调并接管应急总指挥的职责。

企业外疏散与避难疏散虽然由政府进行，但企业必须事先做好准备，包括向政府提出疏散的建议。所以企业管理层应该积极与地方主管部门合作，制订应急预案，保护公众免受紧急事故危害。

第二节　危险化学品应急处置要点

一、爆炸品事故处置

爆炸品由于内部结构特性，爆炸性强、敏感度高，受摩擦、撞击、震动、高温等外界因素诱发而发生爆炸，遇明火则更危险。其特点是反应速度快，瞬间即完成猛烈的化学反应，同时放出大量的热量，产生大量的气体，且火焰温度相当高。例如爆破用电雷管、弹药用雷管、硝铵炸药（铵梯炸药）等具有整体爆炸危险；炮用发射药、起爆引信、催泪弹药具有抛射危险但无整体爆炸危险；二亚硝基苯无烟火药、三基火药等具有燃烧危险和较小爆炸或较小抛射危险，或两者兼有，但无整体爆炸危险的物质；B型爆破用炸药、E型爆破用炸药、铵油炸药等属于非常不敏感的爆炸物质。

发生爆炸品火灾时，一般应采取以下处置方法。

① 迅速判断再次发生爆炸的可能性和危险性，紧紧抓住爆炸后和再次发生爆炸之前的有利时机，采取一切可能的措施，全力制止再次爆炸的发生。

② 凡有搬移的可能，在人身安全确有可靠保证的情况下，应迅速组织力量，在水枪的掩护下及时搬移着火源周围的爆炸品至安全区域，远离住宅、人员集聚、重要设施等地方，使着火区周围形成一个隔离带。

③ 禁止用沙土类的材料进行盖压，以免增强爆炸品爆炸式的威力。扑救爆炸品堆垛时，水流应采用吊射，避免强力水流直接冲击堆垛，造成堆垛倒塌引起再次爆炸。

④ 灭火人员应积极采取自我保护措施，尽量利用现场的地形、物体作为掩体和尽量采用卧姿等低姿射水；消防设备、设施及车辆不要停靠离爆炸品太近的水源处。

⑤ 灭火人员发现有再次爆炸的危险时，应立即撤离并向现场指挥报告，现场指挥应迅速作出准确判断，确有发生再次爆炸征兆或危险时，应立即下达撤退命令，迅速撤离至安全地带。来不及撤退的灭火人员，应迅速就地卧倒，等待时机和救援。

爆炸品火灾处置流程如图 7-2 所示。

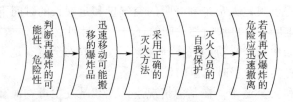

图 7-2　爆炸品火灾处置流程

二、压缩气体和液化气体事故处置

为了便于使用和储运，通常将气体用降温加压法压缩或液化后储存在钢瓶或储罐等容器中，在容器中处于气体状态的称为压缩气体，处于液体状态的称为液化气体。另外，还有加压溶解的气体。常见压缩、液化或加压溶解的气体有氧气、氯气、液化石油气、液化天然气、乙炔等。储存在容器中的压缩气体压力较高，储存在容器中的液化气体当温度升高时液体汽化、膨胀导致容器内压力升高，因此，储存压缩气体和液化气体的容器受热或受火焰熏烤容易发生爆炸。压缩气体和液化气体的另一种输送形式是通过管道。它比移动方便的钢瓶容器稳定性强，但同样具有易燃易爆的危险特点。压缩气体和液化气体泄漏后，与着火源已形成稳定燃烧时，其发生爆炸或再次爆炸的危险性与可燃气体泄漏未燃时相比要小得多。

遇到压缩气体或液化气体火灾时，一般应采取以下处置方法：

① 及时设法找到气源阀门。阀门完好时，只要关闭气体阀门，火势就会自动熄灭。在关阀无效时，切忌盲目灭火，在扑救周围火势以及冷却过程中不小心把泄漏处的火焰扑灭了，在没有采取堵漏措施的情况下，必须立即将火点燃，使其继续稳定燃烧。否则，大量可燃气体泄漏出来与空气混合，遇着火源就会发生爆炸，后果将不堪设想。

② 选用水、干粉、二氧化碳等灭火剂扑灭外围被火源引燃的可燃物火势，切断火势蔓延途径，控制燃烧范围。

③ 如有受到火焰热辐射威胁的压缩气体或液化气体压力容器，特别是多个压力容器存放在一起的地方，能搬移且安全有保障的，应迅速组织力量，在水枪的掩护下，一方面将压力容器搬移到安全地带，远离住宅、人员集聚、重要设施等地方。抢救搬移出来的压缩气体或存储的液化气体的压力容器时，还要注意防火降温和防碰撞等措施。同时，要及时搬移着火源周围的其他易燃易爆物品至安全区域，使着火区周围形成一个隔离带。

不能搬移的压缩气体或液化气体压力容器，应部署足够的水枪进行降温冷却保护，以防止潜伏的爆炸危险。对卧式储罐或管道冷却时，为防止压力容器或管道爆裂伤人，进行冷却的人员应尽量采用低姿势射水或利用现场坚实的掩体防护，选择储罐侧角作为射水阵地。

④ 现场指挥应密切注意各种危险征兆，遇有或是熄灭后较长时间未能恢复稳定燃烧或受辐射的容器安全阀火焰变亮耀眼、尖叫、晃动等爆裂征兆时，指挥员必须作出准确判断，及时下达撤退命令。现场人员看到或听到事先规定的撤退信号后，应迅速撤退至安全地带。

⑤ 在关闭气体阀门时储罐或管道泄漏关阀无效时，应根据火势大小判断气体压力和泄漏口的大小及其形状，准备好相应的堵漏材料，如软木塞、橡皮塞、气囊塞、黏合剂等。堵漏工作准备就绪后，即可用水扑救火势，也可用干粉、二氧化碳灭火，但仍需要水冷却烧烫的管壁。火扑灭后，应立即用堵漏材料堵漏，同时用雾状水稀释和驱散泄漏出来的气体。

⑥ 碰到一次堵漏不成功，需一定时间再次堵漏时，应继续将泄漏处点燃，使其恢复稳定燃烧，以防止发生潜伏爆炸的危险，并准备再次灭火堵漏。如果确认泄漏口较大，一时无法堵漏，只需冷却着火源周围管道和可燃物品，控制着火范围，直到燃气燃尽，火势自动熄灭。

⑦ 气体储罐或管道阀门处泄漏着火时，在特殊情况下，只要判断阀门还有效，也可违反常规，先扑灭火势，再关闭阀门。一旦发现关闭已无效，一时又无法堵漏时，应迅速点燃，继续恢复稳定燃烧。

三、易燃液体事故处置

易燃液体通常储存在容器内或用管道输送。液体容器有的密闭、有的敞开，一般是常压，只有反应锅（炉、釜）及输送管道内的液体压力较高。液体不管是否着火，如果发生泄漏或溢出，都将顺着地面流淌或水面飘散，而且，易燃液体还有相对密度和水溶性等涉及能否用水和普通泡沫扑救以及危险性很大的沸溢和喷溅等问题。

① 首先应切断火势蔓延的途径，冷却和疏散受火势威胁的密闭容器和可燃物，控制燃烧范围，并积极抢救受伤和被困人员。如有液体流淌时，应筑堤（或用围油栏）拦截漂散流淌的易燃液体或挖沟导流。

② 及时了解和掌握着火液体的品名、相对密度、水溶性以及有无毒害、腐蚀、沸溢、喷溅等危险性，以便采取相应的灭火和防护措施。

③ 对较大的储罐或流淌火灾，应准确判断着火面积。大量（大于 $50m^3$）液体火灾则必须根据其相对密度、水溶性和燃烧面积大小，选择正确的灭火剂扑救。对于不溶于水的液体（如汽油、苯等），用直流水、雾状水灭火往往无效。可用普通氟蛋白泡沫或轻水泡沫扑灭。用干粉扑救时，灭火效果要视燃烧面积大小和燃烧条件而定，最好用水冷却罐壁。

比水重又不溶于水的液体（如二硫化碳，相对密度 1.3506，20℃）起火时可用水扑救，水能覆盖在液面上灭火。用泡沫也有效。用干粉扑救时，灭火效果要视燃烧条件而定，最好用水冷却罐壁，降低燃烧强度。

具有水溶性的液体（如醇类、酮类等），虽然从理论上讲能用水稀释扑救，但此法要使液体闪点消失，水必须在溶液中占很大比例，这不仅需要大量的水，也容易使液体溢出流淌；而普通泡沫又会受到水溶性液体的破坏（如果普通泡沫强度加大，可以减弱火势）。因此最好用抗溶性泡沫扑救，用干粉扑救时，灭火效果要视燃烧面积大小和燃烧条件而定，也需用水冷却罐壁，降低燃烧强度。

与水起作用的易燃液体，如乙硫醇、乙酰氯、有机硅烷等禁用含水灭火剂。

④ 扑救有害性、腐蚀性或燃烧产物毒害性较强的易燃液体火灾，扑救人员必须佩戴防护面具，采取防护措施。对特殊物品的火灾，应使用专用防护服。考虑到过滤式防毒面具的局限性，在扑救毒害品火灾时应尽量使用隔离式空气呼吸器。为了在火场上正确使用和适应呼吸防护器，平时应进行严格的适应性训练。

⑤ 扑救闪点不同、黏度较大的介质混合物，如原油和重油等具有沸溢和喷溅危险的液体火灾，必须注意观察发生沸溢、喷溅的征兆，估计可能发生沸溢、喷溅的时间。一旦发生危险征兆时现场指挥应迅速作出准确判断，及时下达撤退命令，避免造成人员伤亡和装备损失。扑救人员看到或听到统一撤退信号后，应立即撤退至安全地带。

⑥ 遇易燃液体管道或储罐泄漏着火，在切断蔓延方向并把火势限制在指定范围内的同时，应设法找到输送管道并关闭进、出阀门，如果管道阀门已损坏或储罐泄漏，应迅速准备好堵漏器材，先用泡沫、干粉、二氧化碳或雾状水等扑灭地上的流淌火焰，为堵漏扫清障碍；然后再扑灭泄漏处的火焰，并迅速采取堵漏措施。与气体堵塞不同的是，液体一次堵漏失败，可连续堵几次，只要用泡沫覆盖地面，并堵住液体流淌和控制好周围着火源，不必点燃泄漏处的液体。

四、易燃固体、自燃物品事故处置

易燃固体、自燃物品一般都可用水和泡沫扑救,相对其他种类的危险化学品而言是比较容易扑救的,只要控制住燃烧范围,逐步扑灭即可。但也有少数易燃固体、自燃物品的扑救方法比较特殊。

遇到易燃固体、自燃物品火灾,一般应采取以下基本处置方法。

① 积极抢救受伤和被困人员,迅速撤离疏散;将着火源周围的其他易燃易爆物品搬移至安全区域,远离火灾区,避免扩大人员伤亡和受灾范围。

② 一些能升华的易燃固体(如 2,4 二硝基苯甲醚、二硝基萘、萘等)受热后能产生易燃蒸气。例如,二硝基类化合物燃烧时火势迅猛,若灭火剂在单位时间内喷出的药量太少则灭火效果不佳。此外,二硝基类化合物一般都易爆炸,遇重物压迫,则有爆炸危险,且硝基越多,爆炸危险性越大,若大量砂土压上去,可能会变燃烧为爆炸。火灾时应用雾状水、泡沫扑救,切断火势蔓延途径。但要注意,明火扑灭后,因受热后升华的易燃蒸气能在不知不觉中飘逸,能在上层与空气形成爆炸性混合物,尤其是在室内,易发生爆燃。因此,扑救此类物品火灾时,应不时地向燃烧区域上空及周围喷射雾状水,并用水扑灭燃烧区域及其周围的一切火源。

③ 黄磷是自燃点很低且在空气中能很快氧化升温自燃的物品,遇黄磷火灾时,禁用酸碱、二氧化碳、卤代烷灭火剂,首先应切断火势蔓延途径,控制燃烧范围,用低压水或雾状水扑救。高压直流水冲击能引起黄磷飞溅,导致灾害扩大。黄磷熔融液体流淌时应用泥土、砂袋等筑堤拦截,并用雾状水冷却,对冷却后已固化的黄磷,应用钳子钳入储水容器中。来不及钳时可先用砂土掩盖,但应做好标记,等火势扑灭后,再逐步集中到储水容器中。

④ 少数易燃固体和自燃物质不能用水和泡沫扑救,如三硫化二磷、铝粉、烷基铅、保险粉(连二亚硫酸钠)等,应根据具体情况区别处理。宜选用干砂和不用压力喷射的干粉扑救。易燃金属粉末,如镁粉和铝粉禁用含水、二氧化碳、卤代烷的灭火剂。连二亚硫酸钠、连二亚硫酸钾、连二亚硫酸钙、连二亚硫酸锌等连二亚硫酸盐,遇水或吸收潮湿空气能发热,引起冒黄烟燃烧,并放出有毒和易燃的二氧化硫。

⑤ 抢救搬移出来的易燃固体、自燃物质时要注意采取防火降温、防水散流等措施。

五、遇湿易燃物品事故处置

遇湿易燃物品遇水或者潮湿放出大量可燃、易燃气体和热量,有的遇湿易燃物品不需要明火,即能自动燃烧或爆炸,如金属钾、钠、三乙基铝(液态)、电石(碳酸钙)、碳化铝、碳化镁、氢化钾、氢化钠、乙硅烷、乙硼烷等。有的遇湿易燃物品与酸反应更加剧烈,极易引起燃烧爆炸。因此,这类物质达到一定数量时,绝对禁止用水、泡沫等湿性灭火剂扑救。这类物品的这一特殊性给其火灾的扑救工作带来了很大的困难。对遇湿易燃物品火灾,一般应采取以下基本处置方法。

① 首先应清楚遇湿易燃物品的品名、数量、是否与其他物品混存、燃烧范围、火势蔓延途径,以便采取相对应的灭火措施。

② 在施救、搬移着火的遇湿易燃物品时,应尽可能将遇湿易燃物品与其他非遇湿易燃物品或易燃易爆物品分开。如果其他物品火灾威胁到相邻的遇湿易燃物品,应将遇湿易燃物品

迅速疏散转移至安全地点。如遇湿易燃物品较多，一时难以转移，应先用油布或塑料膜等防水布将遇湿易燃物品遮盖好，然后再在上面盖上毛毡、石棉被、海藻席（或棉被）并淋上水。如果遇湿易燃物品堆放处地势不太高，可在其周围用土筑一道防水堤。在用水或泡沫扑救火灾时，对相邻的遇湿易燃物品应留有一定的力量监护。

③ 如果只有极少量的遇湿易燃物品，在征求有关专业人员同意后，可用大量的水或泡沫扑救。水或泡沫刚接触着火点时，短时间内可能会使火势增大，但少量遇湿易燃物品燃尽后，火势很快就会减小或熄灭。

④ 如果遇湿易燃物品数量较多，且未与其他物品混存时，则绝对禁止用水或泡沫等湿性灭火器扑救。遇湿易燃物品起火时应用干粉、二氧化碳灭火器扑救，但金属锂、钾、钠、铷、铯、锶等物品由于化学性质十分活泼，能夺取二氧化碳中的氧而引起化学反应，使燃烧更猛烈，所以也不能用二氧化碳扑救。固体遇湿易燃物品应用水泥、干砂、干粉、硅藻土和蛭石等进行覆盖。水泥、砂土是扑救固体遇湿易燃物品火灾比较容易得到的灭火剂，且效果也比较理想。

⑤ 对遇湿易燃物品中的粉尘火灾，切忌使用有压力的灭火器进行喷射，这样极易将粉尘吹扬起来，与空气形成爆炸性混合物而导致爆炸事故的发生。通常情况下，遇湿易燃物品由于其发生火灾时的灭火措施特殊，在储存时要求分库或隔离分堆单独储存，但在实际操作中有时往往很难完全做到，尤其是在生产和运输过程中更难以做到，例如铝制品厂往往遍地积有铝粉。对包装坚固、封口严密、数量又少的遇湿易燃物品，在储存时往往同室分堆或同柜分格储存。这就给其火灾扑救工作带来了更大的困难，灭火人员在扑救中应谨慎处置。

六、氧化剂和有机过氧化物事故处置

从灭火的角度来讲，氧化剂和有机过氧化物既有固体、液体，又有气体。既不像遇湿易燃物品一概不能用水和泡沫扑救，也不像易燃固体几乎都可用水和泡沫扑救。有些氧化剂本身虽然不会燃烧，但遇可燃、易燃物品或酸碱却能着火和爆炸。有机过氧化物（如过氧化二苯甲酰等）本身就能着火、爆炸，危险性特别大，施救时要注意人员的防护措施。对于不同的氧化剂和有机过氧化物火灾，有的可用水（最好是雾状水）和泡沫扑救，有的不能用水和泡沫扑救，还有的不能用二氧化碳扑救。例如，有机过氧化物类、氯酸盐类、硝酸盐类、高锰酸盐类、亚硝酸盐类、重铬酸盐类等氧化剂遇酸会发生反应，产生热量，同时游离出更不稳定的氧化性酸，在火场上极易分解爆炸。因这类氧化剂在燃烧中自动放出氧，故二氧化碳的窒息作用也难以奏效。因卤代烷在高温时游离出的卤素离子与这类氧化剂中的钾、钠等金属离子结合成盐，同时放出热量，故卤代烷灭火剂的效果也较差，但有机过氧化物使用卤代烷仍有效。金属过氧化物类遇水分解，放出大量热量和氧，反而助长火势；遇酸强烈分解，反应比遇水更为剧烈，产生热量更多，并放出氧，往往发生爆炸；卤代烷灭火剂遇高温分解，游离出卤素离子，极易与金属过氧化物中的活泼金属元素结合成金属卤化物，同时产生热量和放出氧，使燃烧更加剧烈。因此金属过氧化物禁用水、卤代烷灭火剂和酸碱、泡沫灭火剂，二氧化碳灭火剂的效果也不佳。

遇到氧化剂和有机过氧化物火灾，一般应采取以下基本处置方法：

① 迅速查明着火的氧化剂和有机过氧化物，以及其他燃烧物的品名、数量、主要危险特性、燃烧范围、火势蔓延途径、能否用水或泡沫灭火剂等扑救。

② 尽一切可能将不同类别、品种的氧化剂和有机过氧化物与其他非氧化剂和有机过氧化物或易燃易爆物品分开、阻断，以便采取相对应的灭火措施。

③ 能用水或泡沫扑救时，应尽可能切断火势蔓延方向，使着火源孤立起来，限制其燃烧的范围。如有受伤和被困人员时，应迅速积极抢救。

④ 不能用水、泡沫、二氧化碳扑救时，应用干粉、水泥、干砂进行覆盖。用水泥、干砂覆盖时，应先从着火区域四周开始，尤其是从下风处等火势主要蔓延的方向开始覆盖，形成孤立火势的隔离带，然后逐步向着火点逼近。

⑤ 由于大多数氧化剂和有机过氧化物遇酸类会发生剧烈反应，甚至爆炸，如过氧化钠、过氧化钾、氯酸钾、高锰酸钾、过氧化二苯甲酰等。因此，专门生产、经营、储存、运输、使用这类物品的单位和场所，应谨慎配备泡沫、二氧化碳等灭火器，遇到这类物品的火灾时也要慎用灭火器。

七、毒害品事故处置

毒害品对人体有严重的危害。毒害品主要是经口吸入蒸气或通过皮肤接触引起人体中毒的，例如无机毒品有氰化钠、三氧化二砷（砒霜）；有机毒品有硫酸二甲酯、四乙基铅等。有些毒害品本身能着火，还有发生爆炸的危险；有的本身并不能着火，但与其他可燃、易燃物品接触后能着火。这类物品发生火灾时通常扑救不是很困难，但着火后或与其他可燃、易燃物品接触着火后，甚至爆炸后，会产生毒害气体。因此，特别需要注意人体的防护。遇到毒害品火灾，一般应采取以下基本处置方法。

① 毒害品火灾极易造成人员中毒和伤亡事故。施救人员在确保安全的前提下，应采取有效措施，迅速寻找、抢救受伤或被困人员，并采取清水冲洗、洗漱、隔开、医治等措施。严格禁止其他人员擅自进入灾区，避免人员中毒、伤亡和受灾范围的扩大。同时，积极控制毒害品燃烧和蔓延的范围。

② 施救人员必须穿着防护服，佩戴防护面具，采取全身防护，对有特殊要求的毒害品火灾，应使用专用防护服。考虑到过滤式防毒面具防毒范围的局限性，在扑救毒害品火灾时应尽量使用隔绝式氧气或空气呼吸器。为了在火场上能正确使用这些防护器具，平时应进行严格的适应性训练。

③ 积极限制毒害品燃烧区域，应尽量使用低压水流或雾状水，严格避免毒害品溅出造成灾害区域扩大。喷射时干粉易将毒害品粉末吹起，增加危险性，所以慎用干粉灭火器。

④ 遇到毒害品容器泄漏，要采取一切有效的措施，例如用水泥、泥土、砂袋等材料进行筑堤拦截，或收集、稀释，将其控制在最小的范围内。严禁泄漏的毒害品流淌至河流水域。有泄漏的容器应及时采取堵漏、严控等有效措施。

⑤ 毒害品的灭火施救，应多采用雾状水、干粉、砂土等，慎用泡沫、二氧化碳灭火剂，严禁使用酸碱类灭火剂灭火。如氰化钠、氰化钾及其他氰化物等遇泡沫中的酸性物质能生成剧毒物质氢化氰，因此不能用酸碱类灭火剂灭火。二氧化碳喷射时会将氰化物粉末吹起，增加毒害性，此外氰化物为弱酸，在潮湿空气中能与二氧化碳起反应。虽然该反应受空气中水蒸气的限制，反应又不快，但毕竟会产生氰化氢，故应慎用。

⑥ 严格做好现场监护工作，灭火中和灭火完毕都要认真检查，以防疏漏。

八、腐蚀品事故处置

腐蚀品具有强烈的腐蚀性、毒性、易燃性、氧化性。有些腐蚀品本身能燃烧，有的本身并不能燃烧，但与其他可燃物品接触后可以燃烧。部分有机腐蚀品遇明火易燃烧，如冰醋酸、醋酸酐、苯酚等。有的有机腐蚀品遇热极易爆炸，有的无机酸性腐蚀品遇还原剂、受热等也会发生爆炸。腐蚀品对人体都有一定的危害，它会通过皮肤接触给人体造成化学灼伤。这类物品发生火灾时通常扑救不困难，但它对人体的腐蚀伤害是严重的。因此，接触时特别需要注意人体的防护。

遇到腐蚀品火灾，一般应采取以下基本处置方法：

① 腐蚀品火灾极易造成人员伤亡。施救人员在采取防护措施后，应立即寻找和抢救受伤、被困人员，被抢救出来的受伤人员应马上采取清水冲洗、医治等措施；同时，迅速控制腐蚀品燃烧范围，避免受灾范围的扩大。

② 施救人员必须穿着防护服，佩戴防护面具。一般情况下采取全身防护即可，对有特殊要求的物品火灾，应使用专用防护服。考虑到腐蚀品的特点，在扑救腐蚀品火灾时应尽量使用防腐蚀的面具、手套、长筒靴等。为了在火场上能正确使用这些防护器具，平时应进行严格的适应性训练。

③ 扑救腐蚀品火灾时，应尽量使用低压水流或雾状水，避免因腐蚀品的溅出而扩大灾害区域。如发烟硫酸、氯磺酸、浓硝酸等发生火灾后，宜用雾状水、干砂土、二氧化碳扑救。如三氯化磷、氧氯化磷等遇水会产生氯化氢，因此在有该类物质的火场，主要采取防水保护，可用雾状水驱散有毒气体。

④ 遇到腐蚀品容器泄漏，在扑灭火势的同时应采取堵漏措施。腐蚀品堵漏所需材料一定要注意选用具有防腐性的。

⑤ 浓硫酸遇水能放出大量的热，会导致沸腾飞溅，需特别注意防护。扑救浓硫酸与其他可燃物品接触发生的火灾，且浓硫酸数量不多时，可用大量低压水快速扑救。如果浓硫酸量很大，应先用二氧化碳、干粉等灭火剂进行灭火，然后再把着火物品与浓硫酸分开。

⑥ 严格做好现场监护工作，灭火中和灭火完毕后都要认真检查，以防疏漏。

第三节　典型危险化学品事故应急处置

一、液氯事故应急处置

1. 理化特性

氯常温常压下为黄绿色、有刺激性气味的气体。常温、709kPa 以上压力时为液体，液氯为金黄色。微溶于水，易溶于二硫化碳和四氯化碳。分子量 70.91，熔点 -101℃，沸点 -34.5℃，气体密度 3.21g/L，相对蒸气密度（空气为1）2.5，相对密度（水为1）1.41（20℃），临界压力 7.71MPa，临界温度 144℃，饱和蒸气压 673kPa（20℃）。

主要用途：用于制造氯乙烯、环氧氯丙烷、氯丙烯、氯化石蜡等；用作氯化试剂，也用作水处理过程的消毒剂。

2. 危害信息

（1）燃烧和爆炸危险性　氯不燃，但可助燃。一般可燃物大都能在氯气中燃烧，一般易燃气体或蒸气也都能与氯气形成爆炸性混合物。受热后容器或储罐内压力增大，泄漏物质可导致中毒。

（2）活性反应　氯是强氧化剂，与水反应，生成有毒的次氯酸和盐酸。与氢氧化钠、氢氧化钾等碱反应生成次氯酸盐和氯化物，可利用此反应对氯气进行无害化处理。液氯与可燃物、还原剂接触会发生剧烈反应。与汽油等石油产品、烃、氨、醚、松节油、醇、乙炔、二硫化碳、氢气、金属粉末和磷接触能形成爆炸性混合物。接触烃基膦、铝、锑、胂、铋、硼、黄铜、二乙基锌等物质会导致燃烧、爆炸，释放出有毒烟雾。潮湿环境下，严重腐蚀铁、钢、铜和锌。

（3）健康危害　氯是一种强烈的刺激性气体，经呼吸道吸入时，与呼吸道黏膜表面水分接触，产生盐酸、次氯酸，次氯酸再分解为盐酸和新生态氧，产生局部刺激和腐蚀作用。

急性中毒：轻度者有流泪、咳嗽、咳少量痰、胸闷，出现气管-支气管炎或支气管周围炎的表现；中度中毒者发生支气管肺炎、局限性肺泡性肺水肿、间质性肺水肿或哮喘样发作，病人除有上述症状的加重外，还会出现呼吸困难、轻度紫绀等；重度者发生肺泡性水肿、急性呼吸窘迫综合征、严重窒息、昏迷或休克，可出现气胸、纵隔气肿等并发症。吸入极高浓度的氯气，可引起迷走神经反射性心搏骤停或喉头痉挛而发生"电击样"死亡。眼睛接触可引起急性结膜炎，高浓度氯可造成角膜损伤，皮肤接触液氯或高浓度氯，在暴露部位可有灼伤或急性皮炎。

慢性影响：长期低浓度接触，可引起慢性牙龈炎、慢性咽炎、慢性支气管炎、肺气肿、支气管哮喘等，还可引起牙齿酸蚀症。

液氯已被列入《剧毒化学品目录》。

3. 应急处置原则

（1）急救措施

① 吸入：迅速脱离现场至空气新鲜处；保持呼吸道通畅；如呼吸困难，给氧，给予2%~4%的碳酸氢钠溶液雾化吸入；呼吸、心跳停止，立即进行心肺复苏术；就医。

② 眼睛接触：立即分开眼睑，用流动清水或生理盐水彻底冲洗；就医。

③ 皮肤接触：立即脱去污染的衣着，用流动清水彻底冲洗；就医。

（2）灭火方法　本品不燃，但周围起火时应切断气源，喷水冷却容器，尽可能将容器从火场移至空旷处。消防人员必须佩戴正压自给式空气呼吸器，穿全身防火、防毒服，在上风向灭火。由于火场中可能发生容器爆破的情况，消防人员须在防爆掩蔽处操作。有氯气泄漏时，使用细水雾驱赶泄漏的气体，使其远离未受波及的区域。

灭火剂：根据周围着火原因选择适当灭火剂灭火。可用干粉、二氧化碳、水（雾状水）或泡沫。

（3）泄漏应急处置　根据气体扩散的影响区域划定警戒区，无关人员从侧风、上风向撤离至安全区。建议应急处理人员穿内置正压自给式空气呼吸器的全封闭防化服，戴橡胶手套。如果是液体泄漏，还应注意防冻伤。禁止接触或跨越泄漏物。勿使泄漏物与可燃物质（如木材、纸、油等）接触。尽可能切断泄漏源。喷雾状水抑制蒸气或改变蒸气云流向，避免水流接触泄漏物。禁止用水直接冲击泄漏物或泄漏源。若可能翻转容器，使之逸出气体而非液体。防止气体通过下水道、通风系统和限制性空间扩散。构筑围堤堵截液体泄漏物。喷稀碱液中和、稀释。隔离泄漏区直至气体散尽。泄漏场所保持通风。

不同泄漏情况下的具体措施如下。

① 瓶阀密封填料处泄漏时，应查压紧螺母是否松动或拧紧压紧螺母；瓶阀出口泄漏时，应查瓶阀是否关紧或关紧瓶阀，或用铜六角螺母封闭瓶阀口。

② 瓶体泄漏点为孔洞时，可使用堵漏器材（如竹签、木塞、止漏器等）处理，并注意对堵漏器材紧固，防止脱落。上述处理均无效时，应迅速将泄漏气瓶浸没于备有足够体积的烧碱或石灰水溶液吸收池进行无害化处理，并控制吸收液温度不高于45℃、pH值不小于7，防止吸收液失效分解。

（4）隔离与疏散距离　小量泄漏，初始隔离60m，下风向疏散白天400m、夜晚1600m；大量泄漏，初始隔离600m，下风向疏散白天3500m、夜晚8000m。

二、液氨事故应急处置

1. 理化特性

氨常温常压下为无色气体，有强烈的刺激性气味。20℃、891kPa下即可液化，并放出大量的热。液氨在温度变化时，体积变化的系数很大。溶于水、乙醇和乙醚。分子量17.03，熔点-77.7℃，沸点-33.5℃，气体密度0.7708g/L，相对蒸气密度（空气为1）0.59，相对密度（水为1）0.7（-33℃），临界压力11.40MPa，临界温度132.5℃，饱和蒸气压1013kPa（26℃），爆炸极限15%~30.2%（体积分数），自燃温度630℃，最大爆炸压力0.580MPa。

主要用途：主要用作制冷剂及制取铵盐和氮肥。

2. 危害信息

（1）燃烧和爆炸危险性　极易燃，能与空气形成爆炸性混合物，遇明火、高热引起燃烧爆炸。

（2）活性反应　与氟、氯等接触会发生剧烈的化学反应。

（3）健康危害　对眼、呼吸道黏膜有强烈刺激和腐蚀作用。急性氨中毒引起眼和呼吸道刺激症状，支气管炎或支气管周围炎、肺炎，重度中毒者可发生中毒性肺水肿。高浓度氨可引起反射性呼吸和心搏停止。可致眼和皮肤灼伤。

3. 应急处置原则

（1）急救措施。

① 吸入：迅速脱离现场至空气新鲜处；保持呼吸道通畅；如呼吸困难，给氧；如呼吸停止，立即进行人工呼吸；就医。

② 皮肤接触：立即脱去污染的衣着，应用2%硼酸液或大量清水彻底冲洗；就医。

③ 眼睛接触：立即提起眼睑，用大量流动清水或生理盐水彻底冲洗至少15min；就医。

（2）灭火方法　消防人员必须穿全身防火防毒服，在上风向灭火。切断气源。若不能切断气源，则不允许熄灭泄漏处的火焰。喷水冷却容器，尽可能将容器从火场移至空旷处。

灭火剂：雾状水、抗溶性泡沫、二氧化碳、砂土。

（3）泄漏应急处置　消除所有点火源。根据气体的影响区域划定警戒区，无关人员从侧风向、上风向撤离至安全区。建议应急处理人员穿内置正压自给式空气呼吸器的全封闭防化服。如果是液化气体泄漏，还应注意防冻伤。禁止接触或跨越泄漏物。尽可能切断泄漏源。防止气体通过下水道、通风系统和密闭性空间扩散。若可能应翻转容器，使之逸出气体而非液体。构筑围堤或挖坑收容液体泄漏物。用醋酸或其他稀酸中和。也可以喷雾状水稀释、溶解，同时构筑围堤或挖坑收容产生的大量废水。如有可能，将残余气或漏出气用排风机送至水洗塔或与塔相连的通风橱内。如果钢瓶发生泄漏，无法封堵时可浸入水中。储罐区最好设水或稀酸喷洒设施。隔离泄漏区直至气体散尽。漏气容器要妥善处理，修复、检验后再用。

（4）隔离与疏散距离　小量泄漏，初始隔离 30m，下风向疏散白天 100m、夜晚 200m；大量泄漏，初始隔离 150m，下风向疏散白天 800m、夜晚 2300m。

三、氢气事故应急处置

1. 理化特性

氢气为无色、无臭的气体。很难液化。液态氢无色透明。极易扩散和渗透。微溶于水，不溶于乙醇、乙醚。分子量 2.02，熔点-259.2℃，沸点-252.8℃，气体密度 0.0899g/L，相对密度（水为1）0.07（-252℃），相对蒸气密度（空气为1）0.07，临界压力 1.30MPa，临界温度-240℃，饱和蒸气压 13.33kPa（-257.9℃），爆炸极限 4%~75%（体积分数），自燃温度 500℃，最小点火能 0.019mJ，最大爆炸压力 0.720MPa。

主要用途：主要用于合成氨和甲醇等、石油精制、有机物氢化及作火箭燃料。

2. 危害信息

（1）燃烧和爆炸危险性　极易燃，与空气混合能形成爆炸性混合物，遇热或明火即发生爆炸。比空气轻，在室内使用和储存时，漏气上升滞留屋顶不易排出，遇火星会引起爆炸。在空气中燃烧时，火焰呈蓝色，不易被发现。

（2）活性反应　与氟、氯、溴等卤素会剧烈反应。

（3）健康危害　为单纯性窒息性气体，仅在高浓度时，由于空气中氧分压降低才引起缺氧性窒息。在很高的分压下，呈现出麻醉作用。

3. 应急处置原则

（1）急救措施　吸入时迅速脱离现场至空气新鲜处；保持呼吸道通畅；如呼吸困难，给氧；如呼吸停止，立即进行人工呼吸；就医。

（2）灭火方法　切断气源。若不能切断气源，则不允许熄灭泄漏处的火焰。喷水冷却容器，尽可能将容器从火场移至空旷处。

氢火焰肉眼不易察觉，消防人员应佩戴自给式呼吸器，穿防静电服进入现场，注意防止外露皮肤烧伤。

灭火剂：雾状水、泡沫、二氧化碳、干粉。

（3）泄漏应急处置　消除所有点火源。根据气体的影响区域划定警戒区，无关人员从侧风向、上风向撤离至安全区。建议应急处理人员戴正压自给式空气呼吸器，穿防静电服。作业时使用的所有设备应接地。尽可能切断泄漏源。喷雾状水抑制蒸气或改变蒸气云流向。防止气体通过下水道、通风系统和密闭性空间扩散。若泄漏发生在室内，宜采用吸风系统或将泄漏的钢瓶移至室外，以避免氢气四处扩散。隔离泄漏区直至气体散尽。

（4）隔离与疏散距离　作为一项紧急预防措施，泄漏隔离距离至少为 100m。如果为大量泄漏，下风向的初始疏散距离应至少为 800m。

四、苯事故应急处置

1. 理化特性

苯为无色透明液体，有特殊气味。微溶于水，与乙醇、乙醚、丙酮、四氯化碳、二硫化碳和乙酸混溶。分子量 78.11，熔点 5.51℃，沸点 80.1℃，相对密度（水为 1）0.88，相对蒸气密度（空气为 1）2.77，临界压力 4.92MPa，临界温度 288.9℃，饱和蒸气压 10kPa（20℃），折射率 1.4979（25℃），闪点 -11℃，爆炸极限 1.2%~8.0%（体积分数），自燃温度 560℃，最小点火能 0.20mJ，最大爆炸压力 0.880MPa。

主要用途：主要用作溶剂及合成苯的衍生物、香料、染料、塑料、医药、炸药、橡胶等。

2. 危害信息

（1）燃烧和爆炸危险性　高度易燃，蒸气与空气能形成爆炸性混合物，遇明火、高热能引起燃烧爆炸。蒸气比空气重，能在较低处扩散到相当远的地方，遇火源会着火回燃和爆炸。

（2）健康危害　吸入高浓度苯对中枢神经系统有麻醉作用，引起急性中毒；长期接触苯对造血系统有损害，引起白细胞和血小板减少，重者导致再生障碍性贫血。可引起白血病。具有生殖毒性。皮肤损害有脱脂、干燥、皲裂、皮炎等。

3. 应急处置原则

（1）急救措施。

① 吸入：迅速脱离现场至空气新鲜处；保持呼吸道通畅；如呼吸困难，给氧；如呼吸停止，立即进行人工呼吸；就医。

② 食入：饮足量温水，催吐；就医。

③ 皮肤接触：脱去污染的衣着，用肥皂水或清水彻底冲洗皮肤。

④ 眼睛接触：提起眼睑，用流动清水或生理盐水冲洗；就医。

（2）灭火方法　喷水冷却容器，尽可能将容器从火场移至空旷处。处在火场中的容器若已变色或从安全泄压装置中产生声音，必须马上撤离。

灭火剂：泡沫、干粉、二氧化碳、砂土。用水灭火无效。

（3）泄漏应急处置　消除所有点火源。根据液体流动和蒸气扩散的影响区域划定警戒区，无关人员从侧风、上风向撤离至安全区。建议应急处理人员戴正压自给式空气呼吸器，穿防毒、防静电服。作业时使用的所有设备应接地。禁止接触或跨越泄漏物。尽可能切断泄漏源。防止泄漏物进入水体、下水道、地下室或密闭性空间。小量泄漏：用砂土或其他不燃材料吸收。使用洁净的无火花工具收集吸收材料。大量泄漏：构筑围堤或挖坑收容。用泡沫覆盖，减少蒸发。喷水雾能减少蒸发，但不能降低泄漏物在受限制空间内的易燃性。用防爆泵转移至槽车或专用收集器内。

（4）隔离与疏散距离 作为一项紧急预防措施，泄漏隔离距离至少为50m。如果为大量泄漏，下风向的初始疏散距离应至少为300m。

五、丙烯事故应急处置

1. 理化特性

丙烯为无色气体，略带烃类特有的气味。微溶于水，溶于乙醇和乙醚。熔点-185.25℃，沸点-47.7℃，气体密度1.7885g/L（20℃），相对密度（水为1）0.5，相对蒸气密度（空气为1）1.5，临界压力4.62MPa，临界温度91.9℃，饱和蒸气压61158kPa（25℃），闪点-108℃，爆炸极限1.0%~15.0%（体积分数），自燃温度455℃，最小点火能0.282mJ，最大爆炸压力0.882MPa。

主要用途：主要用于制聚丙烯、丙烯腈、环氧丙烷、丙酮等。

2. 危害信息

（1）燃烧和爆炸危险性 极易燃，与空气混合能形成爆炸性混合物，遇热源或明火有燃烧爆炸危险。比空气重，能在较低处扩散到相当远的地方，遇火源会着火回燃。

（2）活性反应 与二氧化氮、四氧化二氮、氧化二氮等易发生剧烈化合反应，与其他氧化剂发生剧烈反应。

（3）健康危害 主要经呼吸道侵入人体，有麻醉作用。直接接触液态产品可引起冻伤。

3. 应急处置原则

（1）急救措施 吸入时迅速脱离现场至空气新鲜处；保持呼吸道通畅；如呼吸困难，给氧；如呼吸停止，立即进行人工呼吸；就医。

（2）灭火方法 切断气源。若不能切断气源，则不允许熄灭泄漏处的火焰。喷水冷却容器，尽可能将容器从火场移至空旷处。

灭火剂：雾状水、泡沫、二氧化碳、干粉。

（3）泄漏应急处置 消除所有点火源。根据气体的影响区域划定警戒区，无关人员从侧风向、上风向撤离至安全区。建议应急处理人员戴正压自给式空气呼吸器，穿防静电服。作业时使用的所有设备应接地。处理液体时，应防止冻伤。禁止接触或跨越泄漏物。尽可能切断泄漏源。喷雾状水抑制蒸气或改变蒸气云流向，避免水流接触泄漏物。禁止用水直接冲击泄漏物或泄漏源。防止气体通过下水道、通风系统和密闭性空间扩散。隔离泄漏区直至气体散尽。

（4）隔离与疏散距离 作为一项紧急预防措施，泄漏隔离距离至少为100m。如果为大量泄漏，下风向的初始疏散距离应至少为800m。

六、丙酮事故应急处置

1. 理化特性

丙酮在常温压下为具有特殊芳香气味的易挥发性无色透明液体，比水轻。能与水、酒精、乙醚、氯仿、乙炔、油类及烃类化合物相互溶解，能溶解油脂和橡胶。熔点-94.6℃，沸点56.48℃，液体密度797.2kg/m³（15℃），气体密度2.00kg/m³，临界温度236.5℃，临界压力4782.54kPa，临界密度 278kg/m³，蒸气压 30.17kPa（25℃），闪点 -17.78℃，燃点 465℃，爆炸极限 2.6%~12.8%，最大爆炸压力 872.79kPa。

主要用途：作为溶剂用于炸药、塑料、橡胶、纤维、制革、油脂、喷漆等行业中，丙酮也可作为合成烯酮、醋酐、碘仿、聚异戊二烯橡胶、甲基丙烯酸甲酯、氯仿、环氧树脂等物质的重要原料。

2. 危害信息

（1）燃烧和爆炸危险性　易燃烧，其蒸气与空气能形成爆炸性混合物，遇明火或高热易引起燃烧。比空气重，能在较低处扩散到相当远的地方，遇火源会着火回燃。

（2）健康危害　可经呼吸道、消化道和皮肤吸收。经皮肤吸收缓慢，毒性主要是对中枢神经系统的麻醉作用。液体能刺激眼睛。吞服能刺激消化系统，产生麻醉与昏迷等症状。

3. 应急处置原则

（1）急救措施

① 吸入：脱离丙酮产生源或将患者移到新鲜空气处，如呼吸停止应进行人工呼吸。

② 眼睛接触：眼睑张开，用微温的缓慢的流水冲洗患眼约 10min。

③ 皮肤接触：用微温的缓慢的流水冲洗患处至少 10min。

④ 口服：用水充分漱口，不可催吐，给患者饮水约 250mL。

（2）灭火方法　用水灭火是无效的，但可使用喷水以冷却容器。若泄漏物质尚未着火，使用喷水以分散蒸气。喷水可冲洗外泄区并将外泄物稀释成非可燃性混合物。蒸气可能传播至远处，若与引火源接触会延烧回来。

灭火剂：泡沫、二氧化碳、干粉。

（3）泄漏应急处置　消除所有点火源。根据液体流动和蒸气扩散的影响区域划定警戒区，无关人员从侧风向、上风向撤离至安全区。建议应急处理人员戴正压自给式呼吸器，穿防静电服。作业时使用的所有设备应接地。禁止接触或跨越泄漏物。尽可能切断泄漏源。防止泄漏物进入水体、下水道、地下室或密闭性空间。小量泄漏：用砂土或其他不燃材料吸收。使用洁净的无火花工具收集吸收材料。大量泄漏：构筑围堤或挖坑收容。用飞尘或石灰粉吸收大量液体。用抗溶性泡沫覆盖，减少蒸发。喷水雾能减少蒸发，但不能降低泄漏物在受限制空间内的易燃性。用防爆泵转移至槽车或专用收集器内。喷雾状水驱散蒸气、稀释液体泄漏物。

七、汽油事故应急处置

1. 理化特性

汽油为无色到浅黄色的透明液体，相对密度（水为1）0.70~0.80，相对蒸气密度（空气为1）3~4，闪点 -46℃，爆炸极限 1.4%~7.6%（体积分数），自燃温度 415~530℃，最大爆炸压力 0.813MPa；石脑油主要成分为 C_4~C_6 的烷烃，相对密度 0.78~0.97，闪点 -2℃，爆炸极限 1.1%~8.7%（体积分数）。

主要用途：汽油主要用作汽油机的燃料，可用于橡胶、制鞋、印刷、制革、颜料等行业，也可用作机械零件的去污剂；石脑油主要用作裂解、催化重整和制氢原料，也可作为化工原料或一般溶剂，在石油炼制方面是制作清洁汽油的主要原料。

2. 危害信息

（1）燃烧和爆炸危险性　高度易燃，蒸气与空气能形成爆炸性混合物，遇明火、高热能引起燃烧爆炸。高速冲击、流动、激荡后可因产生静电火花放电引起燃烧爆炸。蒸气比空气重，能在较低处扩散到相当远的地方，遇火源会着火回燃和爆炸。

（2）健康危害　汽油为麻醉性毒物，高浓度吸入出现中毒性脑病，极高浓度吸入引起意识突然丧失、反射性呼吸停止。误将汽油吸入呼吸道可引起吸入性肺炎。

职业接触限值：PC-TWA（时间加权平均容许浓度）300mg/m^3（汽油）。

3. 应急处置原则

（1）急救措施

① 吸入：迅速脱离现场至空气新鲜处；保持呼吸道通畅；如呼吸困难，给氧；如呼吸停止，立即进行人工呼吸；就医。

② 食入：给饮牛奶或用植物油洗胃和灌肠；就医。

③ 皮肤接触：立即脱去污染的衣着，用肥皂水和清水彻底冲洗皮肤；就医。

④ 眼睛接触：立即提起眼睑，用大量流动清水或生理盐水彻底冲洗至少15min；就医。

（2）灭火方法　喷水冷却容器，尽可能将容器从火场移至空旷处。

灭火剂：泡沫、干粉、二氧化碳。用水灭火无效。

（3）泄漏应急处置　消除所有点火源。根据液体流动和蒸气扩散的影响区域划定警戒区，无关人员从侧风向、上风向撤离至安全区。建议应急处理人员戴正压自给式空气呼吸器，穿防毒、防静电服。作业时使用的所有设备应接地。禁止接触或跨越泄漏物。尽可能切断泄漏源。防止泄漏物进入水体、下水道、地下室或密闭性空间。小量泄漏：用砂土或其他不燃材料吸收。使用洁净的无火花工具收集吸收材料。大量泄漏：构筑围堤或挖坑收容。用泡沫覆盖，减少蒸发。喷水雾能减少蒸发，但不能降低泄漏物在受限制空间内的易燃性。用防爆泵转移至槽车或专用收集器内。

（4）隔离与疏散距离　作为一项紧急预防措施，泄漏隔离距离至少为50m。如果为大量泄漏，下风向的初始疏散距离应至少为300m。

八、硫化氢事故应急处置

1. 理化特性

硫化氢有明显臭鸡蛋气味（注意，在高于一定浓度下无气味）的无色可燃气体。分子量34.076，熔点-85.5℃，沸点-60.04℃，相对密度（空气=1）1.19，饱和蒸气压2026.5kPa（25.5℃），临界温度100.4℃，临界压力9.01MPa，最小引燃能量0.077mJ，可溶于水、乙醇、汽油、煤油、原油等，溶于水（溶解比例1:2.6，硫化氢未跟水反应）称为氢硫酸。

硫化氢由硫化铁与稀硫酸或盐酸反应制得，或通过氢与硫蒸气反应制取，硫化氢很少用于生产，一般作为化学反应过程中的副产品。硫化氢作为某些化学反应和蛋白质自然分解过程的产物以及某些天然物的成分和杂质，经常存在于多种生产过程以及自然界中，如采矿和有色金属冶炼、煤的低温焦化；含硫石油开采、提炼；橡胶、制革、染料、制糖等工业中都有硫化氢产生。开挖和整治沼泽地、沟渠、下水道、隧道以及清除垃圾、粪便等作业也会产生硫化氢。此外，天然气、火山喷气中也常伴有硫化氢。

2. 危害信息

（1）燃烧和爆炸危险性　硫化氢燃烧时呈蓝色火焰并产生二氧化硫，硫化氢与空气混合达爆炸范围可引起强烈爆炸，爆炸极限为 4.3%~46%。燃点 260℃，自燃温度 246℃，闪点 -82.4℃，在《建筑设计防火规范》（GB 50016—2014）中，火灾危险性分级为甲级。

（2）健康危害　硫化氢是强烈的刺激神经的毒物，可引起窒息，即使低浓度硫化氢对眼和呼吸道也有明显的刺激作用。低浓度时可因其明显的臭鸡蛋气味而被察觉，然而持续接触使嗅觉变得迟钝，高浓度硫化氢能使嗅觉迅速麻木。国家规定卫生标准为 $10mg/m^3$。

轻度中毒时，眼睛出现畏光、流泪、眼刺痛，还可有眼睑痉挛、视力模糊症状；鼻咽部灼热感、咳嗽、胸闷、恶心、呕吐、头晕、头痛可持续几小时，乏力，腿部有疼痛感觉。中度中毒时，意识模糊，可有几分钟失去知觉，但无呼吸困难。严重中毒时，人不知不觉进入深度昏迷，伴有呼吸困难、气促、脸呈灰色紫绀直至呼吸困难、心动过速和阵发性强直性痉挛。大量吸入硫化氢立即产生缺氧，可发生"电击样"中毒，引起肺部损害，导致窒息死亡。

3. 应急处置原则

（1）急救措施　当硫化氢中毒事故或泄漏事故发生时，污染区的人员应迅速撤离至上风侧，并应立即呼叫或报告，不能个人贸然去处理。当作业场所空气中氧含量小于 20%，或硫化氢浓度大于或等于 $10mg/m^3$ 时，须选用隔离式防毒面具，目前常用的为自给式空气呼吸器。

有人中毒昏迷时，抢救人员必须做到：

① 戴好防毒面具或空气呼吸器，穿好防毒衣，有两个以上的人监护，从上风处进入现场，切断泄漏源。

② 进入塔、封闭容器、地窖、下水道等事故现场，还需携带好安全带。有问题应按联络信号立即撤离现场。

③ 合理通风，加速扩散，喷雾状水稀释、溶解硫化氢。

④ 尽快将伤员转移到上风向空气新鲜处，清除污染衣物，保持呼吸道畅通，立即给氧。

⑤ 观察伤员的呼吸和意识状态，如有心跳和呼吸停止，应尽快争取在 4min 内进行心肺复苏救护（勿用口对口呼吸）。

⑥ 在到达医院开始抢救前，心肺复苏不能中断。

⑦ 个体防护措施。呼吸系统防护：空气中浓度超标时，佩戴过滤式防毒面具（半面罩）。紧急事态抢救或撤离时，建议佩戴氧气呼吸器或空气呼吸器；眼睛防护：戴化学安全防护眼镜；身体防护：穿防静电工作服；手防护：戴防化学品手套。其他：工作现场严禁吸烟、进食和饮水。工作完毕，淋浴更衣。及时换洗工作服。作业人员应学会自救互救，进入罐、限制性空间或其他高浓度区作业，须有人监护。

（2）泄漏应急处置

① 产生硫化氢的生产设备应尽量密闭：并设置自动报警装置。

② 对含有硫化氢的废水、废气、废渣，要进行净化处理，达到排放标准后方可排放。

③ 进入可能存在硫化氢的密闭容器、坑、窑、地沟等工作场所，应首先测定该场所空气中的硫化氢浓度，采取通风排毒措施，确认安全后方可操作。

④ 硫化氢作业环境空气中硫化氢浓度要定期测定。

⑤ 操作时做好个人防护措施，戴好防毒面具，作业工人腰间缚以救护带或绳子。做好互

保,要 2 人以上人员在场,发生异常情况立即救出中毒人员。

⑥ 患有肝炎、肾病、气管炎的人员不得从事接触硫化氢的作业。

⑦ 加强对职工有关专业知识的培训,提高自我防护意识。

⑧ 安装硫化氢处理设备。

⑨ 设备内检修作业应当注意:需进入设备、容器进行检修,一般都经过吹扫、置换、加盲板、采样分析合格、办理进设备容器安全作业票后,才能进入作业。但有些设备容器在检修前,需进入除残余的油泥、余渣,清理过程中会散发出硫化氢和油气等有毒有害气体,必须做好安全措施。

⑩ 进入下水道(井)、地沟作业应注意如下事项:

a. 执行进入有限空间作业安全防护规定;

b. 控制各种物料的脱水排凝进入下水道;

c. 采用强制通风或自然通风,保证氧含量大于 20%;

d. 佩戴防毒面具;

e. 携带好安全带(绳);

f. 办理有限空间安全作业票;

g. 进入下水道内作业井下要设专人监护,并与地面保持密切联系。

本章小结　本章第一节主要介绍了危险化学品应急救援的基本任务、基本程序等危险化学品应急处置的通用要求;第二节主要从八大类危险化学品入手,系统介绍了每一类危险化学品的应急处置要点;第三节主要选取了八种典型的危险化学品,对每种物质的事故应急处置要求和要点进行了详细地介绍。通过列举实例,可以帮助读者深入学习和掌握危险化学品事故应急处置相关的知识点。

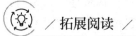

拓展阅读

宁波某日用品有限公司"9·29"重大火灾事故案例

一、事故概况

2019 年 9 月 29 日 13 时 10 分许,位于浙江省宁波市的宁波某日用品有限公司发生一起重大火灾事故,造成 19 人死亡,3 人受伤(其中 2 人重伤、1 人轻伤),过火总面积约 1100m^2,直接经济损失约 2380 万元。

起火建筑占地面积 1081m^2,分东西两幢砖混结构,其中东侧建筑共两层,单层面积 160m^2,一层为门卫室、餐厅,二层为办公区域;西侧建筑共三层,单层面积 280m^2,一层为香水灌装车间,二层、三层为包装车间,三层顶部为闲置阁楼;两幢建筑之间空地搭有钢棚,内设泡壳(吸塑)车间,堆放塑料物品、包装纸箱等。西侧建筑一层灌装车间内储存各类生产原料，包括香精（主要成分为酮醇类溶剂）、稀释剂（主要成分为异构烷烃）、甲醇、酒精、乙酸甲酯等，其中装稀释剂的铁桶33个，单桶容积为200L，生产香水的主要原料为异构烷烃，大部分由二甲基烷烃和三甲基烷烃等组成，闪点＞63℃，火灾危险性为丙类。

二、事故发生经过

9月29日13时10分许，该公司员工孙某松在厂房西侧一层灌装车间用电磁炉加热制作香水原料异构烷烃混合物，在将加热后的混合物倒入塑料桶时，因静电放电引起可燃蒸气起火燃烧。孙某松未就近取用灭火器灭火，而采用纸板扑打、覆盖塑料桶等方法灭火，持续4min，灭火未成功。火势渐大并烧爆塑料桶，引燃周边易燃可燃物，一层车间迅速进入全面燃烧状态并发生了数次爆炸。13时16分许，燃烧产生的大量一氧化碳等有毒物质和高温烟气，向周边区域蔓延扩大，迅速通过楼梯向上蔓延，引燃二层、三层成品包装车间可燃物。13时27分许，整个厂房处于立体燃烧状态。

三、事故原因和性质

1．事故直接原因

该起事故的直接原因是该公司员工孙某松将加热后的异构烷烃混合物倒入塑料桶时，因静电放电引起可燃蒸气起火并蔓延成灾。

2．事故间接原因

（1）事故企业违规使用、存储危化品　事故企业生产工艺未经设计，违规使用易产生静电的塑料桶灌装非极性液体化学品，加工过程中多次搅拌产生并积聚静电；违规使用没有温控、定时装置的电磁炉和铁桶加热可燃液体原料，产生大量可燃蒸气，因静电放电引起可燃蒸气起火；违规将甲醇、酒精等易燃可燃危险化学品及异构烷烃等其他化学品存储在不符合条件的厂房西侧建筑一楼内。

（2）事故企业建筑存在重大安全隐患　厂房建筑为违法建筑，未办理规划审批、施工许可、消防验收等手续，擅自违法翻建、投入使用；厂房耐火等级低，楼板为钢筋混凝土预制板，结构强度低，多次爆炸后，部分楼板坍塌，导致内部搜救行动受阻；厂房窗口违规设置影响人员逃生的铁栅栏，厂区内违规搭建钢棚导致高温烟气迅速向楼内蔓延扩大，仅有的一个楼梯迅速被高温烟气封堵，导致人员无法逃生。

（3）事故企业安全生产管理混乱　企业负责人未有效落实安全生产主体责任，未及时组织消除生产安全事故隐患。建筑内生产车间和仓库未分开设置，作业区域内堆放大量易燃可燃物。企业未组织制定安全生产规章制度和操作规程，未组织开展消防安全疏散逃生演练，未组织制定并实施安全生产教育和培训计划。

（4）事故企业安全生产意识淡薄　企业负责人重效益轻安全，安全生产工作资金投入不足，各项基础薄弱。企业违规租用不具备安全生产条件的厂房用于生产日用化学品，未在事故发生第一时间组织人员疏散逃生。

3．事故性质

经事故调查组调查认定，宁波某日用品有限公司"9·29"重大火灾事故是一起重大生产安全责任事故。

通过这个案例，可以反映出事故发生企业的员工在化学品应急处置方面存在哪些问题？请根据化学品事故应急处置的要求提出改进的具体建议。

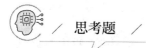 思考题

1. 危险化学品事故应急救援的基本任务有哪些？
2. 危险化学品事故应急处置的基本程序有哪些？
3. 爆炸品火灾事故应如何处置？
4. 压缩气体和液化气体事故应如何处置？
5. 硫化氢发生大量泄漏应如何应急处置？

 拓展练习题

一、选择题

1. 下列哪项不是危险化学品泄漏物处理的主要方法？（　　）
   A．围堤堵截　　　B．稀释与覆盖　　　C．收容（集）　　　D．切断电源
2. 下列哪项不属于危险化学品事故机理？（　　）
   A．易燃易爆化学品→泄漏→遇到火源→火灾或爆炸→人员伤亡、财产损失、环境破坏等
   B．腐蚀品泄漏→腐蚀→人员伤亡、财产损失、环境破坏等
   C．易燃易爆化学品→人员伤亡、财产损失→遇到火源
   D．有毒化学品泄漏→急性中毒或慢性中毒→人员伤亡、财产损失、环境破坏等
3. 危险化学品泄漏不可能酿成以下哪项事故？（　　）
   A．人员伤亡　　　B．火灾事故　　　C．沙尘暴　　　D．爆炸
4. 在处理危险化学品泄漏事故中，以下哪项不属于个人防护要求？（　　）
   A．必须佩带空（氧）气呼吸器　　　B．穿着简易或重型防化服或防静电服
   C．如氯气泄漏必须佩带正压式防毒面具　　　D．穿厚衣服
5. 参加泄漏处理人员应对泄漏化学品的化学性质和反应特征有充分的了解，要在哪种地理位置上进行处理？（　　）
   A．高处和上风　　　B．低处和下风　　　C．地处　　　D．上风
6. 消防中队参加各种抢险救援活动中，哪个抢险救援风险最大、难度最大？（　　）
   A．火灾事故抢险救援　　　B．危险化学品泄漏事故
   C．中毒窒息事故　　　D．化学灼伤事故
7. 下列哪项不属于危险化学品事故特点？（　　）
   A．受灾范围广　　　B．伤害人员多　　　C．连锁危害大　　　D．容易抢险救援
8. 应急救援设施的冲淋、洗眼设施应靠近（　　）。
   A．休息室　　　B．医务室
   C．可能发生相应事故的工作地点　　　D．生产装置
9. 有毒情况下灭火人员容易发生（　　）事故。
   A．烧伤　　　B．烫伤　　　C．爆炸　　　D．中毒
10. 扑救毒害性、腐蚀性或燃烧产生毒害性较强的易燃液体火灾，扑救人员必须（　　），

采取防护措施。
  A．穿劳保服   B．戴隔离帽   C．佩戴防护面具   D．佩戴护目镜
  11．如果有化学品进入眼睛，应立即（　　）。
  A．滴氯霉素眼药水   B．用大量清水冲洗眼睛
  C．用干净手帕擦拭   D．用弱碱液冲洗
  12．吸湿性强、遇水释放较多热量的化学品沾染皮肤后应立刻（　　）。
  A．用清水清洗   B．用冷水清洗
  C．用软纸、软布抹去   D．用温水冲洗

二、判断题

  1．如果化学品为液体，泄漏到地面上时会四处蔓延扩散，难以收集处理。为此需要筑堤堵截或者引流到安全地点。对于贮罐区发生液体泄漏时，要及时关闭雨水阀，防止物料沿明沟外流。（　　）

  2．参加泄漏处理人员应对泄漏品的化学性质和反应特征有充分的了解，要于低处和下风处进行处理，严禁单独行动，要有监护人。（　　）

  3．应急救援人员在控制事故发展的同时，应将伤员救出危险区域和组织群众撤离、疏散、消除危险化学品事故的各种隐患。（　　）

  4．危险程度和灭火方法不同的毒害品可同库混存，性质相抵的禁止同库混存。（　　）

  5．发生危险化学品泄漏中毒时，应急抢险人员必须佩带防护器材迅速进入现场危险区，沿逆风方向将患者转移至空气新鲜处，根据受伤情况进行现场急救。（　　）

  6．危险化学品泄漏污染了环境，如果没有伤人，就不算事故。（　　）

  7．油类物品燃烧时，可用水扑救。（　　）

  8．任何一种危险化学品发生火灾时均可用水及时施救。（　　）

  9．大部分毒性物质着火时，能产生有毒和刺激性气体及烟雾。扑救时，应尽可能站在上风处，并戴好防毒面具。（　　）

  10．遇水或酸产生剧毒气体的易燃固体火灾，不能用水扑救，而应用泡沫灭火剂扑救。（　　）

附录 常见化学品的理化性质及其安全操作注意事项

1. 硫酸（H_2SO_4）

标识	中文名：硫酸		英文名：sulfuric acid	
	分子式：H_2SO_4		分子量：98.08	CAS 号：7664-93-9
	危规号：81007			
理化性质	性状：纯品为无色透明油状液体，无臭			
	溶解性：与水混溶			
	熔点/℃：10.5	沸点/℃：330.0		相对密度（水为1）：1.83
	临界温度/℃：无意义	临界压力/MPa：		相对密度（空气为1）：3.4
	燃烧热/(kJ/mol)：无意义	最小点火能/mJ：		饱和蒸气压/kPa：0.13（145.8℃）
燃烧爆炸危险性	燃烧性：不燃		燃烧分解产物：氧化硫。	
	闪点/℃：无意义		聚合危害：不聚合	
	爆炸下限/%：无意义		稳定性：稳定	
	爆炸上限/%：无意义		最大爆炸压力/MPa：无意义	
	引燃温度/℃：无意义		禁忌物：碱类、碱金属、水、强还原剂、易燃或可燃物	
	危险特性：遇水大量放热，可发生沸溅。与易燃物（如苯）和可燃物（如糖、纤维素等）接触会发生剧烈反应，甚至引起燃烧。遇电石、高氯酸盐、雷酸盐、硝酸盐、苦味酸盐、金属粉末等猛烈反应，发生爆炸或燃烧。有强烈的腐蚀性和吸水性			
	灭火方法：消防人员必须穿全身耐酸碱消防服。灭火剂：干粉、二氧化碳、砂土。避免水流冲击物品，以免遇水会放出大量热量发生喷溅而灼伤皮肤			
毒性	接触限值（MAC）：中国为 $2mg/m^3$			
	急性毒性：LD_{50} 2140mg/kg（大鼠经口）			
	LC_{50} $510mg/m^3$，2h（大鼠吸入）；$320mg/m^3$，2h（小鼠吸入）			
对人体危害	侵入途径：吸入、食入。			
	健康危害：对皮肤、黏膜等组织有强烈的刺激和腐蚀作用。蒸气或雾可引起结膜炎、结膜水肿、角膜混浊，以致失明；引起呼吸道刺激，重者发生呼吸困难和肺水肿；高浓度引起喉痉挛或声门水肿而窒息死亡。口服后引起消化道灼伤以致溃疡形成；严重者可能有胃穿孔、腹膜炎、肾损害、休克等。皮肤灼伤轻者出现红斑，重者形成溃疡，愈后瘢痕收缩影响功能。溅入眼内可造成灼伤，甚至角膜穿孔、全眼炎以至失明。慢性影响：牙齿酸蚀症、慢性支气管炎、肺气肿和肺硬化			
急救	皮肤接触：立即脱出被污染的衣着。用大量流动清水冲洗，至少15min。就医。			
	眼睛接触：立即提起眼睑，用大量流动清水或生理盐水彻底冲洗至少15min。就医。			
	吸入：迅速脱离现场至空气新鲜处，保持呼吸道通畅。如呼吸困难，给输氧。如呼吸停止，立即进行人工呼吸。就医。			
	食入：误服者用水漱口，给饮牛奶或蛋清。就医			

续表

防护	工程防护：密闭操作，注意通风。尽可能机械化、自动化。提供安全淋浴和洗眼设备。
	个人防护：可能接触其烟雾时，佩戴自吸过滤式防毒面具（全面罩）或空气呼吸器。紧急事态抢救或撤离时，建议佩戴氧气呼吸器；穿橡胶耐酸碱服；戴橡胶耐酸碱手套。工作现场严禁吸烟、进食和饮水。工作完毕，淋浴更衣。单独存放被毒物污染的衣服，洗后备用。保持良好的卫生习惯。

泄漏处理	迅速撤离泄漏污染区人员至安全区，并进行隔离，严格限制出入。建议应急处理人员戴自给正压式呼吸器，穿防酸碱工作服。不要直接接触泄漏物。尽可能切断泄漏源。防止进入下水道、排洪沟等限制性空间。小量泄漏：用砂土、干燥石灰或苏打灰混合。也可以用大量水冲洗，洗水稀释后放入废水系统。大量泄漏：构筑围堤或挖坑收容；用泵转移至槽车或专用收集器内。回收或运至废物处理场所处置。

贮运	包装标志：20　　UN 编号：1830　　包装分类：Ⅰ
	包装方法：螺纹口或磨砂口玻璃瓶外木板箱；耐酸坛、陶瓷罐外木板箱或半花格箱。
	储运条件：储存于阴凉、干燥、通风良好的仓间。应与易燃或可燃物、碱类、金属粉末等分开存放。不可混储混运。搬运要轻装轻卸，防止包装及容器损坏。分装和搬运作业要注意个人防护。

2. 盐酸（HCl）

标识	中文名：氯化氢；盐酸		英文名：hydrogen chloride	
	分子式：HCl		分子量：36.46	CAS 号：7647-01-0
	危规号：22022			

理化性质	性状：无色有刺激性气味的气体		
	溶解性：易溶于水		
	熔点/℃：-114.2	沸点/℃：-85.0	相对密度（水为1）：1.19
	临界温度/℃：51.4	临界压力/MPa：8.26	相对密度（空气为1）：1.27
	燃烧热/（kJ/mol）：无意义	最小点火能/mJ：无意义	饱和蒸气压/kPa：4225.6（20℃）

燃烧爆炸危险性	燃烧性：不燃	燃烧分解产物：无意义
	闪点/℃：无意义	聚合危害：不聚合
	爆炸下限/%：无意义	稳定性：稳定
	爆炸上限/%：无意义	最大爆炸压力/MPa：无意义
	引燃温度/℃：无意义	禁忌物：碱类、活性金属粉末
	危险特性：无水氯化氢无腐蚀性，但遇水有强腐蚀性。能与一些活性金属粉末发生反应，放出氢气。遇氰化物能产生剧毒的氰化氢气体。	
	灭火方法：本品不燃。但与其他物品接触引起火灾时，消防人员须穿戴全身防护服，关闭火场中钢瓶的阀门，减弱火势，并用水喷淋保护去关闭阀门的人员。喷水冷却容器，可能的话将容器从火场移至空旷处。	

毒性	接触限值（MAC）：中国为 15mg/m³
	急性毒性：LC$_{50}$ 4600mg/m³，1h（大鼠吸入）

对人体危害	侵入途径：吸入。
	健康危害：本品对眼和呼吸道黏膜有强烈的刺激作用。急性中毒：出现头痛、头昏、恶心、眼痛、咳嗽、痰中带血、声音嘶哑、呼吸困难、胸闷、胸痛等。重者发生肺炎、肺水肿、肺不张。眼角膜可见溃疡或混浊。皮肤直接接触可出现大量粟粒样红色小丘疹而呈潮红痛热。慢性影响：长期较高浓度接触，可引起慢性支气管炎、胃肠功能障碍及牙齿酸蚀症。

续表

急救	皮肤接触：立即脱出被污染的衣着，用大量清水冲洗，至少15min。就医。
	眼睛接触：立即提起眼睑，用大量流动清水或生理盐水彻底冲洗至少15min。就医。
	吸入：迅速脱离现场至空气新鲜处，保持呼吸道通畅。如呼吸困难，给输氧。如呼吸停止，立即进行人工呼吸。就医

防护	工程防护：严格密闭，提供充分的局部排风和全面通风。
	个人防护：空气中浓度超标时，佩戴过滤式防毒面具（半面罩）。紧急事态抢救或撤离时，建议佩戴空气呼吸器。必要时，戴化学安全防护眼镜。穿化学防护服；戴橡胶手套。工作完毕，淋浴更衣。保持良好的卫生习惯

泄漏处理	迅速撤离泄漏污染区人员至上风处，并立即进行隔离，小泄漏时隔离150m，大泄漏时隔离300m，严格限制出入。建议应急处理人员戴自给正压式呼吸器，穿防毒服。从上风处进入现场。尽可能切断泄漏源。合理通风，加速扩散。喷氨水或其它稀碱液中和。构筑围堤或挖坑收容产生的大量废水。如有可能，将残余气或漏出气用排风机送至水洗塔或与塔相连的通风橱内。漏气容器要妥善处理，修复、检验后再用

贮运	包装标志：5，20　　UN编号：1050　　包装分类：Ⅲ
	包装方法：钢质气瓶。
	储运条件：不燃有毒压缩气体。储存于阴凉、通风仓间内。仓内温度不宜超过30℃。远离火种、热源，防止阳光直射。应与碱类、金属粉末、易燃或可燃物等分开存放。验收时要注意品名，注意验瓶日期，先进仓的先发用。搬运时要轻装轻卸，防止钢瓶及附件破损。运输按规定路线行驶，勿在居民区和人口稠密区停留

3. 氢氧化钠（NaOH）

标识	中文名：氢氧化钠；烧碱		英文名：sodium hydroxide；caustic soda	
	分子式：NaOH		分子量：40.01	CAS号：1310-73-2
	危规号：82001			

理化性质	性状：白色不透明固体，易潮解		
	溶解性：易溶于水、乙醇、甘油，不溶于丙酮		
	熔点/℃：318.4	沸点/℃：1390	相对密度（水为1）：2.12
	临界温度/℃：无意义	临界压力/MPa：无意义	相对密度（空气为1）：无意义
	燃烧热/（kJ/mol）：无意义	最小点火能/mJ：无意义	饱和蒸气压/kPa：0.13（739℃）

燃烧爆炸危险性	燃烧性：不燃	燃烧分解产物：可能产生有害的毒性烟雾
	闪点/℃：无意义	聚合危害：不聚合
	爆炸下限/%：无意义	稳定性：稳定
	爆炸上限/%：无意义	最大爆炸压力/MPa：无意义
	引燃温度/℃：无意义	禁忌物：强酸、易燃或可燃物、二氧化碳、过氧化物、水
	危险特性：与酸发生中和反应并放热。遇潮时对铝、锌和锡有腐蚀性，并放出易燃易爆的氢气。本品不会燃烧，遇水和水蒸气大量放热，形成腐蚀性溶液，具有强腐蚀性	
	灭火方法：用水、砂土扑救，但须防止物品遇水产生飞溅，造成灼伤	

毒性	接触限值（MAC）：中国为0.5mg/m³

对人体危害	侵入途径：吸入、食入。
	健康危害：本品具有强烈刺激和腐蚀性。粉尘刺激眼和呼吸道，腐蚀鼻中隔；皮肤和眼直接接触可引起灼伤；误服可造成消化道灼伤，黏膜糜烂、出血和休克

续表

急救	皮肤接触：立即脱出被污染的衣着。用大量流动清水冲洗，至少 15min。就医。 眼睛接触：立即提起眼睑，用大量流动清水或生理盐水彻底冲洗至少 15min。就医。 吸入：迅速脱离现场至空气新鲜处，保持呼吸道通畅。如呼吸困难，给输氧。如呼吸停止，立即进行人工呼吸。就医。 食入：误服者用水漱口，给饮牛奶或蛋清。就医
防护	工程防护：密闭操作。提供安全淋浴和洗眼设备。 个人防护：可能接触其粉尘时，必须佩戴头罩型电动送风过滤式防尘呼吸器。必要时，佩戴空气呼吸器；穿橡胶耐酸碱服；戴橡胶耐酸碱手套。工作现场严禁吸烟、进食和饮水。工作完毕，淋浴更衣。注意个人卫生
泄漏处理	隔离泄漏污染区，限制出入。建议应急处理人员戴自给式呼吸器，穿防酸碱工作服。不要直接接触泄漏物。小量泄漏：避免扬尘，用洁净的铲子收集于干燥、洁净、有盖的容器中。也可以用大量水冲洗，洗水稀释后放入废水系统。大量泄漏：收集回收或运至废物处理场所处置
贮运	包装标志：20　UN编号：1823　包装分类：Ⅱ 包装方法：小开口钢桶；塑料袋、多层牛皮纸外木板箱。 储运条件：储存于干燥清洁的仓间内。注意防潮和雨淋。应与易燃或可燃物及酸类分开存放。分装和搬运作业要注意个人防护。搬运要轻装轻卸，防止包装及容器损坏。雨天不宜运输

4．高锰酸钾（$KMnO_4$）

标识	中文名：高锰酸钾	英文名：potassium permanganate	
	分子式：$KMnO_4$	分子量：158.03	CAS号：7722-64-7
	危规号：51048		
理化性质	性状：深紫色细长斜方柱状结晶，有金属光泽		
	溶解性：溶于水、碱液，微溶于甲醇、丙酮、硫酸		
	熔点/℃：240	沸点/℃：无资料	相对密度（水为1）：2.7
	临界温度/℃：无资料	临界压力/MPa：无资料	相对密度（空气为1）：无意义
	燃烧热/(kJ/mol)：无意义	最小点火能/mJ：无意义	饱和蒸气压/kPa：无意义
燃烧爆炸危险性	燃烧性：不燃	燃烧分解产物：无意义	
	闪点/℃：无意义	聚合危害：不聚合	
	爆炸下限/%：无意义	稳定性：稳定	
	爆炸上限/%：无意义	最大爆炸压力/MPa：无意义	
	引燃温度/℃：无意义	禁忌物：强还原剂，铝、锌及其合金，易燃或可燃物	
	危险特性：强氧化剂。遇硫酸、铵盐或过氧化氢能发生爆炸。遇甘油、乙醇能引起自燃。与有机物、还原剂、易燃物如硫、磷等接触或混合时有引起燃烧爆炸的危险		
	灭火方法：灭火剂为水、雾状水、砂土		
毒性	急性毒性：LD_{50} 1090mg/kg（大鼠经口）		
对人体危害	侵入途径：吸入、食入。 健康危害：吸入后可引起呼吸道损害。溅落眼睛内，刺激结膜，重者致灼伤。刺激皮肤。浓溶液或结晶对皮肤有腐蚀性。口服腐蚀口腔和消化道，出现口内烧灼感、上腹痛、恶心、呕吐、咽喉肿痛等。口服剂量大者，口腔黏膜呈棕黑色、肿胀糜烂，剧烈腹痛，呕吐，血便，休克，最后死于循环衰竭		

续表

急救	皮肤接触：立即脱出被污染的衣着，用大量流动清水冲洗，至少15min。就医。 眼睛接触：立即提起眼睑，用大量流动清水或生理盐水彻底冲洗，至少15min。就医。 吸入：迅速脱离现场至空气新鲜处，保持呼吸道通畅。如呼吸困难，给输氧。如呼吸停止，立即进行人工呼吸。就医。 食入：误服者用水漱口，给饮牛奶或蛋清。就医
防护	工程防护：生产过程密闭，加强通风。提供安全淋浴和洗眼设备； 个人防护：可能接触其粉尘时，建议佩戴头罩型电动送风过滤式防尘呼吸器； 身体防护：穿胶布防毒衣； 手防护：戴氯丁橡胶手套； 其他：工作现场禁止吸烟、进食和饮水。工作完毕，淋浴更衣。保持良好的卫生习惯
泄漏处理	隔离泄漏污染区，限制出入。建议应急处理人员戴自给式呼吸器，穿防毒服。不要直接接触泄漏物。小量泄漏：用砂土、干燥石灰和苏打灰混合。用洁净的铲子收集于干燥、洁净、有盖的容器中。转移至安全场所。大量泄漏：收集回收或运至废物处理场所处置
贮运	包装标志：11　UN编号：1490　包装分类：Ⅰ 包装方法：塑料袋、多层牛皮纸袋外全开口钢桶；塑料袋、多层牛皮纸袋外木板箱；螺纹口玻璃瓶、塑料瓶或塑料袋再装入金属桶（罐）或塑料桶（罐）外木板箱。 储运条件：储存于阴凉、通风仓间内。远离火种、热源。防止阳光直射。注意防潮和雨淋。保持容器密封。应与易燃或可燃物、还原剂、硫、磷、铵化合物、金属粉末等分开存放。切忌混储混运。搬运时要轻装轻卸，防止包装及容器损坏

5. 硫酸铜（$CuSO_4$）

标识	中文名：硫酸铜	英文名：copper sulphate	
	分子式：$CuSO_4$	分子量：159.61	CAS号：7758-98-7
	危规号：61519		
理化性质	性状：蓝色透明结晶、颗粒或淡蓝色粉末。无水物为灰白色或绿白色结晶或粉末		
	溶解性：易溶于水，水溶液呈酸性。溶于甲醇和甘油。微溶于乙醇		
	熔点/℃：无资料	沸点/℃：无资料	相对密度（水为1）：2.286（15.6℃）
	临界温度/℃：无意义	临界压力/MPa：无意义	相对密度（空气为1）：无意义
	燃烧热/（kJ/mol）：无意义	最小点火能/mJ：无意义	饱和蒸气压/kPa：无意义
燃烧爆炸危险性	燃烧性：无意义	燃烧分解产物：无意义	
	闪点/℃：无意义	聚合危害：无意义	
	爆炸下限/%：无意义	稳定性：无意义	
	爆炸上限/%：无意义	最大爆炸压力/MPa：无意义	
	引燃温度/℃：无意义	禁忌物：氧化剂	
	危险特性：本品与羟基胺、镁接触能剧烈反应。根据动物实验结果，硫酸铜具有局部的刺激作用		
	灭火方法：用水灭火。		
毒性	LD_{50}　300mg/kg（大鼠经口）；7mg/kg（小鼠腹腔）		

续表

对人体危害	对肝和肾有毒性
急救	应使患者脱离污染区。眼睛受刺激或皮肤接触用水冲洗。误服立即漱口，并送医院诊治
防护	呼吸系统防护：空气中粉尘浓度超标时，必须佩戴自吸过滤式防尘口罩。紧急事态抢救或撤离时，应佩戴空气呼吸器；眼睛防护：戴化学安全防护眼镜；身体防护：穿防毒渗透工作服；手防护：戴橡胶手套；其他防护：工作现场禁止吸烟、进食和饮水。工作完毕后，淋浴更衣，注意个人清洁卫生。实行就业前和定期的体检
泄漏处理	扫起，倒入垃圾箱内。被污染的地面用水冲洗，经稀释的污水放入废水系统
贮运	包装标志：毒害品　　　　包装分类：Ⅲ 包装方法：编织袋、木箱内衬塑料袋或玻璃瓶外木箱内衬垫料。 储运条件：储运于干燥、通风的仓间内。防止受潮、风化和包装受损

6. 乙炔（C_2H_2）

标识	中文名：乙炔		英文名：acetylene	
	分子式：C_2H_2	分子量：26.04		CAS 号：74-86-2
	危规号：21024			
理化性质	性状：无色无臭气体，工业品含有使人不愉快的大蒜气味			
	溶解性：微溶于水、乙醇，溶于丙酮、氯仿、苯			
	熔点/℃：−81.8（119kPa）	沸点/℃：−83.8		相对密度（水为1）：0.62
	临界温度/℃：35.2	临界压力/MPa：6.14		相对密度（空气为1）：0.91
	燃烧热/（kJ/mol）：1298.4	最小点火能/mJ：		饱和蒸气压/kPa：4053（16.8℃）
燃烧爆炸危险性	燃烧性：易燃		燃烧分解产物：一氧化碳、二氧化碳	
	闪点/℃：无意义		聚合危害：聚合	
	爆炸下限/%：2.1		稳定性：稳定	
	爆炸上限/%：80.0		禁忌物：强氧化剂、强酸、卤素	
	引燃温度/℃：305		最小点火能/mJ：0.02	
	危险特性：极易燃烧爆炸；与空气混合能形成爆炸性混合物，遇明火、高热能引起燃烧爆炸；与氧化剂接触会猛烈反应；与氟、氯等接触会发生剧烈的化学反应；能与铜、银、汞等的化合物生成爆炸性物质			
	消防措施：切断气源。若不能立即切断气源，则不允许熄灭正在燃烧的气体。喷水冷却容器，可能的话将容器从火场移至空旷处。灭火剂：雾状水、泡沫、二氧化碳、干粉			

	续表
毒性	接触限值（MAC）：中国未制定标准。 毒理资料：动物长期吸入非致死性浓度本品，出现血红蛋白、网织细胞、淋巴细胞增加和中性粒细胞减少。尸检有支气管炎、肺炎、肺水肿、肺充血和脂肪浸润
对人体危害	侵入途径：吸入。健康危害：具有弱麻醉作用。高浓度吸入可引起单纯窒息。急性中毒：暴露于20%浓度时，出现明显缺氧症状；吸入高浓度，初期兴奋、多语、哭笑不安，后出现眩晕、头痛、恶心、呕吐、共济失调、嗜睡；严重者昏迷、紫绀、瞳孔对光反应消失、脉弱而不齐。当混有磷化氢、硫化氢时，毒性增大，应予注意
急救	吸入：迅速脱离现场至空气新鲜处。保持呼吸道通畅。如呼吸困难，给输氧。如呼吸停止，立即进行人工呼吸。就医
防护	工程防护：生产过程密闭，全面通风。 呼吸系统防护：一般不需要特殊防护，但建议特殊情况下，佩戴自吸过滤式防毒面具。 眼睛防护：一般不需要特殊防护，高浓度接触时可戴安全防护眼镜。 手防护：戴一般作业防护手套。 其他：工作现场严禁吸烟。避免长期反复接触。进入罐、限制性空间或其他高浓度区作业，须有人监护
泄漏处理	迅速撤离泄漏污染区人员至上风处，并进行隔离，严格限制出入。切断火源。建议应急处理人员戴自给正压式呼吸器，穿消防防护服。尽可能切断泄漏源。合理通风，加速扩散。喷雾状水稀释、溶解。构筑围堤或挖坑收容产生的大量废水。如有可能，将漏出气用排风机送至空旷地方或装设适当喷头烧掉。漏气容器要妥善处理，修复、检验后再用
贮运	包装标志：4　UN编号：1001　包装方法：钢质气瓶 储运条件：乙炔的包装法通常是溶解在溶剂及多孔物中，装入钢瓶内。充装要控制流速，注意防止静电积聚。储存于阴凉、通风仓间内。仓间温度不宜超过30℃。远离火种、热源，防止阳光直射。应与氧气、压缩气体、卤素（氟、氯、溴）、氧化剂等分开存放。储存间内的照明、通风等设施应采用防爆型，开关设在仓外。配备相应品种和数量的消防器材。禁止使用易产生火花的机械设备和工具。验收时注意品名，注意验瓶日期，先进仓的先发用。搬运时轻装轻卸，防止钢瓶及附件破损

7. 氩气（Ar）

标识	中文名：氩		英文名：argon
	分子式：Ar	分子量：39.95	CAS号：7440-37-1
	危规号：22011		

理化性质	性状：无色无臭的惰性气体		
	溶解性：微溶于水		
	熔点/℃：-189.2	沸点/℃：-185.7	相对密度（水为1）：1.40（-186℃）
	临界温度/℃：-122.3	临界压力/MPa：4.86	相对密度（空气为1）：1.38
	燃烧热/（kJ/mol）：无意义	最小点火能/mJ：	饱和蒸气压/kPa：202.64（-179℃）

燃烧爆炸危险性	燃烧性：不燃	燃烧分解产物：无意义
	闪点/℃：无意义	聚合危害：不聚合
	爆炸下限/%：无意义	稳定性：稳定
	爆炸上限/%：无意义	最大爆炸压力/MPa：无意义
	引燃温度/℃：无意义	禁忌物：无资料
	危险特性：若遇高热，容器内压增大，有开裂和爆炸的危险	
	消防措施：本品不燃。切断气源。喷水冷却容器，可能的话将容器从火场移至空旷处	

续表

毒性	接触限值（MAC）：中国未制定标准
对人体危害	侵入途径：吸入。 健康危害：普通大气压下无毒。高浓度时，使氧分压降低而发生窒息。氩浓度达50%以上，引起严重症状；75%以上时，可在数分钟内死亡。当空气中浓度增高时，先出现呼吸加速，注意力不集中，共济失调。继而，疲倦乏力、烦躁不安、恶心、呕吐、昏迷、抽搐，以至死亡。液态氩可致皮肤冻伤；眼部接触可引起炎症
急救	皮肤冻伤：若有冻伤，就医治疗。 眼睛接触：提起眼睑，用流动清水或生理盐水冲洗，就医。 吸入：迅速脱离现场至空气新鲜处，保持呼吸道通畅。如呼吸困难，给输氧。如呼吸停止，立即进行人工呼吸。就医
防护	工程防护：密闭操作，提供良好的自然通风条件。 个人防护：一般不需要特殊防护，但当作业场所空气中氧气浓度低于18%时，必须佩戴空气呼吸器、氧气呼吸器或长管面具。穿一般作业工作服。戴一般作业防护手套。 其他：避免高浓度吸入，进入罐、限制性空间或其他高浓度区作业，须有人监护
泄漏处理	迅速撤离泄漏污染区人员至上风处，并进行隔离，严格限制出入。建议应急处理人员戴自给正压式呼吸器，穿一般作业工作服。尽可能切断泄漏源。合理通风，加速扩散。如有可能，即时使用。漏气容器要妥善处理，修复、检验后再用
贮运	包装标志：5　　UN编号：1006　　包装分类：Ⅲ 包装方法：钢质气瓶。 储运条件：不燃性压缩气体。储存于阴凉、通风仓间内。仓内温度不宜超过30℃。远离火种、热源。防止阳光直射。应与易燃或可燃物分开存放。验收时要注意品名，注意验瓶日期，先进仓的先发用。搬运时轻装轻卸，防止钢瓶及附件破损

8. 氮气（N₂）

标识	中文名：氮气		英文名：nitrogen	
	分子式：N₂	分子量：28.01		CAS号：7727-37-9
	危规号：22005			
理化性质	性状：无色无臭气体			
	溶解性：微溶于水、乙醇			
	熔点/℃：-209.8	沸点/℃：-195.6		相对密度（水为1）：0.81（-196℃）
	临界温度/℃：-147	临界压力/MPa：3.40		相对密度（空气为1）：0.97
	燃烧热/（kJ/mol）：	最小点火能/mJ：		饱和蒸气压/kPa：1026.42（-173℃）
燃烧爆炸危险性	燃烧性：不燃		燃烧分解产物：氮气	
	闪点/℃：无意义		聚合危害：不聚合	
	爆炸下限/%：无意义		稳定性：稳定	
	爆炸上限/%：无意义		禁忌物：无资料	
	引燃温度/℃：无意义		最小点火能/mJ：无意义	
	危险特性：遇高热，容器内压增大，有开裂和爆炸的危险			
	消防措施：本品不燃。用雾状水保持火场中容器冷却			

毒性	无资料
对人体危害	侵入途径：吸入。 健康危害：空气中氮气含量过高，使吸入气氧分压下降，引起缺氧窒息。吸入氮气浓度不太高时，患者最初感胸闷、气短、疲软无力；继而有烦躁不安、极度兴奋、乱跑、叫喊、精神恍惚、步态不稳，称之为氮酩酊，可进入昏睡或昏迷状态。吸入高浓度，患者可迅速出现昏迷、呼吸心跳停止而死亡。潜水员深潜时，可发生氮的麻醉作用；若从高压环境下过快转入常压环境，体内会形成氮气气泡，压迫神经、血管或造成微血管阻塞，发生减压病
急救	吸入：迅速脱离现场至空气新鲜处。保持呼吸道通畅。如呼吸困难，给输氧。如呼吸停止，立即进行人工呼吸和胸外心脏按压术。就医
防护	工程防护：生产过程密闭，提供良好的自然通风条件。 呼吸系统防护：一般不需要特殊防护。当作业场所空气中氧气浓度低于18%时，必须佩戴空气呼吸器、氧气呼吸器或长管面具。 眼睛防护：一般不需要特殊防护。 身体防护：穿一般作业工作服。 手防护：戴一般作业防护手套。 其他：避免高浓度吸入。进入罐、限制性空间或其他高浓度区作业，须有人监护
泄漏处理	迅速撤离泄漏污染区人员至上风处，并进行隔离，严格限制出入。建议应急处理人员戴自给正压式呼吸器，穿一般作业工作服。尽可能切断泄漏源。合理通风，加速扩散。漏气容器要妥善处理，修复、检验后再用
贮运	包装标志：5 UN编号：1066 包装分类：Ⅲ 包装方法：钢质气瓶。 储运条件：不燃性压缩气体。储存于阴凉、通风仓间内。仓间温度不宜超过30℃。远离火种、热源，防止阳光直射。验收时要注意品名，注意验瓶日期，先进仓的先发用。搬运时轻装轻卸，防止钢瓶及附件破损

9. 氢气（H_2）

标识	中文名：氢；氢气		英文名：hydrogen		
	分子式：H_2		分子量：2.01		CAS号：133-74-0
	危规号：21001				
理化性质	性状：无色无臭气体				
	溶解性：不溶于水，不溶于乙醇、乙醚				
	熔点/℃：−259.2		沸点/℃：−252.8		相对密度（水为1）：0.07（−252℃）
	临界温度/℃：−240		临界压力/MPa：1.30		相对密度（空气为1）：0.07
	燃烧热/（kJ/mol）：241.0		最小点火能/mJ：0.019		饱和蒸气压/kPa：13.33（−257.9℃）
燃烧爆炸危险性	燃烧性：易燃		燃烧分解产物：水		
	闪点/℃：无意义		聚合危害：不聚合		
	爆炸下限/%：4.1		稳定性：稳定		
	爆炸上限/%：74.1		最大爆炸压力/MPa：0.720		
	引燃温度/℃：400		禁忌物：强氧化剂、卤素		

续表

燃烧爆炸危险性	危险特性：与空气混合能形成爆炸性混合物，遇热或明火立即会发生爆炸。气体比空气轻，在室内使用和储存时，漏气上升滞留屋顶不易排出，遇火星会引起爆炸。氢气与氟、氯、溴等卤素会剧烈反应
	消防措施：切断气源。若不能立即切断气源，则不允许熄灭正在燃烧的气体。喷水冷却容器，可能的话将容器从火场移至空旷处。灭火剂：雾状水、泡沫、二氧化碳、干粉
毒性	接触限值（MAC）：中国未制定标准
对人体危害	侵入途径：吸入 健康危害：本品在生理学上是惰性气体，仅在高浓度时，由于空气中氧分压降低才引起窒息。在很高的分压下，氢气可呈现出麻痹作用
急救	吸入：迅速脱离现场至空气新鲜处，保持呼吸道通畅。如呼吸困难，给输氧。如呼吸停止，立即进行人工呼吸。就医
防护	工程防护：密闭系统，通风，防爆电器与照明。 个人防护：一般不需要特殊防护，高浓度接触时可佩戴空气呼吸器。穿防静电工作服。戴一般作业防护手套。 其他：工作现场严禁吸烟。避免高浓度吸入。进入罐、限制性空间或其他高浓度区作业，须有人监护
泄漏处理	迅速撤离泄漏污染区人员至上风处，并进行隔离，严格限制出入。切断火源。建议应急处理人员戴自给正压式呼吸器，穿消防防护服。尽可能切断泄漏源。合理通风，加速扩散。如有可能，将漏出气用排风机送至空旷地方或装设适当喷头烧掉。漏气容器要妥善处理，修复、检验后再用
贮运	包装标志：4　　UN编号：1049　　包装分类：Ⅱ 包装方法：钢质气瓶。 储运条件：易燃压缩气体，储存于阴凉、通风仓间内。仓内温度不宜超过30℃。远离火种、热源。防止阳光直射。应与氧气、压缩空气、卤素（氟、氯、溴）、氧化剂等分开存放。切忌混储混运。储存间内的照明、通风等设施应采用防爆型，开关设在仓外。配备相应品种和数量的消防器材。禁止使用易产生火花的机械设备和工具。验收时要注意品名，注意验瓶日期，先进仓的先发用。搬运时轻装轻卸，防止钢瓶及附件破损

10. 丙酮（C_3H_6O）

标识	中文名：丙酮、阿西通		英文名：acetone	
	分子式：C_3H_6O	分子量：58.08		CAS号：67-64-1
	危规号：31025			
理化性质	性状：无色透明易流动液体，有芳香气味，极易挥发			
	溶解性：与水混溶，可混溶于乙醇、乙醚、氯仿、油类、烃类等多数有机溶剂			
	熔点/℃：-94.6	沸点/℃：56.5		相对密度（水为1）：0.80
	临界温度/℃：235.5	临界压力/MPa：4.72		相对密度（空气为1）：2.00
	燃烧热/（kJ/mol）：1788.7	最小点火能/mJ：1.157		饱和蒸气压/kPa：53.32（39.5℃）

续表

燃烧爆炸危险性	燃烧性：易燃	燃烧分解产物：一氧化碳、二氧化碳
	闪点/℃：-20	聚合危害：不聚合
	爆炸下限/%：2.5	稳定性：稳定
	爆炸上限/%：13.0	最大爆炸压力/MPa：0.870
	引燃温度/℃：465	禁忌物：强氧化剂、强还原剂、碱
	危险特性：其蒸气与空气可形成爆炸性混合物。遇明火、高热极易燃烧爆炸。与氧化剂能发生强烈反应。其蒸气比空气重，能在较低处扩散到相当远的地方，遇明火会引着回燃。若遇高热，容器内压增大，有开裂和爆炸的危险	
	灭火方法：尽可能将容器从火场移至空旷处。喷水保持火场容器冷却，直至灭火结束。处在火场中的容器若已变色或从安全泄压装置中产生声音，必须马上撤离。灭火剂：抗溶性泡沫、二氧化碳、干粉、砂土。用水灭火无效	

对人体危害	侵入途径：吸入、食入、经皮吸收。
	健康危害：急性中毒主要表现为对中枢神经系统的麻醉作用，出现乏力、恶心、头痛、头晕、易激动。重者发生呕吐、气急、痉挛，甚至昏迷。对眼、鼻、喉有刺激性。口服后，口唇、咽喉有烧热感，然后出现口干、呕吐、昏迷、酸中毒和酮症。
	慢性影响：长期接触该品出现眩晕、灼烧感、咽炎、支气管炎、乏力、易激动等。皮肤长期反复接触可致皮炎

急救	皮肤接触：脱去被污染的衣着，用肥皂水和清水彻底冲洗皮肤。
	眼睛接触：提起眼睑，用流动清水或生理盐水冲洗。就医。
	吸入：迅速脱离现场至空气新鲜处。保持呼吸道畅通。如呼吸困难，给输氧。如呼吸停止，立即进行人工呼吸。就医。
	食入：饮足量温水，催吐。就医

防护	工程控制：生产过程密闭，全面通风。
	呼吸系统防护：空气中浓度超标时，佩戴过滤式防毒面具（半面罩）。
	眼睛防护：一般不需要特殊防护，高浓度接触时可戴安全防护眼镜。
	身体防护：穿防静电工作服。
	手防护：戴橡胶手套。
	其他防护：工作现场严禁吸烟，注意个人卫生，避免长期反复接触

泄漏处理	迅速撤离泄漏污染区人员至安全区，并进行隔离，严格限制出入。切断火源。建议应急处理人员戴自给正压式呼吸器，穿消防防护服。尽可能切断泄漏源，防止进入下水道、排洪沟等限制性空间。小量泄漏：用砂土或其他不燃材料吸附或吸收。也可以用大量水冲洗，洗水稀释后放入废水系统。大量泄漏：构筑围堤或挖坑收容；用泡沫覆盖，降低蒸气灾害。用防爆泵转移至槽车或专用收集器内，回收或运至废物处理场所处置

贮运	包装标志：7　　UN编号：1090　　包装分类：Ⅰ
	包装方法：小开口钢桶；螺纹口玻璃瓶、铁盖压口玻璃瓶、塑料瓶或金属桶（罐）外木板箱。
	储运条件：储存在阴凉、通风仓间内。远离火种、热源。仓内温度不宜超过30℃。防止阳光直射。保持容器密封。应与氧化剂分开存放。储存间内的照明、通风等设施应采用防爆型，开关设在仓外。配备相应品种和数量的消防器材。罐储时要有防火防爆技术措施。露天贮罐夏季要有降温措施。禁止使用易产生火花的机械设备工具。灌装时应注意流速（不超过3m/s），且有接地装置，防止静电积聚。搬运时要轻装轻卸，防止包装及容器损坏

11. 乙醇（C_2H_6O）

标识	中文名：乙醇		英文名：ethyl alcohol	
	分子式：C_2H_6O	分子量：46.07		CAS号：64-17-5
	危规号：32061			

续表

理化性质	性状：无色液体，有酒香			
	溶解性：与水混溶，可混溶于醚、氯仿、甘油等多数有机溶剂			
	熔点/℃：-114.1	沸点/℃：78.3		相对密度（水为1）：0.79
	临界温度/℃：243.1	临界压力/MPa：6.38		相对密度（空气为1）：1.59
	燃烧热/（kJ/mol）：1365.5	最小点火能/mJ：无意义		饱和蒸气压（kPa）：5.33（19℃）
燃烧爆炸危险性	燃烧性：易燃		燃烧分解产物：一氧化碳、二氧化碳	
	闪点/℃：12		聚合危害：不聚合	
	爆炸下限/%：3.3		稳定性：稳定	
	爆炸上限/%：19.0		最大爆炸压力/MPa：无意义	
	引燃温度/℃：363		禁忌物：强氧化剂、酸类、酸酐、碱金属、胺类	
	危险特性：易燃，其蒸气与空气可形成爆炸性混合物。遇明火、高热能引起燃烧爆炸。与氧化剂接触发生化学反应或引起燃烧。在火场中，受热的容器有爆炸危险。其蒸气比空气重，能在较低处扩散到相当远的地方，遇明火会引着回燃			
	灭火方法：尽可能将容器从火场移至空旷处。喷水保持火场容器冷却，直至灭火结束。灭火剂：抗溶性泡沫、干粉、二氧化碳、砂土			
毒性	LD_{50}　7060mg/kg（兔经口）；7430mg/kg（兔经皮）			
	LC_{50}　37620mg/m³，10h（大鼠吸入）			
对人体危害	侵入途径：吸入、食入、经皮肤吸收。 健康危害：本品为中枢神经抑制剂。首先引起兴奋，随后抑制。急性中毒：急性中毒多发生于口服。一般可分为兴奋、催眠、麻醉、窒息四个阶段。患者进入第三或第四阶段，出现意识丧失、瞳孔扩大、呼吸不规律、休克、心力循环衰竭及呼吸停止。慢性影响：在生产中长期接触高浓度本品可引起鼻、眼、黏膜刺激症状，以及头痛、头晕、疲乏、易激动、震颤、恶心等。长期酗酒可引起多发性神经病、慢性胃炎、脂肪肝、肝硬化、心肌损害及器质性神经病等。皮肤长期接触可引起干燥、脱屑、皲裂和皮炎			
急救	皮肤接触：脱去被污染的衣着，用流动清水冲洗。			
	眼睛接触：提起眼睑，用流动清水或生理盐水冲洗。就医。			
	吸入：迅速脱离现场至空气新鲜处。就医。			
	食入：饮足量温水，催吐。就医			
防护	工程控制：生产过程密闭，全面通风。提供安全淋浴和洗眼设备。			
	呼吸系统防护：一般不需要特殊防护，高浓度接触时佩戴过滤式防毒面具（半面罩）。			
	身体防护：穿防静电工作服。			
	手防护：戴一般作业手套。			
	其他防护：工作场所禁止吸烟			
泄漏处理	迅速撤离泄漏污染区人员至安全区，并进行隔离，严格限制出入。切断火源。建议应急处理人员戴自给式呼吸器，穿消防防护服。尽可能切断泄漏源，防止进入下水道排洪沟等限制性空间。小量泄漏：用砂土或其他不燃材料吸附或吸收。也可以用大量水冲洗，洗水稀释后放入废水系统。大量泄漏：构筑围堤或挖坑收容；用泡沫覆盖，降低蒸气灾害。用防爆泵转移至槽车或专用收集器内，回收或运至废物处理场所处置			
贮运	包装标志：7　UN编号：1170　包装分类：Ⅱ			
	包装方法：小开口钢桶；小开口铝桶；螺纹口玻璃瓶、铁盖压口玻璃瓶、塑料瓶或金属桶外木板箱。			
	储运条件：储存在阴凉、通风的仓间内。远离火种、热源，防止阳光直射。包装要求密封，不可与空气接触。应与氧化剂、酸类分开存放。储存间内的照明、通风等设施应采用防爆型，开关设在仓外。配备相应品种和数量的消防器材。禁止使用易产生火花的机械设备和工具。灌装时应注意流速（不超过3m/s），且有接地装置，防止静电积聚。分装和搬运作业要注意个人防护，搬运时要轻装轻卸，防止包装及容器损坏。运输按规定线路行驶			

12. 硝酸（HNO_3）

标识	中文名：硝酸		英文名：nitric acid	
	分子式：HNO_3		分子量：63.01	CAS 号：7697-37-2
	危规号：81002			
理化性质	性状：无色透明发烟液体，有酸味			
	溶解性：与水混溶			
	熔点/℃：-42（无水）	沸点/℃：86（无水）		相对密度（水为1）：1.50（无水）
	临界温度/℃：无意义	临界压力/MPa：无意义		相对密度（空气为1）：2.17
	燃烧热/（kJ/mol）：无意义	最小点火能/mJ：无意义		饱和蒸气压/kPa：4.4（20℃）
燃烧爆炸危险性	燃烧性：不燃	燃烧分解产物：氧化氮		
	闪点/℃：无意义	聚合危害：不聚合		
	爆炸下限/%：无意义	稳定性：稳定		
	爆炸上限/%：无意义	最大爆炸压力/MPa：无意义		
	引燃温度/℃：无意义	禁忌物：还原剂、碱类、醇类、碱金属、铜、胺类		
	危险特性：强氧化剂。能与多种物质如金属粉末、电石、硫化氢、松节油等猛烈反应，甚至发生爆炸。与还原剂、可燃物如糖、纤维素、木屑、棉花、稻草或废纱头接触，引起燃烧并散发出剧毒的棕色烟雾。具有强腐蚀性			
	灭火方法：消防人员必须穿全身耐酸碱消防服。灭火剂：雾状水、二氧化碳、砂土			
毒性	无意义			
对人体危害	侵入途径：吸入、食入。
健康危害：其蒸气有刺激作用，引起眼和上呼吸道刺激症状，如流泪、咽喉刺激感，并伴有头痛、头晕、胸闷等。口服引起腹部剧痛，严重者可有胃穿孔、腹膜炎、喉痉挛、肾损害、休克以及窒息。皮肤接触引起灼伤。慢性影响：长期接触可引起牙齿酸蚀症			
急救	皮肤接触：立即脱出被污染的衣着。用大量流动清水冲洗，至少 15min。就医。
眼睛接触：立即提起眼睑，用大量流动清水或生理盐水彻底冲洗至少 15min。就医。
吸入：迅速脱离现场至空气新鲜处，保持呼吸道通畅。如呼吸困难，给输氧。如呼吸停止，立即进行人工呼吸。就医。
食入：误服者用水漱口，给饮牛奶或蛋清。就医			
防护	工程防护：密闭操作，注意通风。尽可能机械化、自动化。提供安全淋浴和洗眼设备。
呼吸系统防护：可能接触其烟雾时，佩戴自吸过滤式防毒面具（全面罩）或空气呼吸器。紧急事态抢救或撤离时，建议佩戴氧气呼吸器。
身体防护：穿橡胶耐酸碱工作服。
手防护：戴橡胶耐酸碱手套。
其他：工作现场严禁吸烟、进食和饮水。工作完毕，淋浴更衣。单独存放被毒物污染的衣服，洗后备用。保持良好的卫生习惯			
泄漏处理	迅速撤离泄漏污染区人员至安全区，并进行隔离，严格限制出入。建议应急处理人员戴自给正压式呼吸器，穿防酸碱工作服。不要直接接触泄漏物。从上风处进入现场。尽可能切断泄漏源。防止进入下水道、排洪沟等限制性空间。小量泄漏：将地面撒上苏打灰，然后用大量水冲洗，洗水稀释后放入废水系统。大量泄漏：构筑围堤或挖坑收容；喷雾状水冷却和稀释蒸汽、保护现场人员、把泄漏物稀释成不燃物。用泵转移至槽车或专用收集器内。回收或运至废物处理场所处置			

续表

贮运	包装标志：20　UN编号：2031　包装分类：Ⅰ
	包装方法：螺纹口玻璃瓶、铁盖压口玻璃瓶、塑料瓶或金属桶（罐）外木板箱；耐酸坛、陶瓷罐外木板箱或半花格箱。
	储运条件：储存于阴凉、干燥、通风良好的仓间。应与易燃或可燃物、碱类、金属粉末等分开存放。不可混储混运。搬运要轻装轻卸，防止包装及容器损坏。分装和搬运作业要注意个人防护。运输按规定路线行驶。勿在居民区和人口稠密区停留

13. 甲醇（CH_4O）

标识	中文名：甲醇；木酒精		英文名：methyl alcohol；Methanol	
	分子式：CH_4O		分子量：32.04	CAS号：67-56-1
	危规号：32058			
理化性质	性状：无色澄清液体，有刺激性气味			
	溶解性：溶于水，可混溶于醇、醚等多数有机溶剂			
	熔点/℃：-97.8	沸点/℃：64.8		相对密度（水为1）：0.79
	临界温度/℃：240	临界压力/MPa：7.95		相对密度（空气为1）：1.11
	燃烧热/（kJ/mol）：727.0	最小点火能/mJ：0.215		饱和蒸气压/kPa：13.33（21.2℃）
燃烧爆炸危险性	燃烧性：易燃		燃烧分解产物：一氧化碳、二氧化碳	
	闪点/℃：11		聚合危害：不聚合	
	爆炸下限/%：5.5		稳定性：稳定	
	爆炸上限/%：44.0		最大爆炸压力/MPa：无资料	
	引燃温度/℃：385		禁忌物：酸类、酸酐、强氧化剂、碱金属	
	危险特性：易燃，其蒸气与空气可形成爆炸性混合物。遇明火、高热能引起燃烧爆炸。与氧化剂接触发生化学反应或引起燃烧。在火场中，受热的容器有爆炸危险。其蒸气比空气重，能在较低处扩散到相当远的地方，遇明火会引着回燃			
	灭火方法：尽可能将容器从火场移至空旷处。喷水保持火场容器冷却，直至灭火结束。处在火场中的容器若已变色或从安全泄压装置中产生声音，必须马上撤离。灭火剂：抗溶性泡沫、干粉、二氧化碳、砂土			
毒性	接触限值（MAC）：中国为$50mg/m^3$			
	急性毒性：LD_{50}　5628mg/kg（大鼠经口）；15800mg/kg（兔经皮）			
	LC_{50}　$83776mg/m^3$，4h（小鼠吸入）			
对人体危害	侵入途径：吸入、食入、经皮吸收。			
	健康危害：对中枢神经系统有麻醉作用；对视神经和视网膜有特殊选择作用，引起病变；可致代谢性酸中毒。急性中毒：短时大量吸入出现轻度眼及上呼吸道刺激症状（口服有胃肠道刺激症状）；经一段时间潜伏期后出现头痛、头晕、乏力、眩晕、酒醉感、意识蒙眬、谵妄，甚至昏迷，视神经及视网膜病变，可有视物模糊、复视等，重者失明。代谢性酸中毒时出现二氧化碳结合力下降、呼吸加速等。慢性影响：神经衰弱综合征，自主神经可能失调，黏膜刺激，视力减退等。皮肤出现脱脂、皮炎等			
急救	皮肤接触：脱出被污染的衣着，用肥皂水和清水彻底冲洗皮肤。			
	眼睛接触：提起眼睑，用流动清水或生理盐水冲洗。就医。			
	吸入：迅速脱离现场至空气新鲜处，保持呼吸道通畅。如呼吸困难，给输氧。如呼吸停止，立即进行人工呼吸。就医。			
	食入：饮足量温水，催吐，用清水或1%硫代硫酸钠溶液洗胃。就医			

防护	工程防护：生产过程密闭，加强通风。提供安全淋浴和洗眼设备。 个人防护：可能接触其蒸气时，应该佩戴过滤式防毒面具（半面罩）。紧急事态抢救或撤离时，建议佩戴空气呼吸器。戴化学安全防护眼镜。穿防静电工作服；戴橡胶手套。工作现场严禁吸烟、进食和饮水。工作完毕，淋浴更衣。实行就业前和定期体检
泄漏处理	迅速撤离泄漏污染区人员至安全区，并进行隔离，严格限制出入。切断火源。建议应急处理人员戴自给正压式呼吸器，穿防毒服。不要直接接触泄漏物。尽可能切断泄漏源。防止进入下水道、排洪沟等限制性空间。小量泄漏：用砂土或其他不燃材料吸附或吸收。也可以用大量水冲洗，洗水稀释后放入废水系统。大量泄漏：构筑围堤或挖坑收容；用泡沫覆盖，降低蒸气灾害。用防爆泵转移至槽车或专用收集器内，回收或运至废物处理场所处置
贮运	包装标志：7　UN 编号：1230　包装分类：Ⅱ 包装方法：小开口钢桶；螺纹口玻璃瓶、铁盖压口玻璃瓶、塑料瓶或金属桶（罐）外木板箱。 储运条件：储存于阴凉、通风仓间内。远离火种、热源。仓内温度不宜超过30℃。防止阳光直射。保持容器密封。应与氧化剂分开存放。储存间内的照明、通风等设施应采用防爆型，开关设在仓外。配备相应品种和数量的消防器材。桶装堆垛不可过大，应留墙距、顶距、柱距及必要的防火检查走道。储罐时要有防火防爆技术措施。露天贮罐夏季要有降温措施。严禁使用易产生火花的机械设备和工具。灌装时应注意流速（不超过 3m/s），且有接地装置，防止静电积聚

14. 甲苯（C_7H_8）

标识	中文名：甲苯		英文名：methylbenzene；Toluene		
	分子式：C_7H_8		分子量：92.14		CAS 号：108-88-3
	危规号：32052				
理化性质	性状：无色透明液体，有类似苯的芳香气味				
	溶解性：不溶于水，可混溶于苯、醇、醚等多数有机溶剂				
	熔点/℃：-94.9		沸点/℃：110.6		相对密度（水为1）：0.87
	临界温度/℃：318.6		临界压力/MPa：4.11		相对密度（空气为1）：3.14
	燃烧热/（kJ/mol）：3905.0		最小点火能/mJ：2.5		饱和蒸气压/kPa：4.89（30℃）
燃烧爆炸危险性	燃烧性：易燃		燃烧分解产物：一氧化碳、二氧化碳		
	闪点/℃：4		聚合危害：不聚合		
	爆炸下限/%：1.2		稳定性：稳定		
	爆炸上限/%：7.0		最大爆炸压力/MPa：0.666		
	引燃温度/℃：535		禁忌物：强氧化剂		
	危险特性：易燃，其蒸气与空气可形成爆炸性混合物。遇明火、高热能引起燃烧爆炸。与氧化剂能发生强烈反应。流速过快，容易产生和积聚静电。其蒸气比空气重，能在较低处扩散到相当远的地方，遇明火会引着回燃				
	灭火方法：喷水冷却容器，可能的话将容器从火场移至空旷处，处在火场中的容器若已变色或从安全泄压装置中产生声音，必须马上撤离。灭火剂：泡沫、干粉、二氧化碳、砂土。用水灭火无效				
毒性	接触限值（MAC）：中国为 100mg/m³ LD_{50} 5000mg/kg（大鼠经口）；12124mg/kg（兔经皮） LC_{50} 20003mg/m³，8h（小鼠吸入）				

续表

对人体危害	侵入途径：吸入、食入、经皮吸收。
	健康危害：对皮肤、黏膜有刺激性，对中枢神经系统有麻醉作用。急性中毒：短时间内吸入较高浓度本品可出现眼及上呼吸道明显的刺激症状、眼结膜及咽部充血、头晕、头痛、恶心、呕吐、胸闷、四肢无力、步态蹒跚、意识模糊。重症者可有躁动、抽搐、昏迷。慢性中毒：长期接触可发生神经衰弱综合征，肝肿大，女工月经异常等。皮肤干燥、皲裂、皮炎

急救	皮肤接触：脱出被污染的衣着，用肥皂水和清水彻底冲洗皮肤。
	眼睛接触：提起眼睑，用流动清水或生理盐水冲洗。就医。
	吸入：迅速脱离现场至空气新鲜处，保持呼吸道通畅。如呼吸困难，给输氧。如呼吸停止，立即进行人工呼吸。就医。
	食入：饮足量温水，催吐。就医

防护	工程防护：生产过程密闭，加强通风。
	个人防护：空气中浓度超标时，佩戴自吸过滤式防毒面具（半面罩）。紧急事态抢救或撤离时，应该佩戴空气呼吸器或氧气呼吸器；戴化学安全防护眼镜；穿防毒物渗透工作服；戴乳胶手套。工作现场禁止吸烟、进食和饮水。工作完毕，淋浴更衣。保持良好的卫生习惯

| 泄漏处理 | 迅速撤离泄漏污染区人员至安全区，并进行隔离，严格限制出入。切断火源。建议应急处理人员戴自给正压式呼吸器，穿消防防护服。尽可能切断泄漏源，防止进入下水道、排洪沟等限制性空间。小量泄漏：用活性炭或其他惰性材料吸收。也可以用不燃性分散剂制成的乳液刷洗，洗液稀释后放入废水系统。大量泄漏：构筑围堤或挖坑收容；用泡沫覆盖，降低蒸气灾害。用防爆泵转移至槽车或专用收集器内，回收或运至废物处理场所处置 |

贮运	包装标志：7　UN编号：1294　包装分类：II
	包装方法：小开口钢桶；螺纹口玻璃瓶、铁盖口玻璃瓶、塑料瓶或金属桶（罐）外木板箱。
	储运条件：储存于阴凉、通风仓间内。远离火种、热源。仓内温度不宜超过30℃。防止阳光直射。保持容器密封。应与氧化剂分开存放。仓间内的照明、通风等设施应采用防爆型，开关设在仓外。配备相应品种和数量的消防器材。桶装堆垛不可过大，应留墙距、顶距、柱距及必要的防火检查走道。灌储时要有防火防爆技术措施。禁止使用易产生火花的机械设备和工具。灌装时应注意流速（不超过3m/s），且有接地装置，防止静电积聚。搬运时要轻装轻卸，防止包装及容器损坏

15．甲醛（CH_2O）

标识	中文名：甲醛；福尔马林		英文名：formaldehyde	
	分子式：CH_2O	分子量：30.03		CAS号：50-00-0
	危规号：83012			

理化性质	性状：无色，具有刺激性和窒息性的气体，商品为其水溶液		
	溶解性：易溶于水，溶于乙醇等多数有机溶剂		
	熔点/℃：-92	沸点/℃：-19.4	相对密度（水为1）：0.82
	临界温度/℃：137.2	临界压力/MPa：6.81	相对密度（空气为1）：1.07
	燃烧热/（kJ/mol）：2345.0	最小点火能/mJ：	饱和蒸气压/kPa：13.33（-57.3℃）

燃烧爆炸危险性	燃烧性：易燃	燃烧分解产物：一氧化碳、二氧化碳
	闪点/℃：50（37%）	聚合危害：聚合
	爆炸下限/%：7.0	稳定性：稳定
	爆炸上限/%：73.0	最大爆炸压力/MPa：无意义
	引燃温度/℃：430	禁忌物：强氧化剂、强酸、强碱

续表

燃烧爆炸危险性	危险特性：其蒸气与空气可形成爆炸性混合物。遇明火、高热能引起燃烧爆炸。与氧化剂接触会猛烈反应。 灭火方法：用雾状水保持火场容器冷却，用水喷射逸出液体，使其稀释成不燃性混合物，并用雾状水保护消防人员。灭火剂：雾状水、抗溶性泡沫、干粉、二氧化碳、砂土。
毒性	急性毒性：LD_{50} 800mg/kg（大鼠经口）；270mg/kg（兔经皮） LC_{50} 590mg/kg（大鼠吸入）
对人体危害	侵入途径：吸入、食入、经皮肤吸收。 健康危害：本品对黏膜、上呼吸道、眼睛和皮肤有强烈刺激性。接触其蒸气，引起结膜炎、角膜炎、鼻炎、支气管炎；重者发生喉痉挛、声门水肿和肺炎等。肺水肿较少见。对皮肤有原发性刺激和致敏作用，可致皮炎；浓溶液可引起皮肤凝固性坏死。口服灼伤口腔和消化道，可发生胃肠道穿孔、休克，肾和肝脏损害。慢性影响：长期接触低浓度甲醛可有轻度眼、鼻、咽喉刺激症状，皮肤干燥、皲裂、指甲软化等。
急救	皮肤接触：脱去被污染的衣着，用大量流动清水冲洗。至少15min。就医。 眼睛接触：立即提起眼睑，用大量流动清水或生理盐水彻底冲洗至少15min。就医。 吸入：迅速脱离现场至空气新鲜处，保持呼吸道通畅。如呼吸困难，给输氧。如呼吸停止，立即进行人工呼吸。就医。 食入：用60mL 1%碘化钾灌胃。常规洗胃。就医。
防护	工程控制：严加密闭，提供充分的局部排风。提供安全淋浴和洗眼设备。 呼吸系统防护：可能接触其蒸气时，建议佩戴自吸过滤式防毒面具（全面罩）。紧急事态抢救或撤离时，佩戴隔离式呼吸器。 眼睛防护：呼吸系统防护中已作防护。 身体防护：穿橡胶耐酸碱服。 手防护：戴橡胶手套。 其他防护：工作场所禁止吸烟、进食和饮水。工作完毕，彻底清洗。注意个人卫生。实行就业前和定期的体检。进入罐、限制性空间或其他高浓度区作业，须有人监护。
泄漏处理	迅速撤离泄漏污染区人员至安全区，并进行隔离，严格限制出入。切断火源。建议应急处理人员戴自给正压式呼吸器，穿防毒服。从上风处进入现场。尽可能切断泄漏源。防止进入下水道、排洪沟等限制性空间。小量泄漏：用砂土或其他不燃材料吸附或吸收。也可以用大量水冲洗，洗水稀释后放入废水系统。大量泄漏：构筑围堤或挖坑收容。用泡沫覆盖，降低蒸气灾害。喷雾状水冷却和稀释蒸气、保护现场人员、把泄漏物稀释成不燃物。用泵转移至槽车或专用收集器内，回收或运至废物处理场所处置。
贮运	包装标志：20　UN编号：1198　包装分类：Ⅲ 包装方法：小开口钢桶；小开口塑料桶；螺纹口玻璃瓶、铁盖压口玻璃瓶、塑料瓶或金属桶（罐）外木板箱；安瓿瓶外木板箱；塑料瓶、镀锡薄钢板桶外满花格箱。 储运条件：储存于阴凉、通风仓间内。远离火种、热源，防止阳光直射。保持容器密封。应与氧化剂、酸类、碱类分开存放。储存间内的照明、通风等设施应采用防爆型，开关设在仓外。配备相应品种和数量的消防器材。禁止使用易产生火花的机械设备和工具。搬运时要轻装轻卸，防止包装及容器损坏。

16. 乙醚（$C_4H_{10}O$）

标识	中文名：乙醚		英文名：ethyl ether	
	分子式：$C_4H_{10}O$	分子量：74.12		CAS号：60-29-7
	危规号：31026			

续表

理化性质	性状：无色透明液体，有芳香气味，极易挥发			
	溶解性：微溶于水，溶于乙醇、苯、氯仿等多数有机溶剂			
	熔点/℃：-116.2		沸点/℃：34.6	相对密度（水为1）：0.71
	临界温度/℃：194		临界压力/MPa：3.61	相对密度（空气为1）：2.56
	燃烧热/（kJ/mol）：2748.4		最小点火能/mJ：0.33	饱和蒸气压/kPa：58.92（20℃）
燃烧爆炸危险性	燃烧性：易燃		燃烧分解产物：一氧化碳、二氧化碳	
	闪点/℃：-45		聚合危害：不聚合	
	爆炸下限/%：1.9		稳定性：稳定	
	爆炸上限/%：36.0		最大爆炸压力/MPa：无意义	
	引燃温度/℃：160		禁忌物：强氧化剂、氧、氯、过氯酸	
	危险特性：其蒸气与空气可形成爆炸性混合物。遇明火、高热极易燃烧爆炸。与氧化剂能发生强烈反应。在空气中久置后能生成具有爆炸性的过氧化物。在火场中，受热的容器有爆炸危险。其蒸气比空气重，能在较低处扩散到相当远的地方，遇明火会引着回燃			
	尽可能将容器从火场移至空旷处。喷水保持火场容器冷却，直至灭火结束。处在火场中的容器若已变色或从安全泄压装置中产生声音，必须马上撤离。灭火剂：抗溶性泡沫、二氧化碳、干粉、砂土。用水灭火无效			
毒性	LD$_{50}$：1215mg/kg（大鼠经口）			
	LC$_{50}$：221190mg/m^3，2h（大鼠吸入）			
	刺激性：家兔经眼：40mg，重度刺激；家兔经皮开放性刺激试验：500kg，轻度刺激			
对人体危害	侵入途径：吸入、食入、经皮肤吸收。			
	健康危害：本品的主要作用为全身麻醉。急性大量接触，早期出现兴奋，继而嗜睡、呕吐、面色苍白、脉缓、体温下降和呼吸不规则，而有生命危险。急性接触后的暂时后作用有头痛、易激动或抑郁、流涎、呕吐、食欲下降和多汗等。液体或高浓度蒸汽对眼有刺激性。慢性影响：长期低浓度吸入，有头痛、头晕、疲倦、嗜睡、蛋白尿、红细胞增多症。长期皮肤接触，可发生皮肤干燥、皲裂			
急救	皮肤接触：脱去被污染的衣着，用大量流动清水冲洗。			
	眼睛接触：提起眼睑，用流动清水或生理盐水冲洗。就医。			
	吸入：迅速脱离现场至空气新鲜处，保持呼吸道通畅。如呼吸困难，给输氧。如呼吸停止，立即进行人工呼吸。就医。			
	食入：饮足量温水，催吐，就医			
防护	工程防护：生产过程密闭，全面通风。提供安全淋浴和洗眼设备。			
	呼吸系统防护：空气中浓度超标时，佩戴过滤式防毒面具（半面罩）。			
	眼睛防护：必要时，戴化学安全防护眼镜。			
	身体防护：穿防静电工作服。			
	手防护：戴橡胶手套。			
	其他防护：工作现场严禁吸烟，注意个人卫生			
泄漏处理	迅速撤离泄漏污染区人员至安全区，并进行隔离，严格限制出入。切断火源。建议应急处理人员戴自给正压式呼吸器，穿消防防护服。尽可能切断泄漏源，防止进入下水道、排洪沟等限制性空间。小量泄漏：用活性炭或其他惰性材料吸收。也可以用大量水冲洗，洗水稀释后放入废水系统			

续表

贮运	包装标志：7　UN 编号：1155　包装分类：I 包装方法：小开口钢桶；螺纹口玻璃瓶、铁盖压口玻璃瓶、塑料瓶或金属桶（罐）外木板箱。 储运条件：通常商品加有稳定剂。储存于阴凉、通风仓间内。远离火种、热源。仓间温度不宜超过28℃。防止阳光直射。包装要求密封，不可与空气接触。不宜大量或久存。应与氧化剂、氟、氯等分仓间存放。储存间内的照明、通风等设施应采用防爆型，开关设在仓外。配备相应品种和数量的消防器材。罐储时要有防火防爆技术措施。禁止使用易产生火花的机械设备和工具。灌装适量，应留有5%的空容积。夏季应早晚运输，防止日光暴晒

参考文献

[1] 孙维生，高晓鹏. 产品安全监管准则——责任关怀实施准则之三[J]. 职业卫生与应急救援，2009，27（5）：123-124.

[2] 孟中. 危险化学品安全管理在化学品供应链中的整合研究[D]. 北京：北京化工大学，2005.

[3] 许晓薇. 产品从摇篮到坟墓的"责任关怀"[J]. 现代职业安全，2007，69（5）：64-65.

[4] 吕海燕. 建立化学品安全管理体系势在必行[J]. 劳动保护，1998（5）：34-35.

[5] 龙学. 世界著名化学公司的环境、安全与健康管理[J]. 上海化工，2000（5）：4-7.

[6] 张春华，苏建中. 浅谈危险化学品登记注册制度[J]. 劳动安全与健康，2001（2）：23-25.

[7] 崔凤喜. 加快标准化步伐全面开展危险化学品管理标准工作[J]. 中国标准化，2002（8）：6-7.

[8] 刘欢. 加入WTO石油和化学工业产业安全维护与应对措施[J]. 化工管理，2001，17（3）：6-9.

[9] 赵正宏，张军. 安全——石化企业的一大核心竞争力[J]. 安全、健康和环境，2002，2（5）：27-28.

[10] 牟善军，姜春明，周永平，等. 欧洲化学品安全管理与化学事故应急救援工作情况考察报告[J]. 安全、环境和健康，2002，2（4）：28-32.

[11] 吕良海，汪彤，陈虹桥. 危险化学品经营企业安全管理探讨[J]. 安全，2003（5）：35-36.

[12] 张春华. 坚持综合治理强化危险化学品运输安全管理[J]. 交通标准化，2002，108（2）：34-35.

[13] 陈胜利. 化工企业管理与安全[M]. 北京：化学工业出版社，1999.

[14] 中国石油和化学工业联合会. 责任关怀实施指南[M]. 北京：化学工业出版社，2012.

[15] 蒋军成. 危险化学品安全技术与管理[M]. 3版. 北京：化学工业出版社，2015.

[16] 宋永吉. 危险化学品安全管理基础知识[M]. 北京：化学工业出版社，2015.

[17] 鲁宁，范小花. 危险化学品安全管理实务[M]. 北京：化学工业出版社，2010.

[18] 王小辉，赵淑楠. 危险化学品安全技术与管理[M]. 北京：化学工业出版社，2016.

[19] 秦静. 危险化学品和化学实验室安全教育读本[M]. 北京：化学工业出版社，2017.

[20] 许铭. 危险化学品安全管理[M]. 北京：中国劳动社会保障出版社，2012.

[21] 蒋清民，刘新奇. 危险化学品安全管理[M]. 3版. 北京：化学工业出版社，2015.

[22] AQ3013—2008.危险化学品从业单位安全标准化通用规范[S]. 2008.

[23] 国务院令第591号.危险化学品安全管理条例[S]. 2011.

[24] 国家安全生产应急救援指挥中心. 危险化学品应急救援[M]. 北京：煤炭工业出版社，2008.

[25] 联合国.Globally Harmonized System of Classification and Lablling of Chemicals[S]. 2013.

[26] 中华人民共和国工业和信息化部. 中国GHS实施手册[S]. 2013.